桜井政博の
ゲームについて思うこと
2015-2019

Think about the Video Games

『大乱闘スマッシュブラザーズ SPECIAL』を作りあげたモノたち
桜井さんの仕事道具

自席

開発室で自分が仕事をする座席。43インチ相当のPCモニター(右)と、それより少し小さい一般のテレビ(左)がある。左のテレビの映像は、PCの画面にもNintendo Switchの実機映像にも切り替えられるようになっており、座席の隣りにあるプレゼンスペースの大型テレビ(4ページ)にもそのまま出力される。

『大乱闘スマッシュブラザーズ SPECIAL』の制作は、数百人規模のスタッフが関わる一大プロジェクト。そのワークフローは、"VOL.532 大きいチームのディレクション方法"(136ページ)に詳細が記されている。
　ここでは、桜井さんや任天堂さん、バンダイナムコゲームスさんのお許しを得て、桜井さんの仕事机や制作現場で実際に使われている道具の数々をご紹介する。なお、写真提供と解説文は本人によるものである。

マウス

激務により腱鞘炎になってしまったため、ボタンがなく、左右に傾けることでクリックするマウスを使っている。スイッチで左右持ちを切り替えることもできるため、腕の疲労が激しいときには利き腕でない左手で使うこともある。企画上、簡単な絵や図解、調整方針を描くこともあるが、ペンタブレットなどは使わず、マウスで直接描いている。

キーボード・テンキー

これも腱鞘炎対策。横にまっすぐではないキーボードを使っている。キー配置がハの字で、奥行きに対して少し傾斜があり、腕の負担が軽減される。テンキーはセパレート式なので、キーボードとマウスを近づけられるのもよい。

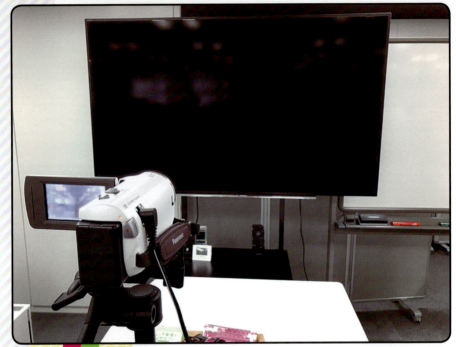

プレゼンスペース

自席の隣りには、スタッフを集めてプレゼンテーションを行うスペースが広めに設けられ、大型テレビと記録用のビデオカメラが備えつけてある。監修時にはここに関係者を全員集め、自席の映像をテレビに出力しながら、調整すべき点などをプレゼンする。

アートワークやモデリング、仕様書系を見るときはPCの映像、モーションやエフェクト、ステージなどを見るときはNintendo Switchの実機映像にすることが多い。キャラクターやUI系などはどちらの場合もある。

わたしが話したことは、すべてビデオカメラに録画されるので、監修内容がブレることは許されない。が、同じ説明を受けているはずのチーム内で解釈が割れたり、誤解が起きることもあり、伝えることの難しさを感じる。

お菓子

プレゼンスペースの大型テレビの前に用意している、お菓子の山。ストックが減ってきたら昼食ついでにスーパーなどで購入し、補充する。ブルボン成分多め。自分は口をつけないが、誰でも食べてよい。

ワイヤレスマイク

　監修時には数十人のスタッフに集まってもらって話をすることが多いので、インカムをつけ、ワイヤレススピーカーで拡声する。オフィスは意外に空調の音も大きいため、指示を聞きやすくするためにわりと有効。監修が多い日には、途中でマイクの電池が切れてしまうこともある。

指示棒

　大型テレビの映像に指示を出す場合に使う。PC出力の場合、マウスカーソルが出るので不要。

コントローラー

　開発にはNintendo Switch Proコントローラーを使用。昼休みに4人対戦を行ったりするので、つねに4つは必要。それ以上必要な場合は、ほかからかき集める。上部のラベルは管理番号で、ついていない左上のものは私物。操作はしやすいが、ニンテンドー ゲームキューブ コントローラなどに比べるとやや大きいため、両手で同時に2体のファイターを操作するのが難しくなった。ちなみに開発バージョンの『スマブラSP』では、無操作状態が続くと自然に切断して電池切れを防いだり、水平なところに置くと振動機能が切れるなど、開発に配慮した仕様を入れている。

フィギュア撮影セット

黒いシートとライトスタンドを設置。モーション制作の参考にしてもらうため、ポーズをつけた素体フィギュアをピンセットでつまみ、iPhoneで撮影して仕様書に取り込んでいる。ファイター1体につき、50以上のポーズを撮影、加工する。同じように撮影しても、なぜか明度などが大きく異なるが、加工もだいぶ慣れた。

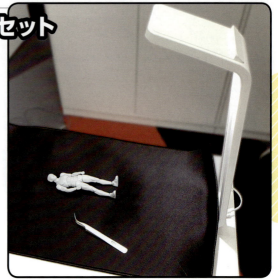

資料用フィギュア

原作のフィギュアがあれば資料として積極的に買う。原作ゲームでは見えないような部分のディテールを確認するため、ときおりファイター班のモデラーに貸し出したりもする。写真の右端に『ペルソナ5』の主人公、ジョーカーが見切れているが、情報漏洩を防ぐ都合上、世間に制作を発表していないキャラクターのフィギュアは置かないようにしている。

もとの写真

加工後

仕様書ではこのようになる（一部抜粋）

スマッシュ攻撃横	スマッシュ攻撃上	スマッシュ攻撃下
相手に対して延髄斬り 打点がやや高いが、威力も高い	かがみ込んで両手を組み、一本釣りを するようなハンマーナックル	その場ジャンプしてフライングボディアタック 相手の攻撃を避けつつ反撃可能

某ゲーム機の開発機材

NO IMAGE

写真や詳細はお見せできないが、開発用にカスタマイズされたとあるゲーム機の開発機材。ひとつ前のプロジェクトでは、2機種あった上にそれぞれの機材が大きく取り回しに苦労していたが、今回はそういった悩みはなく、スッキリしている。

ヘッドフォン

音楽、効果音、ムービーなどのサウンド監修のために使っている。なお、ゲームの音バランスは、テレビのスピーカーなどでも確認し、問題がないかどうかチェックする。ノイズキャンセラーつきで音の性質もわりと素直。収納もキレイ。プラグを抜くと、iPhoneにBluetoothでつながって音楽も楽しめるが、休日出勤でもない限り、好きな曲を聴きながらのんびり仕事するような余裕はない。

内線用PHS

監修依頼のメールが届き、中身を軽く確認したら、担当スタッフを呼ぶ。その連絡手段は内線のPHS。何百人規模で働くようなオフィスなので、いちいち歩いて呼びにいかずに済むのはありがたい。

週刊ファミ通連載

桜井政博の
ゲームについて思うこと

2015年1月15日発売号
↓
2019年2月14日発売号

ATTENTION

- 本書は、週刊ファミ通2015年1月15日発売号から、2019年2月14日発売号までに掲載されたコラムに加筆修正のうえ、再編集して収録しています。

- 基本的に文章や画像は連載当時のものを使用しておりますが、一部、連載時と異なる場合があります旨、あらかじめご了承ください。

- 画像に関する権利表記は、巻末にまとめて掲載しています。

CONTENTS

2015年

- 新しいゲームも、古いゲームも・・・・・・・・012
- 読者の手紙から・・・・・・・・・・・・・・014
- 作る側が決めてゆけ・・・・・・・・・・・・016
- 至れり尽くせりのショップサービス・・・・・018
- 遊びの単価と多様性・・・・・・・・・・・・020
- 応援したい人への投資・・・・・・・・・・・022
- 連射シンドローム・・・・・・・・・・・・・024
- 制作の手はまだ生きている・・・・・・・・・026
- 職人の競争・・・・・・・・・・・・・・・・028
- 調整の現場・・・・・・・・・・・・・・・・030
- リュウ、ロイ、リュカ参戦!!・・・・・・・・032
- 『思うこと』新刊、2冊刊行!!・・・・・・・・034
- 岩田社長、逝去・・・・・・・・・・・・・・036
- 永遠の別れ・・・・・・・・・・・・・・・・038
- あれは要らない、これも要らない・・・・・・040
- さよならPRESS START・・・・・・・・・・・042
- 読者の手紙から・・・・・・・・・・・・・・044
- 孤独のゲーム・・・・・・・・・・・・・・・046
- 関わりあいで残るもの・・・・・・・・・・・048
- ヒットストップを考える・・・・・・・・・・050
- 次元が違うゲームの話・・・・・・・・・・・054
- アップデートは悪いこと?・・・・・・・・・058
- 批判は自由。だけど、くじけないこと・・・・060
- 3つの個性はより広く・・・・・・・・・・・062

2016年

- 特徴に意味が加わると・・・・・・・・・・・064
- 読者の手紙から・・・・・・・・・・・・・・066
- 消耗と刺激・・・・・・・・・・・・・・・・068
- 連載、なんと500回!・・・・・・・・・・・070
- 原作の骨、ゲームの肉・・・・・・・・・・・072
- 読者の手紙から・・・・・・・・・・・・・・074
- Life is Strange(※ネタバレ注意)・・・・・・076
- 作ってみなけりゃわからない?・・・・・・・078
- 事実はそう単純ではない・・・・・・・・・・080
- 非同期型通信と完全同期型通信・・・・・・・082
- その作品だけが持つ美点・・・・・・・・・・086
- ト書きがものを言う・・・・・・・・・・・・088
- 一点ものの重み・・・・・・・・・・・・・・090
- GO! ポケモンGO!!・・・・・・・・・・・・092
- 機会は公平に・・・・・・・・・・・・・・・094
- VRとやめられない気持ち・・・・・・・・・・096
- トリプルAのカベは厚い・・・・・・・・・・098
- UIには狙いがある・・・・・・・・・・・・・100
- ゴールはいくらでも遠のく・・・・・・・・・102
- 3Dはやりすぎてちょうど・・・・・・・・・104
- 輝かしきファミコンに・・・・・・・・・・・106
- ボタンひとつでもゲームは作れる・・・・・・108
- 読者の手紙から・・・・・・・・・・・・・・110
- 桜井家の対戦ゲーム事情・・・・・・・・・・112

※Vol.478は諸般の事情で収録しておりません。あらかじめご了承ください。

2017年

- 意図は目に見えないもの ... 114
- Nintendo Switchに思うこと ... 116
- トロフィーで知るクリア率 ... 118
- 裁こうとしすぎのこの時代で ... 120
- ルールにハマらないこと ... 122
- とても近くて、とても対照的 ... 124
- 読者の手紙から ... 126
- 初代『星のカービィ』開発秘話 ... 128
- リサーチは名作を生まない ... 132
- ゲームオーバーを考える ... 134
- 大きいチームのディレクション方法 ... 136
- その額、600億円 ... 138
- 読者の手紙から ... 140
- 単純作業の先にある未来 ... 142
- 任天堂のソフトがスゴい ... 144
- ファンが築く場の力 ... 146
- トゲゾーこうらに見るパーティー性 ... 148
- 考えるのは一瞬、切るのは"なるはや"で ... 150
- ゲームにおける"独創性"とは ... 152
- ソンさせないのが今風だけど ... 154
- コンプライアンスと労力と ... 156
- そのレーティングは誰のため？ ... 158
- ギャンブルで競争を有利にすること ... 160
- 改善策は縄のごとく ... 162

2018年

- 楽しみの延長戦 ... 164
- 腰を据えて ... 166
- 牧場ヤバい ... 168
- あっさり協力オンライン ... 170
- ゲームセンターCXのはなし ... 172
- インディーだって、プロである ... 174
- フレームを計れるようになれ!! ... 176
- お国の税収、後ろ髪を引く ... 178
- 読者の手紙から ... 180
- 思うに任せぬ小さきもの ... 182
- 偶発性は、よいものだ ... 184
- 『スマブラ』は特別 ... 186
- 後よりもいま ... 190
- かけ算、テンポ、そして興味 ... 192
- 『スマブラSP』ダイレクトの補足 ... 194
- 名作に音が悪いものなし ... 196
- 幅は広く、でも高く ... 198
- フューチャー賞はフューチャーなのか ... 200
- ワークフローと多くの手 ... 202
- いじってはいけない ... 204
- 『スマブラSP』発売前ダイレクトの補足 ... 206
- 『スマブラSP』発売前のよもやま ... 208
- 制限から絞り出す企画 ... 210
- 発売を迎えて ... 212

2019年

- 多くの手の中のひとつとして ... 214
- オンラインの戦績を紐解く ... 216
- 親しまれてはや20年 ... 218

オマケ
- ニャンニャン特集（再録） ... 220

2015.1.15 VOL. 470
新しいゲームも、古いゲームも

『大乱闘スマッシュブラザーズ for Nintendo 3DS / Wii U』の制作が終わってから忙しさがゆるみ、ほかのゲームをプレイできるくらいにはなってきました。そこで開発期間中でろくに触れられなかったゲームも含め、少しずつ遊んでいます。発売日に買ったXbox Oneもやっと開封。**いわゆるダウンロードコードの入力は、KinectにQRコードをかざすだけで済んでしまう！** ここは他機種にもぜひ見習ってほしいです。

で、わたしがプレイしたソフトの話題に触れていなかったので、久々によかったものを挙げてみます。

『ドラゴンエイジ：インクイジション』。"inquisition"という聞き慣れない英語ですが、ゲーム中では"審問会"と翻訳されていました。

主人公は審問官。裁判などをすることもあります。運命に迫るような大きな選択肢が、ゲームの途中でたくさん挟まれていきます。ビアンカとフローラ、どちらを選ぶ？ という別れ道が分岐するような。

審問会の3つの要素を噛み砕くと、**"外交"、"諜報"、"軍隊"**に対し、クエストを依頼する要素があります。クエストを受けた各要素の代表から、そのクエストをこなす方法と時間が提案されます。それぞれ得意とすることや遂行手法が異なるので、どこを選ぶかでクエストの報酬が異なることもあります。

ポイントは、**クエストクリアーまでの時間がリアル時間であること。つまり、3時間要するクエストなら本当に3時間かかります。**そのあいだ、ゲームをこなしていても、離れて寝ていても構いません。

これは、ゲームのリプレイ性に大きく貢献します。ソーシャル系のゲームでは、連続ログインボーナスや期間限定サービスがありますが、これらと理屈は同じ。ゲームは一度切られると、つぎに立ち上げてもらうのがたいへん。**ゲームをプレイしていないときにこそ興味を引いて、トクなことが起こったと思わせてつなぐ。**非常に有効だと思いました。こういうゲームばかりになっても困りますけど。

そのときの大型タイトルばかりではなく、アーケードアーカイブスなどもプレイしています。その中でとくにおもしろかったのは**『テラクレスタ』**。縦スクロールのシューティングゲームです。

『ムーンクレスタ』の流れを汲む、1985年の作品。つまり『スーパーマリオブラザーズ』と同じ年。敵の飛びかたや仕様などが非常に意地悪なのですが、それに立ち向かうシステムが充実しており、その使いこなしが独特です。噛めば噛むほど、味が出るゲーム。

自機はなぜか横方向の移動が早い！ 5機合体できる！ 合体対象は1機ずつ地上の格納庫にしまわれている！

Kinect
Xbox 360から投入された、ジェスチャーや音声認識で操作ができるカメラ装置。Xboxのみならず、アーケードのダンスゲームや展覧会の展示などにも活用された。

← "人脈"、"秘密"、"部隊"と訳されていますが、要は本文のようなこと。

『ドラゴンエイジ：インクイジション』

1度合体したら3回まで分離し、フォーメーションを組める！　合体時は機体によって、分離時はフォーメーションの数で弾の性質が異なる！　合体、分離した瞬間の無敵を利用して避ける！　全機合体を果たすと**火の鳥**になって無敵！　合体時にミスすると、自機だけが生き残る！　5機合体時にヒットすると、2機残せる！　……などがあるのですが、文面では楽しさのツボが伝わらないですね。

合体、分離などを使って、避けられない弾を避けることが肝要。わざと被弾するなどのテクニックが必要で、状況作りのゲームだと見ました。

わたしは昔から、ゲームをプレイすることで勉強しておりました。けっこうなトシになりましたが、いまでもそう。最新のゲームにも昔のゲームにも、気づかされることが多々あります。

多くの人が築いたものに、まだまだ学ぶべきところは多いです。これからも、いろいろなゲームをどんどんプレイしていきますよ！

火の鳥
手塚治虫のマンガが有名だが、ここでは『科学忍者隊ガッチャマン』の"科学忍法火の鳥"がモチーフ。

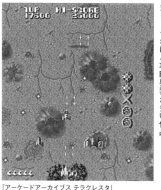

← TIPSを書けば、コラムが丸々埋まってしまう。それほど攻略要素が多い作品。

『アーケードアーカイブス テラクレスタ』

『ドラゴンエイジ：インクイジション』
プレイステーション4、プレイステーション3、Xbox One、Xbox 360／エレクトロニック・アーツ／2014年11月27日発売

ファンタジー世界を舞台に重厚な物語が展開するRPGの第3弾。前作で好評を博した恋愛イベントがより多彩になり、シリーズで初めて4人によるCo-opプレイでダンジョンを踏破するマルチプレイモードを導入。

『アーケードアーカイブス』
1980年～1990年代のアーケードゲームの名作を忠実に再現し、プレイステーション4向けに配信するシリーズ。難易度などが調整できたり、オンラインランキングで世界のプレイヤーとスコアを競い合うこともできる。

『アーケードアーカイブス クレイジークライマー』

ふり返って思うこと

――これがいつ書かれたのかと言いますと。『スマブラ for Wii U』の発売日に、桜井さんの家に制作スタッフが集まって、みんなで『スマブラ』を遊んだ話が書かれたような時期ですね（VOL.469。単行本『桜井政博のゲームを作って思うこと2』収録）。

桜井　ああ、忙しさが落ち着いていたころですね。

――相変わらずよくゲームされていますね（笑）。

桜井　そうですね。それにしても、ここで"新しいゲーム"と言っていますけど、もうぜんぜん新しくないんですが（笑）。アーケードアーカイブスも、この前100週連続配信達成されたそうで……。

――2019年1月の4週目のことですね。読者の皆さんには、本書のこのコーナーが、そのころ収録されたとお見知りおきうえ、お読みいただければ！

そのころゲーム業界では
2015年1月14日：PCブラウザゲーム『刀剣乱舞-ONLINE-』配信。女性ファンの熱気が刀剣業界に大きな影響を与える。

2015.1.29 VOL.471 読者の手紙から

間が空きすぎてしまって、スミマセン。およそ1年ぶりに"読者の手紙から"です！

✉ 大阪府　北野正幸さん

桜井さん、攻略とネタバレの境界線ってドコですか？　ファミ通の『サイコブレイク』の攻略を見て、「**この敵がここで登場するって書いちゃっていいの？**」と、思ったものですから。その敵の画像まで載っていました。恐怖を売りにしているゲームだけに難しいですね。

Re: たしかにそうなのですよね。しかし、見ない自由もありますから。攻略記事は、そのゲームを伝える役目もあることでしょう。そういった敵の絵を見て、「**このゲームをやってみたい！**」と思ってもらえるなら、そのほうが長い目で見てよいということでしょうね。

『サイコブレイク』
↑こういうジャンルは、先の展開を知らないほうが楽しめるのは明らかですね。

✉ 神奈川県　サルサルサさん

桜井さん、こんばんは。『**スマブラ**』の開発、ムチャクチャたいへんだったんですね。コラムを読んでいてゾーッとしました。ここまで疲労してる桜井さんを初めて見ました。今回の『スマブラ』はいままでより大事にしたいです。

Re: 今回は相当きびしかったですね……。このままの延長線上で、ゲーム作りを続けることはできないことでしょう。しかし、**多くの人に楽しんでいただけたようで、幸運だと思います**。

✉ 栃木県　☆さん

『スマブラ』をやっていて思ったのですが、**回避にリスクはつけたりしないのでしょうか？**行動の動作、無敵時間……乱発はできませんが、やはり回避に頼ってしまうところが多々あります。『新・光神話 パルテナの鏡』のように連続使用でのリスクがあるともっと戦いかたに幅が出るのでは……。そこまですると、格ゲーみたいになってしまうのでしょうか？

Re: おたよりには、本名を入れていただければと。ガバスが送れませんので……。回避は、ほかの格闘ゲームに比べると比較的便利に作っています。ただ、連続回避していても勝てないですし、攻め側が有利になっている仕組みも多いです。何より、初心者にも"**回避は便利なもの**"と思ってもらえることを優先しています。駆け引きらしいことが正しいとは限らず。

『大乱闘スマッシュブラザーズ for Wii U』
↑『スマブラ』における回避は、シールド中に素早くスティックを倒して使います。

TecTenvestさん

自分はゲームのインターフェースが気になるほうです。たとえばRPGで回復魔法はよく使うから、メニューのいちばん上に配置されていれば操作が少なくて快適に使えると思います。真ん中に配置されている作品を見ると、「何でいちばん上に配置しないんだろう？ **ちょっと順番を変えるだけでいいのになあ。**そんなに難しいことなのかな？ それとも気にしていないのかな？ 誰も指摘しなかったのかな？」と、疑問に思ってしまいます。桜井さんはどう思われますか？

Re: 開発中にあまり使えないバランスだったけど、完成間際で使えるものになった魔法もあるかも。しかしどのみち、**有用度や使いやすさは人によって尺度が大きく違うので、なんでも自分の思い通りが最良だと考えないほうがよいですね。**

 東京都　猫またぎフェイントさん

ゲーム業界には、**どんなクレームが寄せられますか？**

Re: 変わった質問ですね……。ただ、『スマブラ』に限って言えば、わたしは質問やクレームに直接答えてはいけない立場なので、お客さま相談センターへどうぞ。ただ、私的に対応はいっさいNGでも、**当コラムでの質疑応答は可能です。**

これから"読者の手紙から"は頻度を高めていきますので、メールかおハガキでお願いします！

『サイコブレイク』
プレイステーション4、プレイステーション3、Xbox One、Xbox 360／ベセスダ・ソフトワークス／2014年10月23日発売

大量死亡事件が起きたアサイラム（精神病院）を調査中に、異形の者が徘徊する世界へ迷い込んだ主人公が織り成すサバイバルホラー。音に敏感な敵など、さまざまな敵から隠れたり、武器を駆使したりして生還を目指す。

『スマブラ』の回避

シールドの発生中にスティックを入力すると"緊急回避"ができ、回避中は一定時間無敵になる。下への入力なら"その場回避"、前や後ろなら移動しながら回避する"前方、後方回避"となる。また、"空中回避"も可能だ。

『大乱闘スマッシュブラザーズ for Wii U』

そのころゲーム業界では
2015年1月30日：『ポケモン』初のアーケードゲーム、『ポッ拳 POKKÉN TOURNAMENT』のロケテストが開催。

作る側が決めてゆけ

Oculus

"Oculus VR"という会社、もしくはそのブランド。VRの先駆けで、2012年のキックスターターで大成功。いまはfacebookの資本下にある。

Oculus社の方から、**Oculus DK2**をいただきました。"DK"というのは、"デベロッパーズキット"。基本的に開発用のものであり、まだこの時点で市販されていません。

VR(仮想現実)がもたらす未来は一目置くべきものだし、とことん味わいたい！　ということで、Oculus Rift用にパソコンを買い替え、処理能力を高めました。映像の遅延は違和感の元だし、あらゆるものでフレームレートも高いほうがいいので、ここは躊躇せず。

Oculus Riftを一度設定してしまえばこちらのもの。Oculusのwebサイトには多くのサンプルソフトが掲示されているので、そこからつまんでいくだけでも、山ほどの体験ができます。ひと昔前なら、コントローラーの設定に困るところだけど、いまはXboxのPCコントローラーがあれば、多くのゲームで問題なく動かせます。

そりゃあ楽しいですよ。すごく！　視界に入るすべてが、ゲームの世界。感じかたはふつうのゲームとはガラリと変わります。

Oculus社の方が言っていました。「**コンテンツはなるべく3D酔いしないようにしてほしいので、そのノウハウを開発者さんに積極的にお知らせしているところです**」と。

最初に触れたVRの世界が敬遠すべきものだと思われてしまうと、それ以降、触れてくれない可能性もあるわけです。それは未来を失う可能性があるわけで、まったく同意なのだけど……。

ここ最近"進撃の巨人展"というのがやっていまして。連日並びの列ができる盛況っぷりでしたが、その併設として、「360°体感シアター"哮"」というものがあります。Oculus Riftで、劇中の立体機動を体験できるというものですね。なお立体機動というのは、『スパイダーマン』などで見られるワイヤーアクションの一種だと思っておけば、だいたい合っています。

もしも立体機動をちゃんと表現したら、体験したことがないようなめまい感が得られるかもしれません。逆に言えば、それこそめちゃめちゃ酔うかも。制作は慎重に行われたようです。**最初はかなり大きく動くものだったけど、Oculus社の調整によりだいぶおとなしめになって展示された**のだそうです。

たらればはありませんが、**酔ってもいいから、ものすごく本物らしい立体機動を楽しみたかった人もいる**だろうし、それによってVRのスゴさを初めてわかる人もいるかもしれません。しかし、とくに『進撃の巨人』ともなれば、VRとは縁が遠い人が初めてヘッドマウントディスプレイを装着することもあるので、懸念もありましょう。

こういう話は、正解がありません。だけど、未来に対して影響があること

← 頭に装着すれば、視界すべてがゲームの世界！　まだ開発キットのみです。

は少なくありません。わたし個人の見解としては、**ぜひとも制作側の好きにさせてほしいと思っています。**VRゴーグルは、テレビのようなものなので、その中に映すコンテンツは、制作側の自由であるべきです。

ただ同時に、**酔いやネガティブな要素を抑えることは、制作側がきちんと考えるべき。**やみくもにゲームや3Dの世界をVR化したものばかりになってしまうと、未来が細くなりそうですね。

たとえば同じ空戦ものでも、飛行機ではなく戦闘ヘリにすれば、地上に対するロールが少なくてすむので酔い止めには有効かも。VRだからと眼前に広がる世界に凝り過ぎず、手が届く位置にミニチュアがあるような作品のほうが向いているかもしれません。単に全方位の視界があるだけがVRの活用でもなし。**採用する題材から勝負が始まっていますね。**

作るものを制限されたくなくば、作り手が検討を重ねる！　それが作品の筋だと思います。

> **酔い**
> VRの場合、画面に鼻の位置を描写すると酔いにくくなるという話もある。

↑新型Oculus Rift、通称Crescent Bay。一般販売前に、さらに作り込んでいます。

Oculus Rift

VRを体感することを第一に開発された、ヘッドマウントディスプレイ。装着した人の頭の動きに合わせて画面の視点が動く。2012年のE3でプロトタイプを公開し、2016年3月に一般向けに発売。

進撃の巨人展

諫山創原作の人気マンガ『進撃の巨人』の原画や立体造形を展示。360°体感シアターを含む映像技術を駆使した作品世界を体験できた。2014年11月から2016年4月まで東京、大分、大阪、台湾、札幌を巡回。

※本コラムは掲載当時の内容になるため、現在は開催しておりません。2019年7月より森アーツセンターギャラリーにて「進撃の巨人展 FINAL」を開催予定です。

ふり返って思うこと

桜井　いまはOclus Goが出ていて、スタンドアローンでプレイできるという。進化してますねー。VRはすごくいいのに、広がりにくいのですが。

——そういえば、昔に比べてソフトが少ないような。

桜井　開発費がペイできないというのがなかなかきびしいのだと思います。VR専用にしてしまうと、どうしても、それを買った人にしかリーチできないので。貸したり広めたりもしづらいでしょうしね。

——PlayStation VRもお持ちでしたよね。

桜井　はい。でも、あまり長時間できなくて……。

——おや、なぜでしょう？

桜井　頭がデカくて、あのバンドじゃキツいんです。

——その身体的特徴がここでも影響するとは(笑)。

桜井　帽子を買うのに、いつも苦労します(笑)。

そのころゲーム業界では

2015年2月12日: セガがセガネットワークスを吸収して、"セガゲームス"に名称を変更すると発表。

至れり尽くせりのショップサービス

2015.2.26
VOL. 473

各プラットフォームにショップの仕組みは必須。そういった中、オンラインショップアプリにおいて、もっとも優れ、購買意欲をそそられるものはなんでしょう？

現状、わたしは**"Steam"**を挙げます。Steamは、おもにPCにおけるダウンロード販売、管理、そしてランチャーになるアプリ、あるいはサービスです。PCはその性質上、環境差やソフトの差がすごく激しいけれど、それを埋めてくれるありがたーいサービスなのです。

Steamのどこが優れているのか、例をいくつか挙げていきます。**起動すると、その人の購入、視聴傾向によって、オススメのタイトルが出てきます。**大胆な値引き価格で、**毎日のようにセールをやっています。**この原稿を書いているときには2日間のみ、スクウェア・エニックス社のタイトルが最大85%引きのセール中。変化が多彩で、ちょくちょく見に行ってしまいます。また、**値引き率と有効時間が目立つようにハッキリと表示されています。**いわゆる**インディーゲームも分け隔てなく出ているので、安いです。**1000円以下でもけっこう楽しめます。

各ゲームのページには、**必ずムービーによるプレビューと写真があります。**当たり前のようで、これがないところもありますから。

ユーザーレビューも見られます。ほかの媒体だと、アンチが張り切って評価を下げることも散見されますが、Steamの評価は比較的フェア。**Steamで購入した人だけがつけられること、プレイ時間が出ること、レビューも評価されること**などが効いています。つけかたは**"おすすめ"、"おすすめしません"の2段階とコメントのみ**。表示は**"非常に好評"、"賛否両論"**などに統括されています。また日本語環境では、**日本語のレビューがあれば優先的に出してくれます。**

各ゲームにタグが入っています。"アクション"、"独立系開発会社"、"良BGM"、"レトロ"、"笑える"、"リラックス"など多種多彩で、タグがついたゲームをまとめて検索できます。それとは別に、**ソフトがサポートしている機能が一覧できます。**"マルチプレイヤー"、"協力"、"コントローラ対応"、"VRサポート"、"クラウド"などなど。対応言語もあって"日本語対応"で絞ることも。

オンラインランキングも司ってくれます。**Steam独自の実績**もあり、やり込みに貢献します。**Steam上でフレンドを作ることもできます。**協力プレイなどもやりやすくなりますね。

ソフトを買わないまでも、**ウィッシュリストに加えておくことができます。**発売前のものを入れ、忘れないようにするのもアリ。セット販売もあるので、**DLC（ダウンロードコンテンツ）**

タグ
検索される対象に、特徴などのグループ名をつけて調べやすくするもの。種類が多ければ多いほどひっかかりやすいが、節操がないようにも見える。

ソフトの取り扱い量も多く、ウィンドウショッピングが実現できています。

※Steamの画面はすべて連載当時のものです。

をまとめて購入したり、シリーズで購入するのもラクです。その場合、値引きされることもしばしば。

ほかにも、**アップデートを勝手にやってくれます。好みが合うレビュアーをフォローできます。有害コンテンツなどを報告できます。Facebook や Twitter などの共有もあり。チート防止もあり。ゲームを誰かに贈ることも。ボイスチャットやメッセンジャーもあり。**

そしてコントローラのホームボタンを押すと、コントローラのみで操作するUIが。表示も大きくなり、ゲーム機のショップに近くなります。何かというと、**PCをリビングの大型テレビにつないで遊ぶときのサポート**なんですね。

こんなことを書いたのは、各オンライン販売の形態に、少なからず不満を持っているから。ショップ系アプリ開発の皆さん、機種ごとの限界はありましょうが、よいところを改めて学ぶのはいかが？ 利点を太字で書きましたが、案の定書き切れませんでしたね。

アップデートを勝手に

基本的には自動ダウンロードするが、しばらく触っていないソフトは行わないことで、容量の圧迫を防いでいる。

↑見た目一新。コントローラ対応のものだけ表示。対応の細かさがすばらしい。

Steam（スチーム）

Steamの運営をしているのは、『HALF-LIFE』などの開発で知られるValve社。オンラインでゲームの権利を買うと、PCを変えても、削除しても容易に環境を復元できる。PCゲーム最大級のマーケットで、機能も充実。

ウィッシュリスト

いまは買わない（買えない）けれど、気になっているアイテムを一時的に保存、管理ができるリスト。ゲームに限らず、インターネットショッピングサイトなどによくある機能で、"欲しいものリスト"と呼ばれることもある。

ふり返って思うこと

桜井 最近は、利益の分配率が大きな話題になっています。Epic Gamesストアは12％ほどにするということで注目を集めています。

——ほかのショップではだいたい30％のようです。

桜井 制作者側からすると、宣伝戦略もナシにただソフトを売るだけで30％とられるのはきびしいものです。ショップからたくさんお金がとれればそれに越したことはないですが、今後はもっと現実的なところに落とし込まれていくのだろうなと。

——余談ですが、この回はValveの創立者やSteam関係者の方から感謝のメールをいただきました。

桜井 そうでしたね。PCゲームは本来扱いが複雑なものですから、扱いをコンシューマー並みにカンタンにしてくれるSteam等は、とてもありがたいです。

そのころゲーム業界では

2015年2月26日：『ドラゴンクエストヒーローズ 闇竜と世界樹の城』発売。『無双』シリーズのω-Forceが開発を担当。

遊びの単価と多様性

2015.3.12 VOL.474

前回で触れたSteamやPlayStation Storeなどで購入していたソフトが、**PlayStation Plusにおいて無料で提供されていたりするのですよね。**

たとえば『LUFTRAUSERS』や『スチームワールド ディグ』。これは最近までPCなどで遊んでいましたが、日本のPS Plusにて、2015年2月限定で無料サービスされました。

海外では『Apotheon』、『Rogue Legacy』、『TRANSISTOR』が無料です。個人的にいずれも"いま"遊んでいる! という感じ。

とにかくPS Plusのサービスはスゴイです。2015年2月だけでも『閃乱カグラ ESTIVAL VERSUS -少女達の選択-』、『Tearaway(テラウェイ)』、『ストライダー飛竜』、『レイマン レジェンド』、『エクストルーパーズ』、『雷電Ⅳ OverKill』、『AKIBA'S TRIP2』、『CLANNAD』がフリープレイとしてラインアップされています。先月も先々月ももちろんスゴかったし、ゲームアーカイブスも充実。

興味がなければタダでもいらないのがゲームであることは理解しています。が、いずれもちゃんと遊べるソフトだし、決して古くないものばかり。**ふつうの値段で1〜2本買ったなら、年会費に届いてしまうというサービスのよさ。**

これ、ほとんどのソフトはサードパーティーや独立開発会社系のソフトだけど、どういう契約をしているのでしょうね? たとえば無料で配るから、サードパーティーにもタダでガマンしてね! ということはないでしょう。有料サービスだし、ちゃんと1本あたりの対価は支払われるはずです。

ただ、サービスの内容のわりに安いです。**1ダウンロードで、どのくらいメーカーに支払われれば、お互いにメリットがあると言えるのか**。ユーザーにとってはとてもよく、プラットフォーマーとメーカーにとっては悩みどころかもしれませんね。ただ、**ソフトの種類が多いということは、賛同しているメーカーが多い**ということだから、激安叩き売り、捨て値にはならないだろうと想像しています。

『龍が如く0 誓いの場所』の体験版が、PS Plusで先行配信されています。より多くの人に遊んでもらったほうがよいのに、あえて会員に絞っているのですよね。効果が薄くなるぶん何らかの費用が必要ですが、サーバの料金と相殺しているのかも……。ナゾです。

現代にふさわしいサービスだとは思います。いまの時代、Free to Playも当たり前のようになってきており、**苦労をいとわずゲームを遊ぶだけであれば、非常にお安く、おトクに楽しめるようになりました**。もちろん、ゲームの価値は昔とは異なると言えます。そんななか、コンシューマーゲームの意

Rogue Legacy
ローグ系ゲームというと、やられるとスタート地点からやり直すのが多数派だが、このゲームは本当に死に、子孫に引き継がれる。3人の体格、性別、職業などが異なる子供からつぎの子孫を選ぶ。

← 『Apotheon』。見て一発でわかる、古代壁画のようなステキ映像を持つゲーム。

『Apotheon』

地と対抗策として、出血もののサービスをしているのかもしれません。

任天堂は逆で、**コンテンツを安売りしない**ことを公言しています。**これは、どちらが正解というものはありません**。ソフトの多さや市場の特徴でも判断は異なるでしょうし、狙いの違いだと思います。

作る側も、遊ぶ側も、価値観がより多岐にわたるようになっています。その中で、**みんな公平に同じ価格を支払うのではなく、より多くを楽しみたい人がより多くを支払って支えるというのは、自然なことのように思えます。**

PS4では、オンライン対戦においてPS Plusに入会することは必須。実際、運営にもお金がかかるので、ただオフラインで遊んで終わりの人と、オンラインでずっと遊び続ける人では、負担が違って当然かと思いますね。

しかし、おトクすぎ。お客さん思いのサービスですね。

コンテンツを安売りしない
岩田元社長らが、2011年のGDC講演など、多くの場所で述べている。

※PlayStation Storeの画面はすべて連載当時のものです。

↑PS4、PS3、PS Vitaでの個別配信だから、機種が多ければさらにトクですね。

🔵 PlayStation Store

プレイステーション3、プレイステーション4、プレイステーション Vitaなどで利用できるオンラインストア。新作、旧作(ゲームアーカイブス)のゲームダウンロード販売、PVや体験版の配信に加え、映画やドラマ、アニメといった映像のオンデマンド配信も行っている。

🔵 PlayStation Plus

1ヵ月514円[税込]から利用できる定期サービス。プレイステーション4でオンラインマルチプレイをするにあたって必須となるほか、セーブデータのバックアップや、PlayStation Storeでのディスカウントなどの特権が得られる。

ふり返って思うこと

——フリープレイを実施していることが、PS Plusの月額課金による利益につながっていると、ここ数年ソニーの決算報告でも言われていますね。
桜井 でも、それらのソフトを提供している側にはいくらもたらされているのでしょう? さすがにタダで提供しているわけではないでしょうし。
——たしかにそういうことは表立って言われていませんね。VOL.473のお話にもつながるお話だ……。
桜井 しかしよくゲームしてますよね、わたし(笑)。
——『Apotheon』は、桜井さんが「見るだけでもいいから」とおっしゃっていた作品ですが、たしかに絵作りのセンスがすばらしかったです。自分の目に触れていなかった作品に気づかせてくださって、いつも本当にありがたいと思っています。

そのころゲーム業界では
2015年3月5日: GDC 2015にて小高和剛氏が登壇。『ダンガンロンパ』のキャラクター作りの秘訣などを披露。

応援したい人への投資

2015.3.26 VOL.475

✉ 東京都　ねこやまさん

遊び手となる人たちから資金を募っているゲームは、開発状況や将来的な展望など何もかもあけすけに公開しなくてはいけないものでしょうか。遊び手が上から目線で都合のいいことばかり言うようになり、製品版となって発売された後も、言いなりにならざるを得ないだけのような気がします。作り手と遊び手のあいだが縮まるのは、いいことばかりではないようですね。

これは、**クラウドファンディング**のことですね。最近増えてきました。ものを作るにはお金が必要ですが、投資の本来の形とも言える、**「信頼している人、応援したいことにお金をかける」**ということができるので、ある意味理想的な資金調達の方法なのかもしれません。ただ、資本者とユーザーが同一になることで、ややこしいこともあるかもしれませんね。メールの要素を分解して見ていきましょう。

■何もかも公開すべき？

ある程度はそうですね。**資本者に対して、制作者は進捗を報告する義務があります**。わたしだって、任天堂などには仕事内容や成果物をしっかり報告していますよ。ただ、**ユーザーには秘密にしたほうがよいことも多いです。**たとえば『スマブラ』開発で全ファイターを開発初期から公開していたら、夢もへったくれもないし、完成できないリスクも高まります。ストーリーがあるものなら、どんどんネタバレするわけにもいかないですよね。資本者とユーザーでは正解が正反対。これが矛盾を招きますね。

■遊び手が上から目線になる

ある程度はOKだと思います。ぶっちゃけ、**お金を払っている人は強いです。**お金を払わない人は、この際置いておきますけど。ただ、**やみくもな罵倒は、いじめの心理にも近いところを感じます。**開発者って、決して言い返さないですもんね。言っている本人には、ただ思ったことをぶちまけるのは気持ちのいいことでしょうけれど。それが無理解や悪意であろうとなかろうと関係なく。しかしこれは、どういった仕事も同じですけど。限界まで自分を追い込んでいるスポーツ選手にヤジを飛ばす人はいますから。**人は、好き勝手言うものです。**

■言いなりにならざるを得ない

言いなりという捉え方はともかく、半分程度に考える必要がありそうです。基本的に、**資本者のオーダーには可能な限り応える必要はある**と思います。やっぱり、お金を払う人は強い。しかし、**それでは決して"作品"たり得ません。**楽しむ側と違う考えにより、

お金を払っている人は強い

開発者は、形式上はメーカーや会社に給金を支払われている。どこからどうお金が流れるのか、関係者は忘れてはならない。

※画面は掲載当時のものです。

↑日本のゲーム系でトップの投資を集めたもののひとつ、『Mighty No.9』。

自分の知らない世界を見せてくれるからこそ、作品は楽しめるわけですよね。実際、ちょっとでも自分の思う通りでないと、気に入らず、かんしゃくを起こしたり罵倒したりする人はいます。だけど、誰かが考えるものとそっくり同じだったら、それは作品ではありません。また、**制作の事情を知っているのは、制作者だけ**。その中でバランスが取れた判断を続けることができるのは、やはり制作者だけです。作り手の方は、ぜひとも自由にしてほしいと思います。

■ 作り手と遊び手の距離が縮まる

以前、あまり作り手側が前に出ると、ゲームの神秘性がなくなっていくことを書きました。作った人を知らないほうが、楽しめることも多いのではないかと思います。だけどそれでも、**資本**は必要。**ものを作る人は、食べて生きなければならないのです。**

資本 ◁ 資本
人を動かすための燃料。

個人が心底楽しめる作品を作れる人、作品性が肌に合う作り手は、そうあちこちにはいないはず。出資することが可能かどうかはともかく、できる範囲でいいので、応援してあげてください。

※画面は掲載当時のものです。

←人が動くにはとんでもなくお金がかかります。存続できるだけでも助かるくらい。

○ クラウドファンディング

プロジェクトに対し、インターネットを介して不特定多数の人から出資協力を募ること。出資者は出資金額に応じて、現物や関連グッズなどがもらえる。目標金額を超える出資が集まると、実際にプロジェクトが動き出す。

※画面は掲載当時のものです。

○ 『Mighty No.9』

稲船敬二氏らが手掛ける横スクロールアクションゲーム。クラウドファンディングを募集した結果、約400万ドルの資金が集まり、70000人の参加者が賛同。2016年6月21日にプレイステーション4、プレイステーション3、Xbox One、Xbox 360、Wii U、Steamなどで配信された。

※画面は開発中のものです。

ふり返って思うこと

――桜井さんが個人でゲームを作るとなった場合、資金はどんなふうに調達すると思いますか?

桜井 うーん。自分はそうやってゲームを作らないのだろうなと思います。ソラを会社化しないのも、自分がプロデューサーの腕前をほとんど持っていないからです。人のお金の管理なんてとんでもない。

――そこは明確にされているんですね。

桜井 はい。逆に言えば、そういうことをあまり考えなくてもいい立場を保っているからこそ、自分のよさが活かせているのだろうと思っています。

――人には向き不向きがあるということですね。

桜井 もし会社を作るなら、よいプロデューサーとジョイントできれば成り立たせられるかも。いまはひとりでもうまく回っていますけどね。

そのころゲーム業界では
2015年3月21日:『サガ』シリーズ25周年記念イベントとして、東京・山手線7駅に『ロマサガ2』の七英雄が登場。

連射シンドローム

2015.4.9 VOL. 476

腱鞘炎
いくら調べても、「なるべく使わない」、「安静にする」以外の解消法が見つからない……。

『ドラゴンクエストヒーローズ』、『龍が如く0 誓いの場所』など、**攻撃ボタンを連打するゲーム**が続きました。が、わたし個人としてはコレ、とても困るのです……。

いまもなお肩に疾患があり、**腱鞘炎のような症状が抜けないので、ふ**だんの仕事には傾けてクリックするような特殊マウスを使っています。ボタン連打なんてしていたら、10分もすれば腕がへこたれてしまう。それで症状が悪くなったら目も当てられません。

この際、**連射パッドに頼ろう！** せっかくだから、PS4、PCの連射環境をしっかり整えておこうと思い立ちました。

PS4で連射する。単純なように見えて、なかなか手を焼きました。まず、PS4はコントローラでユーザーを認証するためか、PS3とPS4で外付けコントローラに互換性がありません。さらに、アナログスティック付き連射パッドというものが、現時点では存在しません。**＋ボタンが付いた連射パッドは存在する**ので、まずこれを購入。＋ボタンの入力をアナログスティックの入力に切り換えられたので、ある程度は補えました。

……が、前述のタイトルは＋ボタンを別の機能で使います。そのためにはいちいちスイッチで切り換える必要があり、不便。

いっそ、**PS4をPS Vita TVから**リモートプレイし、PS Vita TVにPS3の連射コントローラをつけるのはどうか！ PS3の連射パッドは持っていなかったので、買って試してみました。これは、意外とふつうに連射できました！ ラグもさほど感じず。優秀ですねー。しかし、グラフィック描写が秒間30フレームに落ちてしまう。これではPS4の魅力半減です。惜しい。

最終的には、**コンバーターを買って連射しました**。本来、複数の機種間をまたいでコントローラを使えるようにするものらしいのですが、PS4とPS4専用コントローラのあいだに挟むようにUSB接続すれば、バッチリ連射オーケー。めでたしめでたし。

つぎはPC。PCのゲームコントローラは先日触れたように、いまや標準である**Xbox コントローラにレシーバー**をつけてつないでいます。キー配列は統一感があるけど、もちろん連射はなし。別アプリで連射設定することもできそうだけど、ここはハード的にやってみたいところです。

先ほどのコンバーターを介してPS系コントローラをPCにつなぐと、キー配列がバラバラになりました。これはめんどう。で、**改めてPC用の連射パッドを買ってみたところ、間違えて連**

♪連射 連射ついたぞ 連射ー
←この作品の『連射のテーマ』が頭をよぎる。

『ヴォルガードⅡ』

射がないものを買ってしまった！　連射機能に見えたところが、別の機能だったのですね。よく見て買わなきゃダメですね……。

　その後、またPCの連射パッドを買い、今度はオーケー。ついでに、iPhone用のゲームパッドも統一規格ができつつあったので、買いました。これは対応してほしいソフトがいまひとつ対応していなくて、もう少し熟成を待つ必要がありそうな気がします。

　……さて問題です！　今回、いくつの買い物をしたでしょう？　ちゃんと調べればふたつだけで済んだハズなのに、不要なものを増やしてしまいましたな。まーよくあることです。

　ところで横に逸れたハナシを。"コントローラ"と"コントローラー"では、どちらを使いますか？　任天堂の表記は昔から"ラ"だったのですが、Wii Uあたりから"ラー"になり、『スマブラfor』でもそれに合わせています。"コンピュータ"など、後ろが伸びない表記は、技術系でよく使われますね。

> **iPhone用のゲームパッド**
> いわゆるMFi認証。対応ソフトがまちまちで困ってしまう。

← 最終的に、こんなに買ってしまった。まああ多くて困ることもないですけれども。

● PS Vita TV

　正式名称は"PlayStation Vita TV"。テレビに接続することで、PlayStation Vita用のゲームが大画面で遊べるようになる。おもにDUALSHOCK 3、4といったコントローラを接続してプレイする。

● コンバーター

　変換器。本記事では、家庭用ゲーム機のコントローラをPCなどで使う場合に双方のあいだに挟み、USBでの接続に変換するものを指す。家電量販店などで、さまざまなメーカーのものが1000円台から売られている。

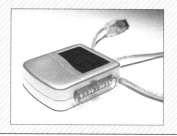

ふり返って思うこと

桜井　いやぁ、この写真のコントローラも全部捨てちゃいましたねー（笑）。

――捨てちゃうんですね！（笑）

桜井　とりあえずいまは連射コントローラには頼っていません。あくまでプレイしているゲームに影響するものですが、自分自身がものすごく指を酷使するという状況もなくなりましたので。

――『スマブラ for』の制作中には肩の痛みなどに長く悩まされておられましたが、それはもうよくなったんでしょうか？

桜井　ええ、完治しました。でも、指を酷使するとどうしても腱鞘炎にはなりますよね。だからマウスやキーボードでその負担を軽減させている、と。

――それは巻頭企画をご覧ください、ということで。

そのころゲーム業界では
2015年4月12日：モンスターハンターフェスタ'15決勝大会にて『モンスターハンターストーリーズ』の発売を発表。

2015.4.23

VOL. 477

制作の手はまだ生きている

ユーザーズアイ
かつて週刊ファミ通本誌において、読者の投稿から感想や平均点を集計していたコーナー。

　週刊ファミ通の"ユーザーズアイ"で、『スマブラ for 3DS』が2014年におけるトップスコアを取ったとのこと。なんと、平均点は9.58点!! そんな数字、個人的には見たことがないですよ。多くのご支持をいただき、ありがとうございます。

　『スマブラ』はとんでもない苦労をして作られていることは、コラムでもお伝えしている通りです。わたしも、世界中でもっとも多くのお客さんを喜ばせるには、『スマブラ』を作ることがいちばんの手法であると自覚しています。

　そんな折、『スマブラ for』の追加ファイターとしてミュウツーを配信するとともに、『MOTHER3』の主人公"リュカ"を配信すると発表しました。つまり、DLCを制作、追加販売するということです。

　"DLC商法"なんて言葉が蔓延していますね。後からお金を払わなければならない収まりの悪さ。そのお客さんの気持ちはよーくわかるのですよ。本来は全部揃って100％のものを、切り売りされたらたまらないですからね。

　発売日や近い時期にDLCがある作品も多いですが、なぜだと思いますか？ それは、早く出すことがいちばん売れる手段だからです。ゲーム発売後に時期を置いてから配信する場合、そのあいだにもお客さんはどんどんつぎのゲームに移っているのです。ロングテール、つまり長い期間をかけて売れるものだって、最初から出ているほうが商機はより長いわけです。

　『スマブラ for』だって、製品に入っているいくらかのキャラクターを最初に出さず、DLCで販売することはできました。かかったコスト的にも内容的にも十分なものを備えていると思いますし、利潤を求めたらそうするに限る。いまの作品はコストがすごくかかるのに値段が据え置かれているので、メーカーとしても助かります。

　しかし、『スマブラ』のDLCは正真正銘、本編開発終了後から制作を開始しています。全力を注いでソフトを完成させた後、制作力、運営力を維持するために対価をいただくことになります。価格は任天堂で決められますが、かけていただくコストの割にはお得だと思います。

　ミュウツーはもともと"両機種買った人へのサービス"を前提に制作を決定しました。ただ、これだと問題があります。たとえばWii Uは家庭に1台で、3DSは兄弟でそれぞれ持っていることがあります。両機種へのサービスのみだと、Wii Uに1体、3DSに1体しかミュウツーを配れなくなり、兄弟で個別に遊べませんよね。なので、ふつうに購入もできるようにしました。

　そして、以降のキャラクターを追加

←リュカ参戦！ 喜んでいただけた方も多いようです。もう少しで完成しそうです。

「大乱闘スマッシュブラザーズ for Wii U」

する理由ですが、『スマブラ』は、やはり何のキャラクターが参戦するのか、その思いを馳せるのが楽しいゲームなのですよね。配信があることで、その楽しみを持ち続けていられるのは、とてもよいことだと思います。

チームは縮小しているものの、**わたしもテンションを落とさず、日々力を注いでいます**。各コンテンツの完成時期の違いから、新しい企画と、制作や調整と、マスターアップが同時にやってきます。パッチやオンライン系、追加モードもあるのでたいへんですが、**これも世界のお客さんが喜ぶため。**

ファイターの制作は非常に手がかかるので、そんなに多くは量産できないと思います。わたしも、プロジェクトを終えてスッキリしたいと思いますし。しかし、**一度取り組むと決めた以上、なるべく多くの楽しみを提供していきたいと思います**。今後しばらく、がんばりますのでご期待ください！

> **思いを馳せる**
> 当人にとっては真剣であることは理解しているが、アイアンマンや悟空は出ないと思う……。

『大乱闘スマッシュブラザーズ for Wii U』

↑大会モードやMiiverseステージは無料配信です。オンライン系は時間がかかりますが、制作中です。お待ちください！

『大乱闘スマッシュブラザーズ for Nintendo 3DS / Wii U』のDLCに関する発表

2015年4月2日早朝、任天堂による新作紹介放送、Nintendo Direct 2015.4.2にて世界同時に発表。追加参戦してほしいファイターを、『スマブラ』公式サイトにて2015年10月3日まで募集していた。

リュカ

ちょっぴり気弱な『MOTHER3』の主人公。『スマブラ』シリーズには『スマブラX』から参戦。PKファイヤーやPKサンダーといった、PSI（超能力）とヒモヘビを駆使してたくましく戦う。

『MOTHER3』

ふり返って思うこと

——DLC制作を初めて発表したお話ですね。制作者としてはどうなんでしょう？　本編を作り終えてもなお、制作が続いていくわけで……。

桜井　やっぱり、「やった！　完成した！」というゴールは遠のきますよね（苦笑）。だけど、ユーザーの皆さんの楽しみをなるべく提供し続けていけることは、非常に大きな意義があると思います。

——DLCがなければ、ミュウツーもクラウドもベヨネッタもみんないませんでしたからね。

桜井　DLCは、シリーズ作品の寿命をある程度短くしていると言えるかもしれません。『スマブラ』なら、それらのファイターは次回作で出せばいいわけですから。だけど『スマブラ』は存続を考えて出し惜しみするタイトルではありませんから。いつも全力。

そのころゲーム業界では
2015年4月24日：『アイドルマスター シンデレラガールズ』の公式"痛印"が数量限定で登場。銀行印としても使用可能。

職人の競争

2015.5.28
VOL. 479

新作アニメ放映本数
2017年は230本、継続タイトルと合わせると340本とのこと。この中にはOVAやNetflixなどのオリジナル作品は含まれていない。

最近、アニメがすごく多いですね。**2014年度における新作アニメ放映本数は、およそ190本!!** 5分アニメなどもあるから規模はピンキリだけど、これはすさまじい数ですよ。1本作るのにも、相当な人数が動かなければならないのに。もっとも、ゲームのほうが本数多いですけれども。アニメ以上にピンキリと言えますけれどもね。

JAniCA（一般社会法人 日本アニメーター・演出協会）というところがありまして。そのWebサイトで、現場で働くアニメーターからのアンケートを集めた"**アニメーション制作者実態調査**"というレポートを公開しています。現場の方の生々しい声がそのまま掲載されています。興味がある方は"アニメーション制作者実態調査"で検索してぜひご覧いただければと。

ここで意見をまとめるのは無理ですが、やはり苦しいことが多いようです。何より、賃金が作業量の割にとても安い。中抜きもありそうだ。動画1枚200円程度では生活が立ち行かない。年間本数が増えすぎ、でも質はHD画質で劇場版クラスのクオリティーを求められる。単価が均一なので、クオリ

ティーが高いものを作るほど、難しい仕事が舞い降りて来て結果的に損になってしまう。休日出勤当たり前。消費税をかけられるが、払われない。スケジュールが不安定。社会保険も生活保障もない。企画がありきたりで変化がない。それでもこの仕事を続けるのは「好きだから」。根性論に陥りがち。

人によって考えかたはまちまちで、いろいろなことが書かれていました。なので上のまとめも適切なものではありません。直接お目通しいただくのがいちばんです。

一部を除き、アニメーターの仕事が現状かなりきびしいのは、隠せない事実です。しかし、低収入、キツイ仕事だからと見下しているような風潮には、大いに、力強く異を唱えたいところです！

アニメーターは、職人です！ ほかの人にはできないことをすることで、多くの人を喜ばせるための集団です。だから、健やかであってほしいと思うのです。

競争があるのは、避けられないことでしょう。現在放映中のアニメは明らかに多すぎ。ということは、**コンテンツ的にも制作者側にも競争相手が多いということ**。ひとりの賃金面だけ見てみても、同業種はもちろん、海外に発注した場合のコストとの競争もあります。日本で海外基準の賃金になったら、そりゃあ太刀打ちできません。

労力に見合わない仕事はやらなきゃいい、という考えかたもあるでしょう。が、やめた仕事はほかに取られていくので、競争は止まりません。引き続き

↑JAniCAのサイト。レポートはいちばん上にリンクされています。PDFです。（連載当時）

仕事を続けられる者は、競争に勝ったからだと言えるのかもしれません。

一般的な見解だと断りつつ書くと、最近のゲーム業界はこれほどまでにスタッフに無理がかかることは少ないです。多くの場合コンプライアンスは厳守するし、資金が少なくとも**給与は順当に**支払われるし、競争に負けた場合会社が潰れるだけ。作り手にまだやさしいほうです。外注の一部など、例外はあるかもしれませんけどね。

しかし、くり返しますと。"職人"が「好きだから」という理由で続けている仕事なのですよね。すべての職人がまんべんなく食べていけるような平和な世界を夢見ているわけではありません。しかし、いろいろな人が職人の存在を意識することで、ものの見かたが少し変わるのではないかと感じ、今回のコラムに起こした次第です。

わたしも職人と言えます。いい仕事に恵まれているほうだとは思うのですが、つねに紙一重。彼らと何も変わらないと感じています。

給与は順当に

アニメ業界も制作コストを高め、働き方改革を進める流れになりつつある。

→レポートの一部。中盤から年齢、性別、職種順にさまざまな声が入っています。

JAniCA
(一般社団法人 日本アニメーター・演出協会)

業界の健全な発展に寄与し、アニメ制作者の地位向上を目指す団体。アニメーターと演出家に対し、技術講座や確定申告講座など、仕事や生活面の向上を目指す活動をしている。http://www.janica.jp/

※画面は連載当時のものです。

コンプライアンス

ビジネスや経営の分野では、企業が法律や企業倫理を遵守することにあたり、"ビジネスコンプライアンス"とも言われる。社員の不祥事で会社や企業全体の信頼を損なわないため、重要視されるようになった。

※画面は連載当時のものです。

ふり返って思うこと

桜井 アニメ業界の方からお礼を言われました。

——ああそうですか! アニメ業界の方も読んでくださっているんですね。ありがたいことです。

桜井 なんと言いますか、上がりが少ない人を見下す人っているじゃないですか。自分は、そうじゃないと強く言いたいわけです。

——まったくその通りだと思います。

桜井 いまはアニメの本数がすごく多くて、アニメ関係の仕事に就きたい人も多くて。その中でそれぞれの人がしのぎを削るという状態にあるわけですから、生き残りが激しいのは仕方がないですが。ただ、ゲーム業界だってそこは同じだと思います。

そのころゲーム業界では
2015年5月28日: Wii U用ソフト『Splatoon(スプラトゥーン)』発売。

調整の現場

2015.6.11
VOL.480

『スマブラ』において、見当違いの怒りをぶつけてくる人がたまにいます。わたしの作った作品のキャラクターについて、「扱いや強さで優遇している！」と。つまり、『カービィ』シリーズや『新・パルテナ』でしょうか。

しかし。わたしがもし『スーパーマリオ』シリーズを手掛けていたら、「『マリオ』ばっかりひいきして」と言うのでしょう？ 登場ファイターは一番多いですし、『ファイアーエムブレム』でも然り。『ポケモン』でも『スターフォックス』でもそう。けっきょく、どれも力を入れているということなのですよ。手数や調査や愛情を注いでいます。

そもそも自分の手掛けたキャラクターを強くすることに、何のメリットがあろうかと。いい気分になるため？ いや、みんな自分が手掛けるキャラなのですけれど。

わたしが個人的に苦手な、うまく使いこなせないキャラクターの一例として、ピットやパルテナがいます。つまり、わたし自身は"ピットやパルテナは平均より弱い"と感じているということです。このうえで自分なりに調整したら、これらはより強くなってしまいますが、そうはしていませんよね。

いまも少しずつ加えている、バランス調整の現場の話をします。原則的に、いちばんの参考軸になっているのは、**モニターチームの対戦レポートです**。彼らは表に出ることはないけれど、大会などに出たらいい線いくのでは？ と思える程度の技術は持っています。

彼らに毎日プレイを重ねてもらい、オンライン対戦の総合戦績、ネット上の意見なども踏まえ、調整提案をしてもらっています。

提案を鵜呑みにするわけではありません。バランスを取るためにおもしろさを減らしたら意味がないので。極端に言えば、**全員がマリオの性能になれば、対戦バランスだけは取れます。しかし、それでは圧倒的に楽しくないですよね**。持ち味は殺さないように調整し、またモニターしてもらい、釣り合うようにします。すべてのキャラクターは、モニターチームの戦績と見解から現状が妥当と思われるのでいまに至るわけです。

つまり、**バランスを調整しているのはのはわたしだけど、客観的に判断する組織があると。彼らの見解と合致しない調整はしません**。ただ、**チームには数人しかいません**。うまい人ってそんなに多くないですからね。おのずと戦法の傾向や、得手不得手が出てきます。

それとは別に、対戦形式が多いゲームであることも問題です。2人対戦でまったく使えないワザが、4人対戦では主力になることはザラ。よって同じ対戦形式ばかりで遊ぶと、偏りを感じるでしょう。

また、上級者にとって公平なことを

チームには数人しかいません
『スマブラ for』時。『スマブラSP』時には、大幅増員している。

← 1対1ではまず当たらないワザも混戦時にはチャンスが。対戦形式の差は大きい。

『大乱闘スマッシュブラザーズ for Wii U』

前提にすると、初心者がついていけなくなります。たとえばカービィのストーンって、中級者以上ならまず当たらないけど、強くしたら初心者キラーですよね。

けっきょくのところ、中級者がほどよく楽しめる程度の狙いになっています。基本的には、"楽しいパーティゲーム"として作っているつもりです。ひりひりするような駆け引きを楽しみたい場合、ほかの2D格闘ゲームのほうが合うのではないかと思います、が……。

先日、『スマブラ』の日米対決大会がありまして。1on1だと、どうしても**低リスクワザでの削り合い**になるのですよね。スマッシュ攻撃などはほとんど出ず、長期戦に陥りがち。ゲームが持つ幅から考えるともったいないのだけど、技量の差で勝敗が決まるのも確か。それで心底楽しんだり、友だちを増やす層がいるのも確か。ふり幅の大きいゲームだからこそ、いろいろな捉えかたをする人がいるということでいかがでしょうか。

↑超会議における日米頂上対決。結果は北米の圧勝。とても楽しかったそうです。

> **低リスクワザでの削り合い**
> 上級者戦は手数の応酬になりがち。ふっとばせるワザは、相応にリスクが高い。

 カービィのストーン

カービィの下必殺ワザ。岩などに変身し、真下へ落下しながら攻撃する。威力が高く、初心者どうしの対戦では乱発するところをよく見る。しかし変身中は動けず、変身解除のスキも大きいため、上級者戦では通用しない。

『大乱闘スマッシュブラザーズ for Wii U』

 日米対決

日米のトッププレイヤーが集う"大乱闘スマッシュブラザーズ for Wii U 2-on-2 WORLD GRAND PRIX JPN vs USA"のこと。2015年4月に催されたニコニコ超会議2015で行われ、強い結束力でアメリカ勢が日本勢を制した。

ふり返って思うこと

――このころに比べると、『スマブラ』を用いた大会はずっと増えましたよね。eスポーツも然りですが。

桜井 そうですね。でも自分としては、もっとカジュアルになればと思っています。『スマブラSP』発売直後のいまは、eスポーツ寄りの公式大会が多いような気がしますが、今後はもっとワイワイ楽しめるものも、増えてほしい。

――たしかに、真剣に腕前を競う感じですね。

桜井 『スマブラ』はパーティゲームなので、みんなでワイワイできる方向に振れるといいなと。でも大会を企画するのは自分ではありません。意見はしつつ、今後に期待したいと思います。

そのころゲーム業界では

2015年6月10日：安室奈美恵がアルバム『_genic』で初音ミクとコラボ。そのイラストを副島成記氏が描き下ろしした。

リュウ、ロイ、リュカ参戦!!

2015.6.25 VOL.481

2015年6月15日。『スマブラ for 3DS/Wii U』におけるアップデートを行いました。やはり目玉はファイターですね。『ファイアーエムブレム 封印の剣』のロイ、『MOTHER3』のリュカ、そして『ストリートファイター』シリーズのリュウが同時配信となり、もう遊べるようになっています。それぞれ、『スマブラDX』、『スマブラX』から、そして新作。出自もキャラクター性も性能も大きく分かれ、個性がにじみ出ています。

そのほかには、リュウとセットで販売となった**朱雀城ステージ**。Miiverseと連動し、対戦中にさまざまなメッセージが出る、Wii U専用の**Miiverseステージ**。初代『スマブラ』から復帰した**プププランド64ステージ**。ステージがあるので、音楽も複数追加。さらに、Miiファイターのコスチュームに、『**バーチャファイター**』や『**鉄拳**』を含むコラボコスチュームの追加など、盛りだくさんです。

それぞれ参戦ムービーも作ったし、アップデート内容やリュウの特別な操作方法を解説したかったので、配信直前に動画を放送しました。いまも見られるので、詳しくは『スマブラ for 3DS/Wii U』公式Webサイトでどうぞ!

3キャラ、3ステージ、9コスチュームを配信となりましたが、量産がラクなわけではありません。3DSは連続的な配信にあまり向かない仕組みだし、Wi-Fiが家になくてコンビニなどで受信する人もいるので、配慮して固めています。

やはり、リュウが出るのがスゴイですね。個人的にも、手掛けられてうれしいです。細かいところまで力を入れているつもりです。『ストリートファイター』シリーズ以外への出演も多いので、拳を交えた人気キャラクターの種類はもっとも多いファイターなのでしょう。しかし『スマブラ』に載せるとなると、ボタンの数や操作方法で大きな制限がかかります。

以下のような特徴があります。

■**ボタンを押す長さでワザが変化**
弱、強攻撃が対応。『ファイティング・ストリート』みたいですね。

■**コマンド入力対応**
必殺ワザはワンボタンで簡単に出せるけれど、コマンド入力すればさらに強化。失敗、暴発するリスクもおもしろみのひとつ。

かつて『ストⅡ』の開発に携わった、サウンドコンポーザーの下村陽子さん、イラストレーターのあきまんさんにもご参加いただいています。それぞれ『スマブラ』版のリュウを触っていただいたのですが、下村さんは「**私にも昇龍拳が出せる!!**」、あきまんさんは「**こんなに簡単に出ていいんですか!?**」と驚かれていました。昇龍拳がワンボタンですぐ出せるのは、リュウとしては

朱雀城ステージ
『ストⅡ』におけるリュウのステージ。松江城に似ている。ゲーム内で名前が出たのは『ストリートファイター ZERO2』から。

← リュウ、リュカ、ロイ、みんなラ行。それぞれの楽しみがあります。

『大乱闘スマッシュブラザーズ for Wii U』

新鮮なのかも。
　ロイの制作で印象的だったのは、声録りです。『スマブラDX』収録当時と同じ、**福山潤さん**にお願いしたのですが、もう10年以上前の『DX』収録のことを非常によく覚えていらっしゃいました。当時キャラについていた仮の名前や、共演者のことまで!!　人気声優として、その後無数の作品を手掛けられたのに、印象に残っていたということでうれしく思いました。
　公式Webサイトには、参戦ファイターを募る"投票拳"があります（募集は終了しています）。非常に多くの要望をいただいていますが、もちろん、**リュカ、ロイ、リュウの3人は、投稿拳が作られるより前から制作しています。**人気、要望のほどは把握していましたけれども。
　あくまでサービスだし、いつまでもチームを継続できるわけでもないので、今後はあと数体の配信となりそうです。また、制作にお時間いただきます。進めるには人知れぬ困難もありますが、可能な限りがんばります！

> **福山潤さん**
> その後『ペルソナ5』のジョーカーの声を担当されたので、ふたたび『スマブラ』参戦となった。

← リュウで8人対戦まで可能なのも珍しい。ファンにはこの配色おなじみですよね？

『大乱闘スマッシュブラザーズ for Wii U』

● ププランド64ステージ

　『星のカービィ』のステージ。中央の小島の上に、すり抜けられる足場が段違いで設置されている。背後にはウィスピーウッズがおり、時折左右に息を吹きかけて、ファイターたちを吹き飛ばそうとする。もちろん終点化あり。

『大乱闘スマッシュブラザーズ for Wii U』

● 『ファイティング・ストリート』

PCエンジン/ハドソン（発売当時）/1988年12月4日発売

　アーケード版初代『ストリートファイター』の移植作。感圧式のボタンや6つのボタンを使用するアーケード版に対し、ふたつボタンの操作でまかなう必要があったため、ボタンの長押しで攻撃の強弱が決まる仕様だった。

『ファイティング・ストリート』

ふり返って思うこと

桜井　『スマブラ for』はアップデートの時期に縛りがあったんです。とくに3DSはアップデートに許される回数が決まっているので、Wii Uもそれに準じないといけませんでした。

──そんな苦労があったんですね。

桜井　本当は1体ずつ出したかったんですが、そういう理由で今回は3体いっしょで、となっているわけですね。とはいえ、頻繁にアップデートすればいいというものでもないと思いますけれども。

──「一度に3体も？」という衝撃はありましたよ。

桜井　このときはイチから作らなくてはいけないのは朱雀城ステージだけでしたが、『スマブラSP』はあれもこれも作らなければ……どうしよう。

──たいへんでしょうが、楽しみにしてます(笑)。

🌐 そのころゲーム業界では
2015年6月15日：E3 2015にて『ファイナルファンタジーⅦ』のフルリメイク版の制作発表。ティザー映像を公開。

『思うこと』新刊、2冊刊行!!

2015.7.2 VOL.482

新刊
連載当時。いまはもちろん、当書が最新刊。

当コラムの新刊が出ることになりました！ タイトルは『桜井政博のゲームを作って思うこと2』、同『ゲームを遊んで思うこと2』！

前回は『作って思うこと』、『遊んで思うこと』の2冊に分けて刊行しました。今回も同じスタイルですね。**ゲームの制作現場に近いハナシは『作って』、さまざまなゲームに触れたり、遊びについて考えるハナシは『遊んで』に振り分けられています**。今回のコラムは、ちょうど『スマブラ for 3DS / Wii U』の開発時期とかぶりますから、本作の制作に興味がある方はぜひ。とくに、巻頭特集に見応えがあります。それぞれカラー16ページですが、いつも以上にネタが詰まっています。

■『作って2』の巻頭特集

もしあなたが、すごくいい企画を考案したとします。製品化すれば抜群におもしろいこと間違いなし。これはイケる！ しかし、**脳内にある企画の内容を、スタッフに伝えきって作っても**らわなければなりません。自分の外に出した時点、文章や企画書にした時点で、情報量はガクンと下がります。その中で、狙い通りの作品を作るにはどうすればいいのか？ その手掛かりが、ここにあります。

『スマブラ for 3DS / Wii U』を制作するにあたり、ものを制作する最初の火種、起点となる資料を集め、掲載しています。企画書のみならず、ファイター、モーション、ムービーなどの要素もあり。これは本来、門外不出のもので、後にも先にもここでしか見ることができないでしょう。ゲーム画面を除き、**すべてわたしが直接作った資料のみでまとめています**ので、「最初に考えたことをどう伝えるか」が見えてくると思います。

ただ、ゲーム研究という意味では、『遊んで2』もなかなかです。

■『遊んで2』の巻頭特集

コラムを読んでいただくとわかるかと思いますが、**わたしは昔からかなり**

➡『作って2』巻頭。『スマブラ for 3DS/Wii U』開発の最初の一歩がここに。

Think about the Video Games

多くのゲームを積極的に遊んでいます。作り手であると同時に、遊び手でありプレイヤーです。気がつけば40年以上も遊んでいたので、いままで遊んだゲームを年代記的にまとめてみました。その約40年を各年度に分け、スポットを当てたゲームの解説やそのときのプレイ背景を各年1～3作ぐらい。加えてその年に遊んだゲームを9作～24作ぐらいピックアップしてみました。

合計すると、680作品ものタイトルが並びます。皆さんは、西暦何年のどのあたりからコンピューターゲームを始めたのか。どういった作品を遊んできたのか。軽く照らし合わせながら見るといろいろ思い出し、懐かしめるかもしれません。そうでなくても、時代の進化を俯瞰し、感じ取れます。

なお、記載年度は必ずしもわたしが遊んだ年ではありません。そのゲームが発売された年や、コピーライトに統一しています。が、これも調べるのがタイヘンでした。解釈によっては多少の前後はあるかもしれませんが、ご容赦ください。

今回も本連載時にはなかった追加があります。まず、**"スーパーヘルプ"**。文面に専門用語などが出てきたとき、注釈として解説が入ります。そして**"ふり返って思うこと"**。コラムの編集者とわたしで、記事の内容に沿って語り合います。ほぼすべての回に入っており、会話形式なので読みやすいかと。ちなみに編集者はふたりいます。

すでに書店に出回っていますが、趣味の本なので見つけるのは難しいかも。電子書籍ならすぐにでも買えます。タブレットがある方はこちらもご検討ください。当コラムをご覧いただきありがとう！

> **スーパーヘルプ**
> ここです。ここ。この注釈。専門用語のみならず、裏話や脇にそれた話も。

➡『遊んで2』はゲームの年代記！ひとりの人が遊んだ経歴をたどる、珍しいカタチ。

ふり返って思うこと

――ということで、この回が収まっているのはさらに後の単行本ということですが(笑)。
桜井 うーん(笑)。やっぱり単行本のタイトルがわかりづらいのが悩みですよねー。
――『ゲームについて思うこと』の1巻がまずあって、『2』、『DX』、『X』、『作って思うこと』・『遊んで思うこと』、『作って思うこと2』・『遊んで思うこと2』。通巻数でそろえたカバーを作ってかけ直したい……。
桜井 なんとかわかりやすくしたいなぁ(笑)。あとは、わたしのゲーム制作のノウハウを書いた回をまとめたものが作れるといいのではないかと。
――桜井さんの仕事術の本、たしかに読みたい！

🌐 **そのころゲーム業界では**
2015年7月7日：TOKYO MXにてゲーム番組『たたかえ！ゲームボーイズ』開始。視聴者宅で『スマブラ for』を対戦。

岩田社長、逝去

2015.7.23 VOL.483

岩田社長が
亡くなられた日
2015年7月11日。

　いつ掲載されるのかはわかりませんが、このコラムは**任天堂・岩田社長が亡くなられた**知らせを受けた当日に書いています。聞いた直後は頭が真っ白になりそうだったし、まだ実感が湧きません。今回はわたしの視点と主観に基づいて、岩田社長の人となりについて書いておきたいと思います。

　岩田社長とはじめて会ったのは、わたしが昔所属していたHAL研究所の、就職における面接官として。入社後、立場を変え、場所を変えながら、長いお付き合いとなりました。生涯でいちばんの上司であり、いちばんの理解者でした。

　人徳者でした。ふつうの人なら不快感を覚えたり、腹を立てたりしそうな局面においても、決してそれを表に出さず、分析、まとめ、提案などができました。どう考えてもご本人が悪くないところで、頭を下げることができる方でした。ストレスが心配でしたが、話をするときには基本笑顔でした。

　頭脳明晰でした。人の話が長くなるときや要領を得ないときでも、「つまりはこういうことですね」と、すぐに明瞭にまとめることができました。人やものの本質を見極め、誰にでもわかりやすくすることに長けていました。改善案も即決です。それによって助かった人も多かったことでしょう。

　努力の人でした。もともと経営方面の方ではなかったにも関わらず、さまざまな経営関連の本を熟読し、また必要な人にアドバイスを求め、見事に力にし、任天堂社長という大任を果たしました。地道な努力が実を結んでいるプロジェクトは、プログラマー時代から多くの産物があります。

　オープンで、サービス旺盛でした。"社長が訊く"や、Nintendo Directに代表されるサービスは、何も社長みずからが矢面に立たなくてもよいこと。無責任な批判にさらされるリスクもあります。だけど、みずからが発信することで、正しく伝えることの大事さを訴えていたのではないでしょうか。

　人の気持ちがわかる人でした。任天堂社長になってからは、社員全員に対してメールを打ってコミュニケーションを取ろうとするなど、実現がたいへんであることを理解しながら、すべての人に対等であろうという姿勢を見せていました。また、人の状態を知るために第三者にもよく耳を傾けました。少なくとも一個人において、独善的な要素はまったくありません。

　岩田さんとは、亡くなられた連絡を受けたころ、京都でお会いしてお話をする予定でした。PRESS STARTを

↑このコラムのタイトルに、"逝去"と書くことが現実離れしています。

一度観てみたいとのことでしたが、それもできなくなりました。

今年の1月ごろ。シアトル出張直前の岩田さんと東京の**ホテルで会食**をし、その後成田までクルマでお送りしたことがあります。そのときにはまだまだお元気そうで、術後のお身体も快調のようでした。「これだけお肉が食べられるようになった」と、喜んでおられました。また、ドライブ中もさまざまな話をし、お互いに笑ったものです。

頭ではわかっていることなのだけど、今日と同じ明日が来るという保証はどこにもありません。いつ何時に別れが来ても大丈夫なように備えるのは難しいですが、後悔しないようにふるまえなければならない、と感じます。

わたしは、少し後悔があります。

フリーになってからのわたしの仕事は、**岩田社長との"義"によって支えられていたところも多々あります。**これからどうするのかなどは、いまは考えていません。

まずはご冥福を心からお祈り申し上げます。長きにわたってお世話になり、ありがとうございました。

> **ホテルで会食**
> 岩田さんはつねに忙しく、東京にいる機会も限られるため、宿泊先のホテルに出向き、そこで打ち合わせることも多かった。

↑岩田さんほど、人の上に立つのにふさわしい人はいないと思っていました。

岩田聡氏

任天堂株式会社の第4代代表取締役社長。昭和34年12月6日生まれ、北海道出身。大学生時代にアルバイトをしていたHAL研究所に入社し、『ゴルフ』や『バルーンファイト』など、数々のファミコン作品のプログラミングを手掛ける。とくに、当時開発が難航していた『MOTHER2』にヘルプとして参加し、優れたプログラミング技術で完成に導いた逸話は有名。経営手腕にも力を発揮し、任天堂の3代目取締役社長の山内溥氏に取締役経営企画室長として招かれ、その後4代目取締役社長として就任した。任天堂の新作情報を発信する配信番組、Nintendo Directでは、岩田氏みずから出演し、視聴者に向けて"直接"語りかけるなど、数々のユニークな趣向を取り入れ、"直接"は視聴者おなじみのキーワードに。2015年6月開催のE3では、自身の言葉で綴る任天堂の公式Twitterの投稿に、ハッシュタグ"#Iwatter"を使い話題を呼んだ。胆管腫瘍により、2015年7月11日に急逝。55歳の若さだった。

ふり返って思うこと

——このころ、桜井さんにどう話しかけていいものか、本当にわかりませんでした。

桜井 そうでしょうね。自分も何と言っていいのかわかりませんしね。おそらく『スマブラSP』の制作依頼は受けていましたし、なんとか成果を上げなくては、と思っていたころのことだったと思います。

——すでに企画書を書き始めていたんですか?

桜井 それは定かではないですが、200ページ以上もある企画書ですから(193ページ参照)、それなりに時間はかけていると思います。まあでも、岩田さんからもお話をいただいていましたし、どんな企画にするかは決めていたころだと思います。

そのころゲーム業界では
2015年7月11日:ニンテンドー3DS用ソフト『妖怪ウォッチバスターズ 赤猫団/白犬隊』発売。

2015.7.30 VOL. 484

永遠の別れ

2015年7月16日、17日。**岩田さんの通夜と告別式に行ってきました。**場所は京都、岡崎別院。祇園祭の宵山の最中で、大混雑が予想されました。逝去の公表前に、素早くホテルを押さえました。

式では、香典は固辞するとのこと。わたし個人としてはかなり違和感があったのですが、関西では香典がないのが一般的だということでした。場合によるのかもしれませんが、今回のような集まりでは、受付するだけでも時間がかかりすぎるのかもしれませんね。

以前買った喪服の**サイズがなぜかダブダブ**で、着ると昔の岩田さんのようなシルエットになってしまいました。そんなに太ったことないハズなのだけど……。急遽京都駅で喪服を買い、慌ただしいスタートです。

台風の影響で、通夜は横殴りの雨。告別式はバケツをひっくり返したかのような豪雨。多くの方が、喪服を濡らしていました。こういった場に雨が重なると、涙を思わせるような表現もされますが、そんな甘いものでもなく、

サイズがなぜかダブダブ

筆者はその後、さらに痩せたので、このとき買った喪服も合わなくなっているかもしれない……。

↑台風が近畿地方を襲う中、式は多くの来場者とともに執り行われました。

これが涙なら、眼球どころか身体までしぼんでカラカラになってしまいます。

通夜では最初の待機列に入れていただいたためにあっという間に進みました。告別式では、**祭壇の左の来賓席に加えていただきました。**右が親族の方で、来賓席は非常に限られた、重要な取引先しか呼ばれないとのこと。とは言えゲーム制作者は少なく、確認できたのは、糸井重里さん、石原恒和さん、堀井雄二さんくらいでした。

ふつうこういう場では、遺影のほうに目が行くものです。花に包まれた遺影の岩田さんは笑顔で、とてもいい写真でした。

しかしわたしは、ずっと棺を見ていました。あの中に、すでに動かなくなった岩田さんのご遺体がある。おそらく白装束に身を包み、メガネを取り、鼻に詰め物をして。そして、今日そのご遺体も焼かれてなくなってしまう。この世界から、岩田さんがいよいよ存在しなくなってしまう。

自分の焼香が終われば退席していいようで、来賓席にも空席が目立つようになります。しかし、わたしは許される限り、最後までいたいと思い、そうしました。岩田さんといられるのももう最後だと思うと、**少しでも長いあいだ、この場に留まっていたいと。**

非常に多くの方が、焼香に訪れ、お祈りをされました。外は見えなかったけれど、おそらく豪雨の中に長蛇の列があったのでしょう。10年以上ぶりになるような、懐かしい顔も見掛けます。もちろん話をする機会もあったし、うれしいことでもあるはずなのです

が、こんな場では、どんな顔をしていいのかわかりませんでした。

多くの方が、とくに岩田さんと親しい方が、**岩田さんとはもう会えないという事実に実感が湧かないような話をしていました。**わたしもそうです。

以前のコラム（VOL.372）で、人が亡くなるということは、他人にとっては登場人物のひとりがいなくなることに過ぎないが、当人にとっては世界全体がなくなること、という見解を書きました。しかし、**ほかの人にとっても、岩田さんを人生における登場人物のひとりと呼ぶには、存在感が大きすぎたのだろうと思います。**

関係者に大きな存在感を残しながら、岩田さん自身の世界はなくなってしまいました。しかし、それでも我々の世界は続きます。

悲しんだり、落ち込んだりはしません。**いまの仕事をしっかりがんばろうと思います。**いまあるものを達成することしか、手向けにできることはありませんから。

いまの仕事
『スマブラ for』のDLC制作がメイン。『スマブラSP』の企画はまだ。

岩田さんの葬儀の模様。多くの方に愛された、稀代の大社長だと思います。

VOL.372　人の数だけある世界
東日本大震災が起きて間もないころ、人の死のとらえかたや不謹慎ブームについて、ビートたけし氏の文章を引用しつつ見解を語った回。単行本『桜井政博のゲームを遊んで思うこと2』に収録されている。

祇園祭
京都の八坂神社の祭礼で、夏の風物詩とされ、世界中から観光客が集まる。7月1日から1ヵ月間行われ、長刀鉾を先頭に23基の山鉾が京都の中心部を巡る前祭山鉾巡行が最大の見どころ。2015年は7月17日に行われた。

ふり返って思うこと

——岩田さんに、何か相談しておきたかったことなどはなかったんでしょうか。

桜井　うーん。あまり人に相談しないので……。

——たとえ岩田さんでも、同じスタンスなんですね。

桜井　でも、ときどき会ってざっくばらんなお話をしたり、食事へ行くことはありましたよ。

——本当に突然のことでしたね……。

桜井　そうですね……。この回の内容は、どちらかというとドキュメンタリーのようで、告別式に行ったときのことをそのまま書いていますね。なんだか、自分が感じたことを書くのははばかられると思ったんですよね。……自分のコラムだけど。

——桜井さんでしか知り得ないことがたくさん詰まった、特別な回だと感じています。

そのころゲーム業界では
2015年8月5日：欧州最大規模のイベントgamescom2015が開催。『DARK SOULS Ⅲ（ダークソウルⅢ）』の試遊台が盛況。

あれは要らない、これも要らない

2015.8.6 VOL.485

大昔、業界内のとあるゲーム評価機関において。何の変哲もない、とくにおもしろくもないシンプルなパズルゲームが、不自然なほど高評価になったことがあります。**つまり、減点法の極み。点数を減らす余計な要素がないから、ハイスコアになったということです**。これではものを正しく評価しているとは言えませんよね。コンビニに売っている飲み物は、**水**だけでよいのか。たとえ自分の好みでなかったとしても、いろいろな飲み物があってほしいと思います。

『ファイアーエムブレムif』のユーザー評価を見かけました。その際、**あれは要らない、これは要らないといった論調が、ほかの作品と比べてもかなり多く感じる**のがひっかかりました。

たとえば、主人公の家で**仲間の頭や顔をなでたりして親密度を高める要素**。配偶者が横にいようとおかまいなしに連れ込んで、なでなでするのですよね。わたしもプレイしたとき、「『ポケモン』か！ あるいは『nintendogs』か!!」と突っ込んだりもしましたが、で、この要素が要らない！ とレビュアーがおっしゃるわけです。

ギャルゲーなどが苦手なわたしも、喜んでプレイする要素ではないので気持ちはわかります。でもそれ、ゲーム進行に不可欠な要素でもあるまいし、「**やらなきゃいい**」ですみませんかね？

幕の内弁当にキライな食材が少し入っているからって、ほかがおいしくてもキライな食材を挙げ連ねるのでしょうか。その食材が好きな人の立場は？ すべてが自分に合っていなければ価値がない？

ゲームにいろいろな要素を盛り込もうと思うのは、純粋にサービスです。そのサービス要素を外したからと言って、ほかの要素が入るわけではないのがほとんどです。

減点法ばかりで考えられるとサービスをしにくいし、ゲームがストイックになりすぎて困ります。

『スマブラ』だって、サービスの塊であり、ムダなものがいっぱいあります。あれも要らない、これも要らない。極論を言えば対戦以外の副次的モードは何も要らない。アイテムも要らない。最後の切りふだも要らない。ステージは"終点"以外要らない。こうしてすべてを外していれば、残ったものはかなり貧相な、マニア専用のゲームにしかなりませんね。

実際、そういったものが欲しい人もいると思います。絞ることはある意味カッコいい。しかし『スマブラ』の商品像としては、そういったマニアに向けたものでないのは明らかですよね。楽しいパーティゲームを目指しているの

水
もっとも不可欠、無味無臭の液体。筆者は水をそのまま飲むと、なぜか気持ち悪くなってしまう。

『ファイアーエムブレムif』(下画面)

↑じつは、Live2Dの技術が活きている要素。なかなかおもしろい映像表現です。

で、まさに真逆。**それにそもそも"パーティ"って、ムダなものですしね。**盛りだくさんも、ひとつの価値です。

また、外した要素に必要性を感じる人もいますよね。自分が遊ぶ対象でなかったとしても、ほかの人が遊ぶ多様性はあっていいはず。

ゲームの肉づけやサービスは、みんなに公平なものではないと思います。基本的には、好きな人が好きなように遊ぶためのもの。やはり娯楽なので、**"やらない選択"も自然にアリだと思われるようになってほしい**と思います。

ただ作り手側としては、せめてこういったサービスは、**ゲーム攻略、クリアーに必須の位置づけにしないほうがいいのでしょうね。**ミニゲームを強制

↑ところで、"ファイアーエムブレム祭"でトークショーの特別司会をしました。

的にやらされることは、批判の対象になることも多々あることで、これは納得できます。

しかし、それが必ず通る道でなければ、サービスは自由であってほしい。自分が遊ばない要素だって、ほかに好きな人がいることは理解できますから。

クリアーに必須
アクションゲームの途中や最後でミニゲームが入るなど。同じシステムのプレイが長いとだれるので、一概に否定できない。

◉ Live2D

平面に描かれた絵画のまま、アニメーションを可能にする描画技術。キャラクターの場合、原画のタッチや持ち味を活かしながら、仕草や表情、まばたきや髪の動き、視線など、滑らかで繊細な動きを実現することができる。

◉ ファイアーエムブレム祭

1990年に第1作が発売された『ファイアーエムブレム』シリーズの25周年を記念したファン感謝祭。オーケストラコンサート、トークショー、出演キャストによるミニドラマの朗読という構成で2015年7月24日、25日の2日間TOKYO DOME CITY HALLにて開催された。桜井氏はこのトークショーの特別司会を担当。『ファイアーエムブレム』シリーズに詳しく、開発の話もできる人がほかにいないということでオファーを受けた。

ふり返って思うこと

──ファイアーエムブレム祭の司会だったそうで。
桜井 ええ。ウケてましたよ？（笑）
──自分で言っちゃうんだ。いいですけど（笑）。
桜井 2日間で3回公演があったんですが、それぞれ声優さんのゲストが違っていて、話すことも違うという。とくに台本はなかったんですけどね。
──すごいですね、それ！　よく引き受けましたね。

桜井 いや、その前に、よく自分に依頼したなという（笑）。似たようなお話で、『ポケモン』の増田順一さんと『ドラクエ』の堀井雄二さんとの、某ゲーム誌による対談記事の進行役を務めたこともあるんですよ。もうね、この際、歌って踊れるゲームデザイナーを目指すしかないな、なんて（笑）。
──やれてしまいそうだから末恐ろしい（笑）。

🌐 そのころゲーム業界では
2015年8月7日：中国のオンラインゲーム企業37Games(三七互娱)が、SNKプレイモアの買収を発表。

さよならPRESS START

2015.8.27 VOL.486

毎年恒例だった**ゲーム音楽コンサート"PRESS START"が、2015年8月8日、最終公演を迎えました**。10年の歳月を経てついに終了です。

じつは初めての演奏になる『**ファイナルファンタジーⅧ**』、誰でも知っている有名曲のオンパレード『**ゲームで使われたクラシックメドレー**』、ソプラノ、高橋織子さん参加のフラメンコ『**エースコンバット・ゼロ**』、エレキギターやツインヴォーカルなど、構成がもっともリッチな『**ゼノブレイド**』、スウェーデン歌手起用の『**聖剣伝説Legend of Mana**』、オリジナルの樹原涼子さんによるピアノの弾き語りとの共演『**俺の屍を越えてゆけ**』、企画者とお客さんがサウンドバトルする『**リズム天国(忍者)**』、演奏中にルシフェルが時を止めて乱入する『**エルシャダイ**』、1989年、奇跡のサウンドトラックの歌を再現した『**MOTHER**』、おいしいところ取りのフィナーレ『**クロノトリガー/クロノクロス**』などなど……。構成としては最後だけに非常に贅沢。また、演奏にもかなりの力が入っていました。編成的にはいつもと変わらないはずだけど、厚みのある音が襲ってくる感じ。編曲も、さすがに熟成されています。

最後に演奏したのは、『PRESS STARTさよならメドレー』。各年の演奏曲の中、代表的なタイトルを数曲取り上げ、30曲以上を紡いだ大メドレーで、ほかでは聴くことができない代物です。夜の部では「スライドにその曲を演奏した年代が出るけれど、それが**PRESS STARTの最後のカウントダウンになる**」と前置きしたうえで、じっくり味わっていただきました。

演奏後、万雷の拍手、スタンディングオベーション!! 泣いている人も多かったです。昼の部ではヴォーカルなどで参加した女性陣から、夜の部ではひそかに観覧していた作曲家陣から、サプライズで花束をいただきました。岩垂徳行さん、なるけみちこさん、景山将太さん、古代祐三さん、伊藤賢治さん。それぞれ、PRESS STARTゆかりの方々です。

PRESS STARTが始まるきっかけは、企画者どうしの談話から。植松さんは『FF』コンサートで、わたしは『スマブラDX』コンサートでお世話になった指揮者、竹本泰蔵さんと、意見を同じくしていた話題がありました。当時はゲーム音楽コンサートなどが少なかった。**ゲームにはよい曲がいっぱいあるのだから、グッと広げていきたいと**。我々ならできるではないかと。

立案のそのときから、「**10年続けたい**」というキーワードは出ていました。毎年恒例とする、タイトル混成型のゲ

『ゲームで使われたクラシックメドレー』

『パロディウス』シリーズの登場機会多し。昔は著作権が消失したクラシックから曲を引用、アレンジした作品も多かった。

↑出力全開! 出し惜しみなし! 10年間の集大成を、しっかりぶつけられました。

Think about the Video Games

ーム音楽コンサートでは、最長ということになります。

そして10年経ったいま。**ゲーム音楽コンサートはずっと増えました**。改めて企画会議に集まったとき、目的は達したとみなし、身を引くことに企画者どうし合意しました。そのほかの理由は、単行本『ゲームを遊んで思うこと2』で綴っています。

PRESS STARTで生み出された数多くの譜面は残るので、演奏の機会がゼロになるわけではないかも。でも、新たに本公演がリバイバルすることはないと思います。

PRESS STARTは毎年恒例だったので、幕引きがハッキリしています。しかし、それさえも気づかれないまま、終わっていくものもたくさんあります。

わたしとしては、こういった仕事を、より若い世代に担ってほしいと思っています。**若い人が若い感性で、ものを生み出してくれることをうれしく思いますから**。

関係者の皆さま、いままでおつかれさまでした!!

> **ゲーム音楽コンサートはずっと増えました**
> ざっと確認できただけでも、2018年は140以上ものコンサートが開かれた。

← 出演者一同で最後の記念撮影。ここにおられない方も、おつかれさまでした!!

🎮 PRESS START -Symphony of Games-

ハードやメーカー、新旧を問わず、ゲーム音楽のすばらしさをオーケストラの音色で共有することを目的としたコンサート。企画者は、竹本泰蔵氏(指揮者)、桜井政博氏(ゲームデザイナー)、植松伸夫氏(作曲家)、酒井省吾氏(作曲家)、野島一成氏(シナリオライター)の5人。2006年から毎年開催され、2015年8月8日、東京・池袋の東京芸術劇場での公演でフィナーレを迎えた。

🎮 『FF』コンサートと『スマブラDX』コンサート

2002年2月20日に東京国際フォーラムで開催された『20020220 〜 music from FINAL FANTASY』と、同年8月27日に東京文化会館で開催された『大乱闘スマッシュブラザーズDX オーケストラコンサート』のこと。両コンサートを指揮したのが竹本泰蔵氏だった。クラシック界の実力者でありつつ、ゲーム音楽にも理解の深い竹本氏を交え、PRESS STARTは発起された。

ふり返って思うこと

桜井 10年続いたんですよね。よく続いたなあ……。
——10年をひとつの目標にされていましたよね。
桜井 企画を考える立場としては、つねにギリギリでした。自分のゲーム制作がすごく忙しい時期に選曲したり、音源を集めるなどしなくてはいけなくて。
——たいへんだった反面、たくさんのゲーム音楽家さんたちとも知り合えたわけですから、『スマブラ』制作にも活かせたのではないでしょうか。
桜井 『スマブラ』とPRESS START、どちらが先かと言うと微妙なんですね。『スマブラDX』でオーケストラ音源を入れた際の指揮者は竹本さんでしたし。
——なるほど、言われてみればそうですね。でも、PRESS STARTは桜井さんが要として存在しないと、成り立たない催しだったと、改めて偲ばれます。

🌐 **そのころゲーム業界では**
2015年8月26日: CEDEC 2015開催。『スマブラ for 3DS / Wii U』がサウンド部門で最優秀賞を受賞。

043

2015.9.10 VOL.487 読者の手紙から

　最近、ハウスダストのアレルギーが大暴れし、ひどい状態になりました。年中、マスク姿でいるのですが、しかたないことで。今回は、おたよりの紹介です！

✉ bykingさん

　Vol.485「あれは要らない、これも要らない」を拝読しました。減点法的な批判が多いという桜井さんの意見には強く同意するところです。一方で、**「ゲームにいろいろな要素を盛り込むのは純粋なサービスだから、やらなきゃいい」というロジックにはうなずけないものを感じました**。それは間違っていませんが、ユーザーの評価はあくまでユーザーがどう感じるかであり、そこで**作り手が上から目線になっては終わりではないでしょうか**。

Re: 批判部分だけを抜粋して掲載しました。しかしあのコラムは、わたしの作品に対して書いたものではないですから。**わたしはわたしの責任において、気づきを増やす可能性があることを伝えていきます**。作り手としてはユーザーに尽くすことは大事だし、ふだんからそうしているつもりです。が、感じたことは、遠慮なく素直に書きます。そのうえで、脱線しつつあえて誤解を招くような表現を重ねますけど。**個人的にはもっと、上から目線で作ったようなゲームを遊んでみたい！　と思っています**。とくにコンシューマーゲームの総合力は、平均的にとても上がりました。製品としての完成度は、どれもすこぶる高いです。だけど、作品としてはエッジが効いたものや個性が爆発するものが少なくなっている印象です。なので、**「オレが楽しいだけで作ってるんだよ!!」とゲームが訴えかけてくるような、元気でわがままな作品も増えてほしいと思う次第です**。

✉ 大阪府　とあるゲームデザイナーアルエさん

　ディレクターとして、日々いろいろな人と仕事をされていると思うのですが、**コミュニケーションで気をつけていることがあれば教えてください**。仕様の指示、伝えるときのコツ、リテイク時の注意点など。

Re: わたしがふだん、スタッフに指示などをするときには、無愛想というか、やや淡々としていることが多いかも。**同じ単位時間で、なるべく多くの要素が簡潔に伝わることを目指しています**。結論から先に話す、なるべく前後軸をひっくり返さない、迷わない、一貫性のある指定をする……といった、ごく基本的なことは細かくありますが、最終的には、**監修、指示などの話を通じて作品の意図が伝わればなによりですね**。理解されてなさそうなら、適宜補足や意図説明を入れたりしています。

富山県　デンキナマズさん

桜井さんはゲーム機の性能、特色についていかがお考えでしょうか。最近、「このゲームは解像度が低いからダメ、3Dで表現できないからダメ」という意見を見かけました。僕は性能が高くなれば表現は増えるけど、直接おもしろさにつながるとは思いません。ゲームは制作者の方々がハードの制約やあらゆる条件下で試行錯誤して作った最高の状態なのだと思います。**「これがこのゲーム機だったらよかったのに」という意見は、見ていて残念な気持ちになります。**

Re: **意見は自由だと思います。** ただわたしとしては、その作品が世に出てくれるだけでも万々歳ですけどね。ひとつのゲームを作るのがどれだけ難しく、どれだけのリスクをかけているのかを考えると、"たられば"はない。要望に必ず応えられるわけでもない。でも、**ベストの状態を思い描くことも遊び手の楽しみのひとつですしね。**

『新・光神話 パルテナの鏡』

↑『新・パルテナ』は、据え置きでやりたい声もよく聞きます。ごもっともです。

そのころゲーム業界では

2015年9月1日：『METAL GEAR SOLID V: THE PHANTOM PAIN』発売。シリーズで初めてオープンワールドを採用。

孤独のゲーム

2015.9.24 VOL.488

「ゲームをするときはね。誰にも邪魔されず、自由で、なんと言うか救われてなきゃあダメなんだ。独りで静かで豊かで……」。なんてことは言いませんが、遊び手としての気持ちはこのような感じに近いです。

『メタルギア ソリッド V ファントムペイン』がついに発売されました。内容は語るまでもない作品ですが、個人的には長いあいだ待ちわびていたのです。出たことに感謝しています。**楽しみにするあまり、発売までそのすべての情報を遮断していました**。予告編、ゲーム記事、内容について書かれたものや語られるもの。その一切を見ず、聞かず。

映画の予告編を見ているグループと見ていないグループを分け、その内容を楽しめたかどうかを調査した結果、楽しめた度合いはそれほど大きく変わらなかった、という、どこかの調査結果があるようです。しかし、そんなリサーチは一切関係なく、**わたしはわたし自身の経験上、先をまったく知らないほうがうんと楽しめるからそうしています**。

発売後も、攻略本や攻略ページなども見ません。自分で進めるのがいちばん。作品内で感じられる驚きは、最初の1回が勝負。ゲームだから反芻して楽しめる要素もあるけれど、とくにストーリー主導なゲームではとても大事なこと。そうでなくても、『MGS V』のような作品はとても貴重です。コンシューマー市場もきびしいので、日本においてはこれだけの規模と話題性と作り込みで作ったゲームは最後になるのではないかとさえ思っているぐらいですから。

それほどガマンして、万全の思いで取り組んでいるにも関わらず。**PS4のホーム画面には誰かが配信したゲーム映像のサムネイルがあり、まだ見たことがないボスがでかでかと貼られており……**。なにすんだコラー!! 見ちゃったよ。しかもゲーム機のホームメニューでは避けられない。

わたしが情報を遮断してがんばることは、時代に逆行しているのはよくわかっています。いまはゲームの配信動画なども人気の時代。各ゲーム機もそのための機能を備えているのであって。だけど、この仕打ちはあんまりだと思う。その後のプレイでも、「あそこで見たボスはまだ出ていない……」などと頭をよぎったりして。そこで、冒頭のような気持ちになったわけですよ。人がどうであるかは関係なく、こういう人もいる。ついでに"知り合いかもしれないユーザー"として、知らない人の顔をホームメニューにくっつけてくるのもやめてもらいたいです。

ところで『MGS V』、わたしは最初にプレイしたときから、何か画面から匂い立つような"念"のようなものを感

誰かが配信したゲーム映像
PS4では、ソフトのホーム画面から関連した動画投稿を見られる機能がある。プレビューは問答無用で表示される。

[メタルギア ソリッド V グラウンド・ゼロズ]

← 『グラウンド・ゼロズ』もプレイしました。『ファントムペイン』とは別のお話ですから。

じましたよ。執念に近い念でしょうか。こういった感触も、もとから内容を知っていたら得られなかったに違いありません。

最後に、お話の筋という意味で関係があることを。

『MGS V』では、"カセットテープ"というシステムがあり、**ストーリーを支えるいきさつや流れは、登場人物の会話を録音したカセットテープで聴けることになっています。**このシステムは、とてもよいです！　いままでだとこういう会話は、主となるストーリーのあいだに通信として入ることになっていたのですが、潜入中や戦闘中なのに長話になったりします。**ストーリーは大事だけど、ゲームに対しておあずけを**させることになることは、他作品でも多いです。これが、いつでも自由に聴けるカセットテープで、さまざまな問題をバッチリ解決。わたしは全部、早送りなしで聴いています。

> **カセットテープ**
> 巻いた磁気テープにより音を記録するカートリッジ。知らない人も多いと思われる。

『メタルギア ソリッド V ファントムペイン』

↑なるべく相手を殺さず進めるので、称号はクマやタコばかり入っています。

『メタルギア ソリッド V ファントムペイン』
プレイステーション3、プレイステーション4、Xbox 360、XboxONE、PC/KONAMI/2015年9月1日発売

序章『メタルギア ソリッド V グラウンド・ゼロズ』から9年後の世界を描く本篇。"自由潜入"をキーワードに据えたオープンワールドが特徴で、プレイヤーの遊びかた次第でまったく異なるステルスアクションが味わえる。

『メタルギア ソリッド V ファントムペイン』の称号

ゲーム中にとった行動で、さまざまな称号を獲得する。本文中のクマ＝Bearは、「CQC（非殺傷）」により多くの戦果を得た称号。また、タコ＝Octopusは「非殺傷武器」により多くの戦果を得たときに獲得できる称号である。

『メタルギア ソリッド V ファントムペイン』

ふり返って思うこと

——『スマブラSP』の制作がひと段落して、コジマプロダクションのスタジオへも行かれていましたね。

桜井　はい。ご挨拶に行きました。しかし、あのスタジオはいいところですよね。

——真っ白でまぶしすぎて（笑）。ともあれ、自分も真っ白な状態からゲームするのは好きですよ。

桜井　自分はとにかく初見ソロプレイが好きで。やっぱり、好きなようにやって、自分で見聞きしたことに「ああそうだったんだ！」と刺激を受けるのがいいんですよね。だから、ネタバレも禁止。

——桜井さんより早くクリアするようなコラム関係者はいませんから、とりあえずご安心ください（笑）。

そのころゲーム業界では
2015年9月3日：スマホアプリ『アイドルマスター シンデレラガールズ スターライトステージ』の配信開始。

関わりあいで残るもの

2015年度の日本ゲーム大賞において、わたしは5回も登壇する機会がありました。もしかして、ゲーム大賞初の出来事かも？ **『スマブラ for 3DS』の優秀賞**。**『スマブラ for Wii U』の優秀賞**。**両作のグローバル賞日本作品部門**(期間中、海外でもっとも売れた日本のゲーム)。そして、**ゲームデザイナーズ大賞のプレゼンテーション**。『Ingress』が受賞したので、資料を作ってその遊びを伝えました。

最後に、**わたし自身がいただいた、経済産業大臣賞**。これは、近年の日本のゲーム産業の発展にとくに寄与した人、あるいは団体に贈られるものです。

わたしはゲームデザイナーズ大賞の審査委員長などもやっており、つまりは日本ゲーム大賞の関係者です。もとより流れは異なるものの、内輪で賞しているように誤解されるととても困ります。そこで、受賞時に壇上で述べたコメントをここに書きたいと思います。台本なしのコメントを、記憶の範囲で書いているので、細かいところは異なるかもしれません……。

* 　* 　*

どうもありがとうございます。わたしはゲームデザイナーズ大賞の審査委員長もやっているわけで、つまり日本ゲーム大賞の関係者です。これをお手盛りだと言われてしまうと、わたしが悲しむのでやめてください。(会場笑)

こういったゲーム制作外の活動で汗をかいていることも選考理由のひとつだそうですし、何より賞を与える側が賞を辞退するのはありえません。逆をされたら悲しいことだと思いますので、謹んでお受けすることにしました。

今回のような個人に与えられる賞は、ひとつの作品だけに深く関わり、生み出すディレクターより、多くの作品に少しずつ関わるプロデューサーのような方のほうが、名前が挙がりやすいと思います。たとえば、岩田さんのことです。

ご存じのとおり、岩田さんにはご不幸がありました。今年は岩田さんに賞が与えられうる最後の機会だったはずですが、それはありませんでした。それはなぜか？　これはご本人の確認がもうできないからであろうと思っています。

賞は、お断りする権利があるはずです。しかし、その確認はもうできません。今後も名誉な賞を与えるところはありえるし、それは否定すべきものではないけれど、日本ゲーム大賞は本人の意に反している可能性があることはしないということなのだろうと思います。

わたしはフリーであるがゆえ、非常に多くの方々と関わりを持っています。たとえばわたしがフリーだったとき、元の会社に依頼するのではなく、東京にチームやオフィスまで作って『スマブラ』制作を仕掛けたのは岩田さんです。この大胆な作戦がなければ、今日の『スマブラ』がなかったことは明らかです。

プレゼンテーション
日本ゲーム大賞では筆者自身が登壇し、ゲームデザイナーズ大賞に選ばれた作品を直接プレイしている。2019年で10回目。

←グローバル賞は、売上数値で決まる賞です。合計1000万本規模でしょうか。

2015.10.8 VOL.489

わたしひとりで執筆しているように見えるファミ通コラムでさえ、脱稿後には多くの人の手を経て、本になりお店に並びます。

今回の賞は、わたし個人の名前で賞されていますが、岩田さんをはじめ、関わりあいを持ったすべての方々でいただいた賞だとしてお受けしたいと思います。本当にありがとうございました。

* 　* 　*

このコメントの裏には、**"人はいつどうなるかわからない"**ということと、**"人の縁でものが作られていく"**というテーマがあります。ふつうに遊んで、あるいはふつうに使っているいつもの製品が、いつもあるとは限らないのです。

↑『Ingress』は実機でのプレイが困難だったので、プレゼン資料をしっかり作って解説しました。

ゲームデザイナーズ大賞

2010年に新設。売上や注目度に縛られず、ゲームの独創性を重要視して贈られる賞。日本を代表するトップクリエイターが審査員となり、持ち点10点から、各自がふさわしいと思う作品に点を割り振ることで投票。投票上位の作品を挙げ、その作品を審査員が知らなかった場合には再投票できる仕組みになっている。

ゲームデザイナーズ大賞2015の審査員

(氏名/所属・肩書き/代表作　※50音順・敬称略)

飯田和敏／立命館大学 映像学部
『巨人のドシン』、『ディシプリン＊帝国の誕生』

イシイジロウ／株式会社ストーリーテリング代表
『タイムトラベラーズ』、『428 ～封鎖された渋谷で～』

上田文人／ゲームデザイナー
『ICO』、『ワンダと巨像』、『人喰いの大鷲トリコ』

小川陽二郎／エヌ・シー・ジャパン株式会社開発統括本部長、LIONSHIP STUDIO 代表
『ソニックと秘密のリング』、『クロヒョウ』シリーズ

神谷英樹／プラチナゲームズ株式会社取締役、ゲームデザイナー
『The Wonderful 101』、『BAYONETTA(ベヨネッタ)』シリーズ

桜井政博／有限会社ソラ代表
『星のカービィ』シリーズ、『大乱闘スマッシュブラザーズ』シリーズ

巧 舟／株式会社カプコン
『逆転裁判』シリーズ、『ゴーストトリック』

外山圭一郎／株式会社ソニー・インタラクティブエンタテインメント
『SIREN』シリーズ、『GRAVITY DAZE』シリーズ

藤澤 仁／ゲームクリエイター
『ドラゴンクエストIX 星空の守り人』、『ドラゴンクエストX 目覚めし五つの種族 オンライン』

三上真司／ゼニマックス・アジア株式会社、Tango Gameworks
『バイオハザード』シリーズ、『ゴッドハンド』、『サイコブレイク』シリーズ

ふり返って思うこと

——授賞式で、自分の仕事を自分で動画にまとめ、自分で解説しておられたのがまず衝撃的で。

桜井 動画をくださいと言われたので。これがメーカーならふつうに出すところですが、自分は個人なので、自分で作るしかなかったわけです。

——その仕事として、当コラムのことも紹介してくださっていて。知らずに会場に座っていたものですから、うれしくて泣きそうになりました。

桜井 なるほどー。そんなこと初めて聞いたかも。

——さらに衝撃なのはスピーチ。臨機応変に話されたはずなのに、ほぼ同じことが書かれているんですね。別件取材用に録音していたので確かです。

桜井 これで台本ナシの展開が証明されましたね。

——すごすぎて、ちょっとコワイ(笑)。

そのころゲーム業界では

2015年9月17日：東京ゲームショウ2015開催。ゲーム動画配信サービスやVR、インディーゲームが注目を集めた。

ヒットストップを考える

ゲーム制作者らしく、たまにはゲームの仕様について書いてみたいと思います。今回のテーマは、"ヒットストップ"について。

ヒットストップとは、おもに格闘系のゲームなどで、**殴ったり斬ったりしたときに自分と相手を一瞬止めることで、手応えを強く押し出す演出です**。これはとても重要なもの。ヒットストップが強めにかかるのは、2D格闘ゲームなどです。『ストリートファイター』シリーズや、『ギルティギア』シリーズなどは、攻撃のたびにピタピタ止まって見えますね。しかし、同じ格闘ゲームでも、『鉄拳』や『バーチャファイター』ではあまりありません。3D作品との相性ですかね。

『無双』シリーズなどでもヒットストップはあまりありません。群衆を攻撃するものなので、いちいち止めていたら、ものすごく長い時間止まってしまいかねず、スピード感が落ちるからなのでしょう。初代『マリオブラザーズ』でカメに噛まれたりすると、自分と相手だけがピタッと止まってからミスになる演出がなされます。こういうものも、広義にはヒットストップと言えるかもしれませんね。

では『スマブラ』はと言えば、バリバリにヒットストップしています。今回は、おもに『スマブラ』において、ヒットストップをどのように味付けしているかを解説することで、細かい仕様について知っていただこうと思います。

基本のハナシ

■ 同じ時間だけ止まる

ヒットストップは、原則的に**相手と自分が同じ時間だけ**止まります。一般的に、ダメージが大きいほど長い時間止まります。スローモーションのような演出が加わることもありますが、これは別もの。

■ 意図的に時間を変えている

『スマブラ』では、**ダメージ量のみでヒットストップの時間を決めるのでは**

相手と自分が同じ時間だけ
スローと同じく単なる演出なので、揃えないと挙動がおかしいことになってしまう。

◎『ストリートファイターⅡ』のヒットストップ

昇龍拳がヒットしてからエフェクトが完了するまで、両者はストップ。体力ゲージだけが動いている状態になっている。

Think about the Uideo Games

「星のカービィ」

↑ヒットストップめいた仕様は、デビュー作からすでに入れていました。

「大乱闘スマッシュブラザーズ for Wii U」

↑実際にはエフェクトなどの演出が動いているので、完全静止ではありません。

なく、各攻撃に専用の係数があります。たとえばマルスなどは、剣の切っ先が強い判定を持っています。そこで切っ先はダメージ以上にヒットストップを大きめに、内側は小さめに設定して実感を高めています。また、DLCファイターのリュウなどは、原作の持ち味を再現するため、ヒットストップを倍増させています。ということは……。『ストII』などよりも『スマブラ』のほうが、ヒットストップが短いということですね!

■ 多人数対戦を考慮

『スマブラ』でももう少し時間を伸ばしたいのはやまやまですが、控えめ。なぜこうしているかと言えば、多人数対戦できるからです。**ヒットストップで止まっているとき、第三者から狙われる機会もあるわけで**。1対1の格闘ゲームにはない悩みがあります。

■ 係数

飛び道具のヒットストップは比較的**小さく設定**されています。逆に、**電撃では自動的に長くなる**処理が入っています。また、**最大値が決まっており、どんなに攻撃力が高い攻撃でも、一定以上のストップ時間にはなりません**。ハンマーなどの強力アイテムや最後の切りふだもあるので、無茶なダメージが入ることも多いですしね。

> 電撃では
> 自動的に長くなる
> ビリビリとしびれている感覚を出すため。この間に、本体フラッシュなども行う。

次ページへ続く

そのころゲーム業界では
2015年9月28日：ニコニコ生放送のゲーム情報配信番組"セガなま"にて、『龍が如く6』にビートたけしが出演すると発表。

ヒットストップを考える

ダメージ振動

2Dやスプライトで描かれているようなゲームでは、殴られた相手を微振動させるような表現がよく見られました。このほうが、ピタリと止まるよりはショック感があります。しかし、3Dの格闘ゲームではあまり見られません。そこで『スマブラ』における仕様の工夫を書いてみます。

■ 攻撃側も小さくブレる

ダメージを受けた側だけがブレるのがふつうですが、**『スマブラ』は攻撃した側も小さくブレます。**

■ やられ判定はズレない

もしも本体をそのまま振動させると、本体（やられ）判定位置がズレてしまい、当たるべき攻撃が当たらなかったりして不安定です。『スマブラ』では、**見た目だけがズレて、実際の位置はキープすることで問題解決しています。**

■ 地上では横、空中では縦

『スマブラ』では、**地上のファイターがヒットストップをするときは横に、空中のファイターがヒットストップするときは縦に振動します。**横で向かい合うことを考えると縦に振動したほうがよいのですが、地上で縦に振動すると足が地面にめり込むからです。2Dゲームでは心配しなくていいことでした。

■ カメラの距離で振幅が変わる

カメラの寄り引きが大きいゲームでは、カメラが寄ったときに相当大きく振動していても、引いたときにまったく見えない、なんてこともあるハズ。そこで、**カメラの寄り引きに応じて振動の大きさを変えています。**遠くではかなり大きく動いているのですが、そうそうわからないのではないかと。

■ 振幅は徐々に収束

振れ幅は固定ではなく、最初は大きく、最後は小さくなります。あらかじめ時間を計算して割ることで、適切な収束を行います。

その他

■ やられポーズは痛そうにする

2D系では絵を切り換えるので、殴られた瞬間にきっちり痛そうなポーズになっていることが多いです。これがポリゴン系だと、ダメージを受けた瞬間のポーズで止まっていたりして、どうも曖昧。『スマブラ』は、**ダメージポーズは最初の1フレームから、痛そうなやられポーズにしています。**しかし、いきなり切り換えると違和感があるので、**ヒット時のポーズからやられポーズになるようにモーションをブレンド**

> **モーションをブレンド**
> 2つのモーションを合成した動きにすること。動作のつなぎによく用いられる。比率を設定できる。

『スマブラ for Wii U』のヒットストップ やられモーション

2と**3**のあいだはわずか数フレーム。攻撃がヒットした直後から、スムーズにやられモーションに移行している。

しています。これは最初の4フレームぐらいで行われます。

そして極めつけ。これはとくに変わった仕様だと思います。

■ **ヒットストップ時、攻撃側がごく微妙に動いている**

剣を持ったファイターが強く斬りかかる場合に、よく見ると、剣がズズズと動いていたりします（写真1）。ヒットストップ中、**1フレームぶんに満たない程度の微量な速度で、攻撃側のモーションを送っているのです。**ヒットストップが解除されると、モーションは整数分に戻され、何事もなかったようにゲームが進みます。これは、スローモーションに近い演出。隠し味です。マリオの上必殺ワザなど、時間が進んでは違和感があるようなものは個別にカットすることもできるようになって

います。

単純に自分と相手を止めるだけのように見えるヒットストップも、ただ止めればいい、というものではありません。分解すればいろいろな工夫があるし、それによって手応えは少しずつよくなっていきます。『スマブラ』も、**発展途上**だと言えますね。

こういった仕様は、スタッフが考えてくれるものではありません。すべてディレクターが提案、指示をするもの。トライ＆エラーをしている余裕もないので最初から一発出しで、あれこれ変えません。

長く試行錯誤しないためにも、ほかのゲームをよく見ておくことは必要ですね。学べることや想像できること、いっぱいあります。

発展途上
たとえば解像度が変わるだけでも手応えに大きな影響があるので、その都度考え直したほうがよい。

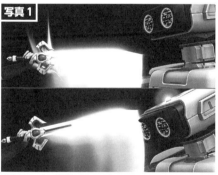

写真1
『大乱闘スマッシュブラザーズ for Wii U』
← 同じヒットストップの最初のほうと最後のほう。剣が少しずつ動いている！

『ファイナルファイト』
↑さまざまなゲームから感覚を学ぶことができます。触り、感じていきましょう。

ふり返って思うこと

桜井 ヒットストップはとても大事です。『スマブラ for Wii U』よりも『スマブラSP』のほうが、ヒットストップは長めだと気づいていましたか？

——たしかに、"ゴリッ"とする感じがします。

桜井 4人対戦では止まっている時間が長いと不利なので、1on1よりも軽減させているんですよ。

——そういう配慮があちこちに施されていそうです。

桜井 開発中に困ったのはスピリッツです。スピリッツはガバッと攻撃力が大きくなっているので、そのぶんヒットストップが長くなります。だから、それを抑制する処理を新たに加えるなどしていますね。それでもスピリッツの組み合わせで不自然に長くなる場合もありますが、長くなりすぎずにちゃんと手応えを与えるということには気をつけています。

🌐 そのころゲーム業界では
2015年10月27日：『Halo 5: Guardians』関連製品が全世界でシリーズ史上最高の初週売り上げ（約4億ドル）を記録。

次元が違うゲームの話

『モンスターストライク』が、**賞金総額5000万円という、日本では極めて破格の大会を開くと発表しました。**なるほど……!! これは、かなりのカンフルになるのでは。『モンスト』なら、軽く開催費用の元は取れるだろうし、以後の運営などに与える影響も大きいハズだと思いました。

わたしは最近、極めて真面目に『モンスト』をプレイしています。ソーシャル系のゲームもしっかりやらねば、と思っていたこともありますが、何より岡本吉起さんや木村弘毅さんなど制作側の方々とお会いしたとき、ちゃんとプレイしたうえでの話ができなかったのが申し訳なかったので。過去、触ったことはあるのだけど、より本格的に取り組みました。

無課金で始めて早々、iPhoneとiPad、両方でプレイすることに決めました。2台持ち、ひとりで同時プレイすると、スタミナ消費が片方だけで済むこと、ターン制なので2つ使いが問題ないこと、いっしょに遊んだときのキズナボーナス、敵属性の対処がしやすいことなど、メリットが大きいと感じたためです。

プレイしていて上手いと思ったのは、課金要素の"オーブ"がどんどんもらえること。オーブは単体で購入したら1個120円。**10000円分のまとめ買い**なら、1個56円になります。これが、クリアーボーナス、ログインボーナス、イベント、何らかのお詫びなど、いろいろなところでどんどんもらえます。**課金しなくても課金時の仕組み自体を遊べてしまうことは重要だと思いました。**課金で可能になるサービス(商品)を渡す。これはお小遣いを渡しているため、選択の余地が大きく、課金時のイメージが湧きやすいです。課金のハードルを低くする効果がありそう。

で、何かとオーブをもらえる機会があったため、2機種それぞれで100個ずつ溜まりました。これは"10連ガチャ"を2回ずつ引ける計算になります。そこで、各2回ずつ引いてみたのですが……。**iPhoneのほうには、"ルシファー"が2体出ました! iPadのほうには、"卑弥呼"が2体出ました!!** 『モンスト』を続けている方はおわかりかと思いますが、これは謎の強運です。くじで特等を4連続引いたような。ゲームを知れば知るほど、ありえない……!! しかし! そこで特別当たると思っ

10000円分のまとめ買い
正確には175個で9800円。2015年末の相場。

『モンスターストライク』。モンスターを引っ張って相手にぶつけるゲームです。

※ゲーム画面はすべて連載当時のものです。

てはいけない。確率で設定されているものに、自分は当たるという自信を持つと、たちまち大やけどをしそうです。

また、**10連ガチャ2回、オーブ100個って、最低額でも5600円、最高額だと12000円分ですからね。高い！** パッケージソフトが余裕で買え、おつりが来る値段です。ゲームの価値がわからなくなってしまいそう。とくにルシファー×2の強さは万能だったので、いろいろなクエストでラクすることができました。しかし、つぎは"神化"をしたい。

『モンスト』には進化の要素がありますが、現在のところ、**"進化"と"神化"の2つがあります。**そろそろ"獣神化"が加わるようですが。

進化とは、玉を素材に進化するもの。神化とは、モンスター複数を素材に進化するもの。神化のほうが強めなことが多いです。

で、思考が支配されていくわけです。

「モンスターストライク」

↑同じガチャで出た双子のルシファー。左が"神化"、右が"進化"。どちらも強い！

獣神化

一部のモンスターのみ可能な、進化よりも神化よりも強い強化。素材を多く消費する。

何を神化させるためには何と何のモンスターが何体必要で、それをするためには何時に何のクエストをやらねばならず……。組み合わせが、非常によく出来ていることを思い知りました。

次ページへ続く

『モンスターストライク』
iOS、Android／ミクシィ／配信中

4体のモンスターを編成し、クエストに挑戦するアクションRPG。ボール状の仲間モンスターを敵にぶつけて攻撃し、ボスを倒すと報酬がもらえる。クエストに挑むにはスタミナが必要で、時間経過のほかオーブで回復する。

そのころゲーム業界では

2015年11月13日：Nintendo Direct 2015.11.13にて、『スマブラ for 3DS／Wii U』への『FFⅦ』クラウドの参戦を電撃発表。

VOL.492-493 次元が違うゲームの話

神化のために特定のモンスターが欲しいけど、『モンスト』はイベントクエストのスケジュールが組まれています。たとえば、**今日の18時〜20時までしか出現していないモンスターがいるわけです**。モンスターは1500種を超える(2019年3月現在、コラボレーション限定も含めて3900種類以上)ので、欲しいものが出る機会もレア。また、クエストによっては、クリアーできても、ゲットできるとは限らない。これも運。神化するためにどうしても欲しいモンスターがいた場合には、時間を狙って、数が揃うまで周回するわけです。**スタミナが切れたら、オーブを使って回復しながら**。根性が試されます。

神化素材を把握しつつ、さまざまなクエストに挑戦するのは、おもしろかったです。仕事中にプレイするわけにもいかないからどうにもならない。いくらがんばっても出ないこともある。難度を上げると出やすくなるが、ミスする可能性も高まる。強いモンスターが欲しいが、そのためにはゲットや進化、神化が必要。**そういったジレンマ**

上級者のプレイ
"運極"という要素がある。報酬を増やすため、同じキャラを99体集めて合成する。気が遠くなる……。

のバランスが、やめられない魅力を生むのだと感じました。

やればやるほど、**ギミックや相手の苦手属性に特化したモンスターが必要なことを思い知らされます**。編成を計画立てないと、強力なクエストをクリアーできません。なので、**いろいろなモンスターを育てることになります**。

わたしぐらいのレベルならともかく、**上級者のプレイ**のことを思うわけです。クエストは、超絶級の難しさのものもあります。強さの傾向としては、ガチャで出るプレミアムモンスター>無課金で得られるモンスターなので、その都度最高のパーティを組もうとすると、出現確率が低かろうとガチャで強いモンスターをある程度は揃えておきたいところでしょう。

そこで冒頭の話に戻ります。**大会でトップを狙うプレイヤーは、やはりあらゆる手を尽くすと思うのです**。敗因は極力ゼロにし、少しでも勝つための要素を増やすのが自然だと思います。知識的にも技術的にも、モンスター揃え的にも。ならば、課金は不可欠。

大会の賞金総額が5000万円。運営費を加えたとしても、**多くのプレイヤーが入賞を目指すために投資する額に比べたら、たいしたことはないのかも**。プレイヤーとしても、もし優勝できたなら、それまでかけた資金などふっとぶだろうし。巨大なリスクとリターン。非常にインパクトがある賞金です。

課金の是非などは考えるつもりはありません。保護者つきでの課金は限られた範囲で然るべきだろうけど、**大人ならば自己責任で、自分のスキなようにお金をかけたらよいと思います**。トップを狙うのも、もちろんアリでしょう。

しかし、**とにかくすべての次元が違**

←その後オーブ購入もやってみました。た、高い。でも欲しくなる……!!

『モンスターストライク』

うな、と感じたわけです。課金の額、ユーザー層の広さ、動く資本。プレイヤーとして見ても、ゲーム開発者や制作者として見ても、さまざまなもののスケールが違い過ぎてめまいがします。

たとえば『スマブラ for』も、世界で1000万本以上出ているので、動いた額としては相当です。しかし、莫大な賞金をかけての大会ができるかというと、無理ですね。どうがんばっても回収はできませんし、それ以外の問題もあるので。

これが時代だと片づけることは簡単なのですが、**それよりもひとつのタイトルでこれだけのことを仕掛けるのがスゴイ**。仕掛けなければ、開催もありませんからね。

『モンスターストライク』

↑10連ガチャを引いても、星5(主力級)モンスターが1体も出ないことも。

●オーブ

『モンスト』における課金アイテム。より強力なモンスターが引けるシングルガチャや10連ガチャ、スタミナの回復、モンスターを保管するモンスターBOXの拡張、ゲームオーバー時のコンティニューと、その使い道は広い。

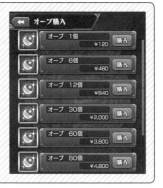

ふり返って思うこと

――多くのスマホゲームがあるなか、ヒットするのはひと握りです。そこで特大ホームランとなった『モンスト』はすごい。開発に携わった岡本吉起さんは、アーケードでもコンシューマーでも、スマホでもヒットを飛ばしたわけですから、本当にすごい。

桜井 そうですよね。なかなかマネできないです。明らかにバイタリティーが違いますからね。

――桜井さんが『モンスト』をしていたのが意外です。

桜井 理由としてはシンプルですよ。人気のあるものは、知っておかなければなりませんから。

――そして、ガチャの引きの強さったら!

桜井 新しく買ったものの初期不良に当たる率も、相当なものだったりしますけどね……。

――あらら。いいことだけじゃないんですね。

そのころゲーム業界では
2015年11月26日:『FF』シリーズ初のアーケードゲーム、『ディシディア ファイナルファンタジー』稼働。

アップデートは悪いこと？

2015.12.3　VOL.494

あるいは万倍
ファミコン版の『スーパーマリオブラザーズ』と『スマブラSP』の容量差は、およそ42万倍。

✉ 栃木県　モナポさん

　最近のゲームに定着してきたアップデートについて、どうお考えなんでしょうか。バグ修正、バランス調整など不具合を販売後に直せるのはかなり大きいと思うのですが、作る側の意識は変わるのでしょうか。(中略)オフラインの状態でも満足にひとつの作品を満喫できないというのはいかがなものでしょうか？

　作り手ではなく、事情をよく知っている遊び手としての見解ですが、わたし個人は**アップデートしてくれることをたいへんありがたく思います**。各社ががんばることには大感謝です。もちろん、万全な調整が発売日からなされていれば、それがいちばんでしょう。だけど、それができるのは、**あたかもプラモデルを素組みするかのように、手順と完成形が決まっている場合のみ。それは作品においてはありえません。**

　アップデート関連について個人的に思うことを4つ挙げます。

■ 現在のゲームは非常に複雑

　以前、「まるで人体のような」と形容したことがありますが、現在のゲーム、とくにパッケージ系は、非常に複雑な仕組みと構成です。**昔のゲームとは、百倍、千倍、あるいは万倍違うと言っても過言ではありません**。そして巨大なデータは、デジタルらしからぬ揺らぎを生みます。そんな中で、すべてが正しく動いているだけでもスゴいことなのです。

■ 完成版でプレイできない

　制作者はソフトが完成版になってから発売されるまで、十分にプレイできません。どこかで手直しすれば、そこから遊ばないと製品版と同じとは言えませんので。バグ、バランス調整も含め、**まったく手直ししていないゲームに触れられる時間は、非常に短いのです**。いまは、マスターアップ後も調整を続け、発売日までにより万全を目指すことも多々あります。

■ ユーザーのテスト力は段違い

　仮に1000人にひとりがぶつかるバグなら、デバッグ中に見つかる可能性は低いです。しかし、いまはその1000人にひとりがネットに動画を上げられます。デバッグに何百人集めようと、**いざ市場にゲームが出れば、その試行回数は、比較にならない桁**。知っていれば再現がカンタンなバグでも、すべて知らない、しかも日々変化して再チェックを要するデバッグ時期に、全部見つけられる保証はどこにもないのです。バランスも同じ。

■ あくまで自発的サービスである

　ゲームが止まるような致命的なバグは、ぜひとも直すべき。しかし、バランス調整やより快適に楽しめるための

『ファイナルファンタジーXIV』

← オンラインを有料で運営し続けるゲームは、少し話が違うかもしれませんけどね。

工夫は、あくまでメーカーのサービスです。そのサービスを動かすため、おそらくディレクターを含む、主要メンバーを拘束しています。**売り切りのパッケージソフトであれば、売ったらサービスは達成。つぎのゲームの制作に着手したほうがメーカーにとっては効果的です。**しかし、コストをかけてよりよいものにする姿勢は、批難されるものではないと思います。

　以上ですが、しかし！　いくらアップデートでよりよいものになっていっても、**ユーザーがゲームをやめてしまった後では意味がありません。**また、**バランス**に対するネットの意見などから調整を行うケースがありますが、鵜呑みにしてはいけません。たとえば上級者の意見に合わせて、初心者が遊べなくなっても、意見は出ません。

　メーカーは、決してアップデートを安易に考えていません。それに対する感想は人それぞれあってもいいけど、多くの人に見解を広げていただきたいと思い、知っていることを書いてみました。

↑ところで、『スマブラ for』に『FFⅦ』のクラウドが参戦です！

バランス
非常に主観的なものなので、あらゆる意味で正解はない。

● アップデート

データを最新のものに更新する行為がアップデート。ゲームで言えば新しいシナリオやシステムの導入がこれに当たる。中でも、小規模なものや不具合に対しての修正は、"ツギ"を当てる意味で、パッチと呼ばれることもある。

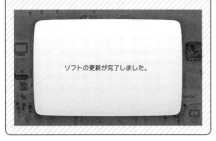

● クラウド参戦！

任天堂の公式Web放送"Nintendo Direct 2015.11.13"にて、『スマブラ for 3DS/WiiU』にて参戦発表。同年12月16日に放送された「スマブラ最後の特別番組」で、ファイターの特徴やミッドガルステージが紹介された。

ふり返って思うこと

——ファミコン時代からゲームをしてきた自分にとっては、この方のご意見は非常によくわかります。
桜井　でも、もしも完全に割り切って「直しません。終わり！」となったら、それこそ責任放棄ですよね。
——いまやアップデートは当たり前……。となると、ソフトの発売後も開発チームを解散せずに、修正対応をするスタッフを残しているのもふつうですか？
桜井　ちゃんと想定しているメーカーは、そうしていることでしょう。まさにこの回で書いていますが、"あくまで自発的なサービス"ではありますね。

🌐 そのころゲーム業界では
2015年11月28日：ニンテンドー3DS用ソフト『モンスターハンタークロス』発売。

批判は自由。
だけど、くじけないこと

2015.12.17
VOL. 495

このコラムが掲載されるころには、「『スマブラ』最後の特別番組」が放送されたハズ。同じころ、わたしも心待ちにしている、『スター・ウォーズ』の新作が公開されますね。楽しみすぎてタイヘン！　しかし、かのジョージ・ルーカスはメガホンを取らず、プロデューサーからも降りています。ルーカス・フィルムと映画の権利は、2012年にディズニーに買収されました。今回の監督はJ.J.エイブラムズ。売却の理由は、"タイトルとルーカス・フィルムを守るため"となっています。

それとは別に、米Vanity Fair誌のインタビューでは、ルーカス自身「**映画を作っても結果は批判にさらされるだけ。作品の中で実験することもできないし、おもしろくない**」と語っているようです。

じつに由々しき問題だ……！　だって、これだけの**ビッグネーム**で、非常に多くの人を熱狂の渦に包んだ作品が、そんなことでオリジナルを手掛けた人から離れるのは悔しい。個人的には、ルーカスの作品こそ観たいと思いますもの。

だけど、気持ちはすごくよくわかります。身につまされていると言ってもいい。ものを作り、完成させることの大きさが、ファンには目に入らないことが多いですから。**たとえば家を建築したら、ひと部屋のカベにかかっている絵1枚にだけ長々と不満を並べられるような場合も多々あります。**

わたしにとって身近な例は……。『スマブラ』にクラウドなどが参戦しました。それを、「任天堂じゃないキャラクターを増やすな！」と強く批判する人がいます。これは、いままでにたくさんの任天堂キャラクターの参戦を実現させた事実を無視していますね。また、参戦を心から喜んでくれた人が多いこともスルーです。ほかにも、全体から比べて、本当に些末なことを言われることは数知れません。

しかし、**それでいいと思っています。その人なりの価値観に正直であればよいこと。批判は自由です。**たとえばファン（？）のわたしだって、『スター・ウォーズ』に不満ぐらいありますよ。エピソード6での間延びした展開や、原住民に情けなくやられるドタバタ帝国軍などは正直嫌い。特別編での蛇足も感じます。だけど、**それ以上にさまざまな世界を見せてくれて、楽しませてくれることにとっても感謝しています。**でもふだん、感謝を口にする機会はあまりないかも。

ビッグネーム
多くの人を喜ばせたからこそビッグネームたり得て、多くの人が見たからこそ多くの批判も生まれる。比率で言えば批判もたいしたことないのかも。

批判は口に出やすく、思いは強くなりがちです。人が多く声を出していると、同調しがちな性質もあります。**ネガティブな声は上がりやすく、ポジティブな声は上がりにくいもの**。制作の事情は理解されないし、作り手が言い訳することも許されません。気持ち的に負けて、**仕事を辞める人**もいます。

ユーザーにとっては、「こんなことで負けるなら、ものを作らないほうがいいのでは？」なんて思われるかも。だけど、作り手も人。遊ぶ人たちのことを気にしてないわけはないですよ。しかし批判は攻撃を目的にした中傷になることもあり、まともに受けると制作の力を削ぎかねません。

わたしは昔から、**「声が上がらない人こそ大事」**だと思っています。最初に作ったのは、初心者専用ソフトと言っていい『星のカービィ』ですが、**初心者って、声を上げてくれないですからね**。そういった人々をよく見て、感じ、根気よく仕事を積み上げるしかないと思います。

しかし**作り手の方々には、批判でくじけないでほしいです。楽しさを多くの人に伝えられるだけで、相当恵まれたことですので。**

> **仕事を辞める人**
> 本当にいる。未来は人に見えない形で、可能性を失っている。

『スター・ウォーズ』

1977年に1作目が公開されたSF映画。世界観や設定、SFXは、ゲームも含め以降の創作物に多大な影響を与えた。本文で桜井氏が楽しみにしているのは、2015年12月18日公開の『スター・ウォーズ/フォースの覚醒』。レイを主人公とする三部作の第一章で、エピソード7にあたる。

ふり返って思うこと

桜井 ジョージ・ルーカスの例を挙げましたが、日本人と海外の人では、評価のしかたが違いますよね。
——ああ、そういうこともありますね。
桜井 日本人は「○○がいい、だけど△△がダメだからダメ」と。海外の人は「△△は問題だけど、○○がすばらしいのでよい」と話すとか。
——同じ評価でも、ぜんぜん印象が違いますね。基本的に、後にくるものが結論だと受け取りますから。
桜井 日本語と英語では主語の位置が変わったりしますから、そういう印象もあるのかもしれません。
——通販サイトの評価も、日本だけ異常に低かったりしますし。……イヤならやめればいいだけなのに。
桜井 言葉は強いものなので。作品を作る才能を持った人が、批判で潰れるのは我慢できないですね。

そのころゲーム業界では
2015年12月26日：ニンテンドー2DSと『ポケットモンスター 赤・緑・青・ピカチュウ』（いずれか）の同梱版の予約が開始され話題に。

3つの個性はより広く

2015.12.24
VOL. 496

　『スマブラ for 3DS / Wii U』に、3人のファイターを加えることになりました。『ファイナルファンタジーⅦ』より、クラウド！『ファイアーエムブレムif』より、カムイ！『ベヨネッタ2』より、ベヨネッタ！

　「『スマブラ』最後の特別番組」の動画は公式サイトなどで観られる（2019年3月現在）ので、細かい説明はそちらに委ねることにして、ここでは各ファイターのコンセプトなどに触れていきたいと思います。

■クラウド

　『FF』から参戦というのは、スゴいことです!! シリーズの中ではダントツの人気を誇るクラウドは、**巨大なバスターソードを片手で軽々と扱い、スピードもリーチもパワーもありますね。**このままではバランスブレイカーになることは確実。どのようにまとめるのかよく考えた結果、スマッシュ攻撃横に代表される、**ふり抜きを重視した剣術を取ることにしました。**これは、しっかり溜めを作ってから、高速で3連撃をくり出すワザ。速度とリーチは保ちつつ、スキなどで調整しています。そして速度はあるけど復帰力は低め。

　それと、『FFⅦ』らしさを出すシステムとして、"リミットブレイク"を実装しました。**リミットゲージが最大まで溜まると、必殺ワザを1回だけ大強化するものです。**リミットによって戦局が変わるので、使う側も使われる側も意識する必要があり、独特の駆け引きがあります。

■カムイ

　せっかくDLCを作れるのならと、これから発売される最新作から登場させることを検討したのが制作の発端です。**任天堂と協議を重ね、各新作の販売計画を知り、ちょうどよいところにいたのが『FEif』でした。**日本ではすでに発売されているのですが、海外では発売時期にリリースできるいいタイミング。個人的には『エムブレム』系のファイターが増えすぎることを問題に感じましたが、開発スタッフとお話しし、内容を打ち合わせ、おもしろくできると確信しました。

　"竜穿"という、竜化の能力があります。全身竜化のほか、部分的な竜化により、腕を槍にして突いたり、獣のキバにすることも。『スマブラ for』では、これらを活かして**スーパーリーチを誇るファイターにしました。**ダルシムのようなもの、というと言い過ぎですが、誰も届かない位置からのスマッシュ攻撃をくり出せます。また、**地面に対する突き刺し固定などはいままでにないワザです。**

■ベヨネッタ

　"スマブラ投稿拳"という、キャラクター要望アンケートを公式サイトで採っていました。**世界全体で180万票もの投稿がありましたが、ベヨネッタは、**

バスターソード

『スマブラ for』は、バランスの都合上、原作よりも少し短め。『スマブラSP』では、それよりも長くしている。

『大乱闘スマッシュブラザーズ for Wii U』

←カムイ、クラウド、ベヨネッタ、それぞれモデルも2タイプ用意。

参戦の交渉と実現が可能なファイターの中で、得票数1位！　でした。『ベヨネッタ2』は任天堂が販売しているので、交渉もしやすいです。しかし、原作があまりにも特徴的すぎて頭を悩ませました。結果、**いろいろなところからコンボがつながるコンボファイターに仕立てています**。ふっとぶ大きさを計算しながら適切なコンボを考える、奥が深いファイターです。

髪の毛を触媒にして魔人の手足を呼ぶ**"ウィケッドウィーブ"**、ギリギリで見切って相手をスローにする**"ウィッチタイム"**など、個性のあるワザが満載です。

じつは……。各国のレーティング審査で、極めて難航しました。とくに日本のCEROがセクシー表現にきびしく、「これでも通らないか！」と思うことが多々ありました。

今回のDLCファイターは、本編のファイター以上に手がかかっており、独特の個性と戦法を楽しめます。配信最後の気合を込めましたので、ぜひお楽しみください！

可能なファイターの中で

その上には、たとえばスネークなど過去シリーズに登場したファイターや、すでに交渉したがNGのキャラもいた。

『大乱闘スマッシュブラザーズ for Wii U』

↑クラウドの配信は、もう始まっています。3DS版、Wii U版ともにあります!!

『ファイアーエムブレムif』の発売日

日本での発売日は2015年6月25日。アメリカやカナダでは2016年2月29日で、カムイのDLCが配信された2016年2月4日と比較的時期が近かった。ちなみに、『FEif』の欧州での発売日は2016年5月であった。

スマブラ投稿拳

『スマブラ』にファイターとして参戦してほしいキャラクターをユーザーから募った、アンケートの投稿サイト。2015年4月2日から始まり、同年10月3日の締切までに、世界中から約180万票（あからさまな重複、複数投稿を除いた純粋な票数）にも及ぶ投稿が寄せられた。

ふり返って思うこと

桜井　『スマブラSP』の企画書が完成したころです。
——たしかそれが2015年12月16日。この、最後の特別番組の放送と同日だそうですね。
桜井　はい。奇しくも同じでした。
——投稿拳はもうやらないんですか？
桜井　このときの投稿拳で傾向がわかったので、考えていません。それに、『スマブラSP』の新ファイターを作る際に、大いに役に立っていますから。
——個人感ですが、DLCファイターのほうがワザが華麗な気がして。たとえばベヨネッタとか。
桜井　せっかくDLCを作るのだし、それでお金をいただくのならば、ふつうに追加されるものよりも気合を入れなければという気持ちはありましたよ。
——『スマブラSP』のDLCも楽しみです！

そのころゲーム業界では
2015年12月26日：Steamの年末年始恒例のセール開始直後に一時的にストア機能停止。原因はキャッシュサーバーの誤設定。

特徴に意味が加わると

2016.1.14 VOL. 497

『Fallout 4(フォールアウト4)』をプレイしました。これを書いているのは発売直後ですが、年末休みを挟むことを考えれば、かなり時間を割いてしまいそうでコワイ。**シリーズの中でも、本作はとくにハマるようにできていますよ。かなり意図的に。**いろいろな場所での廃品漁りが止まらない……。

『Fallout』は、いわゆる"終末後"の世界をさまようオープンワールド型のゲームです。本作で終末を迎えたきっかけは、定番の設定、核戦争。今回は核が落ちる前の平和な世界もプレイできるので、その落差が興味深い。核爆発前後の自分の家の比較もできます。あんなに平和な世界だったのに……。その無秩序な世界には、秩序が生まれつつあります。それぞれの団体にそれぞれの思想があり、各団体に属することも可能です。

で、核戦争後だから、フィールドには廃墟がいっぱいあるんですね。**建物の中に入れば、誰かが住んでいた、あるいは働いていた形跡が残っていて、ガラクタがいっぱいあります。**そのまま置かれている場合もあるけれど、収納などにも弾薬や物品がいっぱい詰まっています。倒した敵からも、装備品を含めた物品が多く出てきて、主人公を強化できます。このあたりは前作までと同じです。

しかし、いままでと最大に異なる点は、**それらのガラクタすべてが街の発展に役立つこと**。あちこちに人が集い、住まう場所があります。街のような規模から、郊外の一軒家のようなものまで。**そこにガラクタを集めて加工することで、さまざまな家具や施設が作れるようになっています。**

まずはベッドを作り、人数分以上に休めるところを。畑による食料や、地下水、蒸留などによる水源の確保。動力を作り、電力や明かりを得る。通信施設で入居者の誘致。どこから襲われるかわからないので、砲台や監視所など、防衛関連の設備で安全を高めるなど。ベッドを作るには、木材や布が必要。これらは野外で拾えるガラクタから得てもいいし、街にある家具を解体してもオーケー。廃材や生えている木を分解しても木材は得られるし、布製品や服に近い防具を加工すれば布が得られます。

こうやってよい環境になった場所には、新しい入居者が入ってきます。**どんどん戦って、ゲットして、作って、モリモリ発展させて、この荒れた世界で生き抜きましょう!!** ……という流れになります。

じつに恐ろしい……。前作でも、相当多くの物品が詰め込まれていたわけですよ。置かれたテーブルにも、その上に灰皿があり、その上にタバコがあり、それぞれを別々に動かしたり手に取ったりできたわけです。しかし、い

水源の確保
場合によってはトイレの水でのどを潤すことも。そこらの水は、大抵が放射能で汚染されている。

『Fallout 4(フォールアウト4)』

← ポスト・アポカリプスの世界を生き抜くの。だけど、やけに建設的で前向きなのです。

ままでは役に立たないものだからこそ捨て置いてきたものが、今度は何かの役に立ってしまうかもしれない。

しかも、入居者を使いにすれば、たくさんの街のあいだで<u>資源を共有</u>できます。どこかの街が十分に発展したから終わりではなく、未開の地が生まれ続けるという……。かくして、**戦場からおみやげを持てるだけ持って、街に届けることになります。これがまた楽しい!!**『Fallout』って、半ばスカベンジャーのようなゲームだと思っていますが、この廃品漁りっぷりに磨きがかかりましたね。

プレイヤーの行動が無駄にならないことって、とても大事です。それはふだんから考えてはいるけれど、ゲームである以上反復も必要で、難しいところです。今回、物品の数量にはとても力を入れている『Fallout』が、これを実用的に利用してきたことが恐ろしい。こんなもん、やめられないに決まっているでしょうが!!

> **資源を共有**
> 街と街のあいだに流通ルートを引くことができる。素材を持てる量に制限があるのでとても重要。

↑リアルPip-Boyもおもしろいなあと。だけど、日本語版非対応だった。あらら。

『Fallout 4(フォールアウト4)』
プレイステーション4・Xbox One・PC/ベセスダ・ソフトワークス/2015年12月17日発売

自由度が極めて高いオープンワールドRPGのシリーズ最新作。核戦争で荒廃した世界を舞台に、主人公の旅が描かれる。"居住地"を作成できるクラフト要素などが新たに加わり、より自由な遊びを追求できるようになった。

Pip-Boy

マップやステータス、クエスト状況といった各種情報をチェックできるウェアラブルアイテム。これをイメージしたアプリが海外で配信され、スマホやタブレットで同等の情報を閲覧できた(英語版のみ)。

ふり返って思うこと

――『Fallout』は毎作プレイして、感想を書かれていますね。ここで自分にフックしたのは、「半ばスカベンジャーのようなゲーム」というくだりでした。

桜井 ああそうですか。実際、廃墟の中からガラクタを集めてくるのがとてもおもしろいですよ。

――できればそこだけ遊びたいです(笑)。

桜井 敵と戦いたくないと(笑)。しかし、ガラクタが町の発展に役立つなど、素材みたいなものを集めていかに活用するかというのは、だいたいのゲームにおいてテーマになっていますよね。『Fallout 4』も、武器やアイテムを作るだけではなく、何かの建材にできたりもするというのが大きかったです。

――『Minecraft』のようなクラフト要素のあるゲームって、思えばけっこう多くなりましたね。

そのころゲーム業界では
2016年1月5日：『FFXIII』のライトニングが、ルイ・ヴィトンの2016年春夏コレクションのキャンペーンモデルに。

2016.1.28 VOL.498 読者の手紙から

連載が498回になりました！ おたよりの紹介の回数も、毎週連載に換算しておよそ1年ぶんに迫りつつあります。

> ✉ **富山県　ズワイガニさん**
>
> 桜井さんは最近のゲーム業界をどう感じておられますか。良質なゲームが無料で遊べ、豪華なゲームは質とサービスのレベルが上がり、昔の名作は安価で遊べるよい時代になったと思います。一方、遊び手はどうでしょうか。お金をかけているからと言って強者である価値観を持ち、ときには不買運動を行い、匿名かつ顔が見えないことをよいことに、オンラインプレイではお互いを煽り罵り合い、メーカー公式やその関係者のSNSに不満や誹謗中傷を送る始末。作り手も遊び手も人間だから、それぞれの考えや限界はありますよね。でも、一部の遊び手は自我が強くなりすぎて、それをないがしろにしがちのようです。確実にゲームは進化しているのに、**遊び手が退化し続けたら業界はなくなってしまうのではないでしょうか。**
>
> （文章を一部割愛しています）

Re: 遊び手が悪いなんてこと、一切ないです！　意見は自由ですから。ただ、別の遊び手がイヤがるとなると考えてしまいます。「気に入らない」を行動原理にして一方的にやり込めるのは、いじめと同じだし。ただ、こういったことができるのも、**日本が平和な証だと思います。**多くの人は毎日雨風をしのいで眠りに就くことができるし、真の意味で飢えに苦しむこともない。日々戦争で殺し合いをしているわけでも、略奪や命の危機が身近にあるわけでもない。宗教や人種差別などで、理不尽な弾圧を受けているわけでもないし、明日死ぬ可能性はあるけれど、その確率はかなり低い。ゲームできるくらいには健康体で、ものを考えてみずからの意思で動ける自由があります。

日本は、世界のさまざまな国と比べても恵まれているほうです。さらに人間以外に生まれたら過酷な生存競争にさらされ続けるわけで。"ゲームで議論"どころじゃないですね。生ぬるいことです。

ビデオゲームは、数ある娯楽のごく一部。衣食住はもちろん、健康、安全、運送、政治、環境やエネルギーや資源などに比べるとうんと優先度が低いものです。**それらを考えたら、挙げられた問題は極めて些細なことだと思います。**わたしも、ゲームを作って暮らしていける自由に感謝していますよ。

←世界規模、あるいは生物レベルで見れば……。ゲームの論争など、些末なもの。

ととととさん

私は任天堂のゲームが大好きで、『スマブラ』もいつも楽しんでおります。しかし、数多くのゲームに触れて、違和感を覚えたことが。ファイターのひとりであるワリオは、**なぜ『スマブラ for』で"ショルダータックル"が廃止されてしまったのでしょうか？** その前の『スマブラX』では横スマッシュワザでしたが、今作では原作で見たことはないはずの"裏拳"になっていました。どういう意図があるのしょうか？

Re: よく見ていますね。結論から言うと、**ワリオを強くするためです。**『スマブラ for』を作るにあたり、ワリオは強化したいキャラクターだったのですが、ショルダータックルはカラダごと、つまり被攻撃判定ごとぶつかるワザであり、打ち負けやすくありました。リーチも出ず、足を踏み外すガケ外への攻撃もしにくい。ほかのワザならともかく、スマッシュ攻撃、とくに横スマッシュは勝負の決め手になるワザでもあるので、入れ替えて強くしたというわけです。原作表現ばかりだとうまくハマらないことがあります。毎回、反省点を踏まえて調整しますが、楽しいほうが優先されるべきですね。

『大乱闘スマッシュブラザーズX』

『大乱闘スマッシュブラザーズfor Wii U』

←左が『X』、右が『for』。リーチが長く、ガケ外への追撃も可能になっています。

ワリオ

マリオのライバル。1992年に発売された『スーパーマリオランド2 6つの金貨』に初登場して以来、多くの作品で憎めない魅力をふりまいている。ショルダータックルは『ワリオランド』シリーズなどでおなじみのアクション。

『スーパーマリオランド2 6つの金貨』

そのころゲーム業界では

2016年1月26日:『名探偵ピカチュウ～新コンビ誕生～』が初公開。ハードボイルドで渋い声のピカチュウに話題沸騰。

消耗と刺激

2016.2.10 VOL.499

『スマブラ for 3DS / Wii U』の最後のDLCキャラクター、**カムイとベヨネッタの配信が開始されました**。これで、長きに及んだ『スマブラ for』の開発はおしまい!! 最後までがんばった関係者の方々、おつかれさまでした。ご支持をいただいた皆さま、どうもありがとうございました!! 個人的にはやっと**長いお休みが取れる**のがうれしいです。

以前もご紹介しましたが、DLCファイターは前作までの登場ファイターであるリュカ、ロイを除き、そのキャラにしかない遊びができるように作っています。カムイは変身とスーパーリーチ。ベヨネッタは特殊なコンボや銃撃、ウィッチタイムや日本語英語両対応など。

『スマブラ』は、非常に多様な遊ばれかたをします。来客時の鉄板ソフトになっている場合も多いようですが、平均プレイ時間がかなり長いこともデータで判明しています。お買い得と言えますね。

ということは、**毎回スゴイ勢いで消耗するということでもあります**。アイテムあり、ステージをバラけさせて複数人で遊んでいると、毎回かなり異なる展開になりがちだから、問題は少なめ。しかし、ガチ対戦を好む人も多く、勝つためにファイターを絞り込んだりすると、振り幅が失われるかも。

消耗するということは、新しい変化が必要だということです。新鮮な刺激を入れるために、何か工夫が必要になると思います。だけど、焦って奇をてらうのはナシにしたいです。客観的に考えるべきだと考えています。世間の人々は、多くの作品の中から都度ひとつの作品を選んで遊んでいるわけです。ファンもいつも同じものばかりを楽しんでいるのではなく、そのときに出てきたおもしろいものに程度に触れながら、毎日を楽しんでいるものだと。

たとえば、『スター・ウォーズ』などのメインテーマは毎回同じ。これを"マンネリ"だからと変えてしまうのは困ります。あの曲が流れるからこそ、「『スター・ウォーズ』が帰ってきた!!」という興奮とともに楽しめるものだと思いますので。

『スマブラ』は、メインテーマはともかくとして、基本的なゲームのルールに手を加えることはしていません。3Dゲームにしたり、決まりを足したりするのは、**新しい刺激を生む可能性はあっても、お客さんに喜ばれない変更ですから**。必ず、「前のほうがよかった」と言われます。長い年月を経て手に馴染んだものなら、なおさら。

まったくのオリジナルなら、刺激を優先することもあるかもしれません。しかし『スマブラ』は、単純にひとつのゲームを作ることとは大きく異なると

長いお休みが取れる
……とは言うものの、キャットがいるため、長期間の留守はできない。また、『スマブラSP』の企画書を書き、開発準備を進めていた。

『大乱闘スマッシュブラザーズ for Wii U』

↑カムイとベヨネッタ、リリースしています。どうぞよろしくお願いします!

Think about the Video Games

実感しています。ひとつファイターが増えることが、そのキャラやゲームの応援になります。また、恐ろしい数の対戦がなされている背景もあるわけで。

結果としてゲームルールを"ハード"、**ファイターの個性自体を"ソフト"とみなして**制作を続けました。**キャラクターが新しい刺激そのもの。だから、ほかのファイターにはできないことができ、かつ対戦が成立するように工夫を重ねるわけです。**ほかの対戦格闘系ゲームに比べても仕様が重たく、制作は難しいうえに版元監修もありますが、がんばるしかありませんでした。

もちろん、実際に使いこなすのはユーザーなので、戦法の振り幅は個人差があるでしょう。しかし、単純にスマッシュ攻撃をくり返す、という対戦でも、それで楽しい場であればオーケーです。元々カンタンに遊ぶ層はよりカンタンで済む操作を目指したものです。『スマブラ』が多くの人に遊ばれたことを、感謝しています。

> **ファイターの個性自体を"ソフト"とみなして**
> ひとりのファイターにしかないシステムも多く、その都度新規制作する。

『たたかえ! GAME BOYZ』

↑『たたかえ! GAME BOYZ』という番組がありました。小学生の対戦っていいなあ!!

●『スマブラ』のメインテーマ曲

テーマ曲はアレンジが施され、メニュー画面など、さまざまな場面で使用される。なお、『スマブラ』シリーズのメインテーマ曲は作品ごとに刷新されているが、ゲーム内では、過去作のメインテーマ曲も必ず使われている。

●『たたかえ! GAME BOYZ』

お笑い芸人のザ・たっちが、芸能人最強双子ゲーマーとして"GAME BOYZ"を名乗り、全国の子どもたちと『スマブラ for』で熱い対戦をくり広げたTOKYO MXの番組。

ふり返って思うこと

桜井 『スマブラ』って、ものすごい回数をプレイされていますよね。みんな飽きないのかな? と思うこともありますが、自分でも飽きていません(笑)。
——それがすごいと思います(笑)。

桜井 対戦者を変えなくても、毎回ぜんぜん違う刺激があるという。極めて珍しいゲームだと思います。
——しょっちゅうヘンなことが起きますもんね(笑)。

桜井 たまたま出現したアシュリーが、たまたま出現したゴーゴートに乗って、左右に動きながら霧をばら撒くとか。見たことのない現象がいまだに(笑)。
——つくづくヘンなゲームだなあ(褒めてます)。

桜井 『スマブラSP』だと途中でステージも変化しますし。だから組み合わせがたいへんなんだ……。
——自分で自分をたいへんにしているのでは(笑)。

そのころゲーム業界では
2016年2月3日:スマホアプリ『おそ松さんのへそくりウォーズ〜ニートの攻防〜』の事前登録者数が、開始後6日で40万人突破。

連載、なんと500回！

2016.2.25 VOL.500

500回
週刊ペースだと、おおむね10年で到達する。当コラムは現在、隔週連載になっている。

　桜井政博です。**週刊ファミ通で連載している当コラムが、なんと今回で500回を迎えました!!** ファミ通には、ほかの作家さんによるコラムもいろいろあります。なかでもとくに長く連載が続いているのは伊集院光さんだと思われますが、たぶんそのつぎの連載回数。ゲーム制作者としては断トツで長い期間と回数になりました。

　とは言え、ご覧になられている方はご存じだと思いますが、わたしは単に作り手として書いているわけではありません。かなり多くのゲームを遊んでいますから、遊び手の立場としても書いています。

　「毎回ネタを用意するの、タイヘンじゃないですか？」とよく聞かれます。しかしネタについては……あまり困ることはありません。開発では毎日、スタッフ用Wikiに雑談を含めたゲームの話を書いているぐらいで、思ったことや気がついたことを素直にはき出すことは、苦になりません。何と言っても、**ゲーム制作のきびしさ、難しさ、仕事量や手の込みように比べたら、どう考えても楽勝です!!**

　しかしそれでも連載がきびしくなることはあります。ゲーム制作の序盤と後半～終盤のころが多いでしょうか。まず開発における何かを書くときは、秘匿に注意しなければなりません。未公開情報を出してはならないので、そのときにいちばん色濃く関わっていること、感じていることを書けない場合が多いです。また、多忙になると、どうしてもゲームができなくなります。それでもがんばってプレイしているほうではありますが、多忙だと食事と仕事を同時にすることもあるぐらいで。わずかな時間も捻出できないことがあります。そうなると、ほかのゲームの話題を出せませんよね。**ゲーム開発序盤はおもに秘匿で、後半～終盤はおもに多忙で、執筆などが難しくなってくる、**ということです。ただ、たとえば明日がマスターアップの日だとしても、締め切りはフツーにやって来ますから。穴をあけるわけにはいきませんね。

　結果として隔週連載になっていますが、このぐらいのペースのほうがいいかな？　と思い、いまに至ります。隔週だと旬のゲームを取り上げにくくなる欠点はありますが、進行はラクです。

　コラムを書いているのは、日曜日の晩が多いです。通常の仕事の邪魔にならず、外泊出張や休日出勤があってもいちばん時間を確保しやすいのはここなので。ちなみに、いまは土曜日の晩。珍しく風邪を引いており、咳が出ます。常温であるハズの部屋が寒い……。

　コラムを始めたきっかけは、**当時遊んでいたMMORPGの世界で、元週刊ファミ通編集者（現ライター）の奥村キ**

← 過去に発売された単行本は8冊。ほぼすべての話が残っているという幸運もあります。

スコ氏に執筆を勧誘されたこと。最初からいままで、ずっと担当をしてくださっています。今回は、彼女にもひと言いただきましょう。

＊　＊　＊

「この人の言うことは、すごい。だから、ひとりでも多くの人に知ってもらいたい」。最初に感じたその気持ちは、いまも変わりません。桜井さんは、世界の人を楽しませるゲームを作る人であり、心からゲームを楽しむ人。ゆえに、執筆に割かれる労力を心苦しく思うこともあります。でもそのたびに、コラムもご自分の作品だと自負してくださっていると気づかされ、私もそれに応えなければと気を引き締めてきました。てことで、すでに新刊1冊ぶんの原稿がたまっています。遠からず相談しましょうね。

＊　＊　＊

いつまで続けられるのかはわかりませんが、今後とも当コラムをどうぞよろしくお願いします！

奥村キスコ

長年コラムの担当をしてくださっているフリーライター。もうひとりファミ通編集部員の担当がおり、現在で4代目。

『ファイナルファンタジーXI』

↑コラムを始めたきっかけは、『FFXI』での偶然の出会い。詳しくは単行本第1巻で。

連載の節目をふり返る

100回
2005年4月22日号掲載
書籍『2巻』に収録
読者の手紙から

読者のおたよりを4通紹介。コラムは白黒半ページで、アンケートはがきの近くにあったため、「サッと開きづらい」という声がありつつも、高い支持を集めていた。

200回
2007年5月4日号掲載
書籍『DX』に収録
小島秀夫監督を迎えて

連載200回を記念して、ゲーム制作者として親交が深いおふたりの特別対談を2号連続で掲載。『スマブラX』へのスネーク参戦は、この対談の1年前のE3にて発表済み。

300回
2009年10月8日号掲載
書籍『遊んで思うこと』に収録
連載300回に寄せて

桜井氏が放ったグッとくる言葉を6つ挙げ、ご本人を交えて深く掘り下げた回。連載6年目にして一筆いただいた色紙には、「旅のようなものかも」と書かれていた。

400回
2012年4月5日号掲載
書籍『作って思うこと』に収録
音声収録のハナシ

この回では、『新・光神話 パルテナの鏡』の音声収録の様子が綴られている。制作裏話はもちろん、「うんこぉぉぉぉぉぉぉぉ！！」というセリフが躍ったことでも印象深い。

ふり返って思うこと

——500回ってすごいですよね。2019年の4月を超えると連載17年目に突入ですよ？
桜井 後は、いつやめるかですね！
——ウムム。そそそ、そうですね……。
桜井 Twitterはサッとお返事がくるんですが、コラムだと読者の皆さんのリアクションが乏しくて寂しいです。でも、コラムが読まれていないわけではなくて、思ったよりも読まれているらしく。
——あのうそのう、コラムの内容に共感したり、存在を広めてくださるのはうれしいことなのですが、特定の一文を抜粋してSNSで拡散などするのは、やっぱりやめていただきたく……。
桜井 担当の泣きが入ったところで(笑)。おたよりは随時募集中ですので、どしどし送ってください。

そのころゲーム業界では
2016年2月19日：ジャパン アミューズメント エキスポ2016開催。『艦これアーケード』、『スター・ウォーズ：バトル ポッド』が人気。

原作の骨、ゲームの肉

2016.3.10
VOL. 501

　この号が発売される2016年3月10日、**ニコニコ生放送の"ファミ通チャンネル"に出演します！**　ふだんこういった放送への出演依頼は断っているのですが、連載500回の記念として参加することになりました。で、編集担当からひと言。「放送で最近のゲームをプレイし、紹介してください！」。ほうほう。なるほど。

　2016年1月から2月中旬まで、コンシューマーでわたしが遊んでいたものと言えば……。『Fallout4』、『オーディンスフィア レイヴスラシル』、『ダライアスバースト クロニクルセイバーズ』、『ジャストコーズ3』、『龍が如く 極』、『GRAVITY DAZE』、『DQビルダーズ』、『ナルティメットストーム4』、**『名探偵ピカチュウ』**、『Nom Nom Galaxy』などかな？　リメイクにあたるものは前の作品を遊んでいたり、先んじてSteamで英語版を遊んでいたものもありますね。放送では、この中からいくつかをプレイしながらご紹介します！　家に遊びに来たような気分で、気軽にご覧ください。

　ところで、この原稿を書いているいまは**『進撃の巨人』**をクリアーしたばかりです。おもしろかった。原作の設定とゲームの内容がガッチリ組み合わさって、ほかにない遊びを見せています。こういった、原作の設定をおもしろさに昇華させるのって、カンタンそうに感じるかもしれないけれど、ある程度の運や機会、実力がないとできませんよ。噛み砕くと、**どの作品を、いつ、どこが作れるのか。**

　刃と、巻き上げ式のアンカーと、ガスによる推進。そして巨人たち。『進撃の巨人』は、これらによってほかにはない作品になっているわけですが、それがゲームの駆け引きにも活かされています。

　たとえば、巨人を倒すためには、アンカーとガスで立体機動を行い、高所にあるうなじの狭い箇所を正確に斬り落とさないといけません。だけど、巨人に足があればプレイヤーの方向に向くし、手があれば飛行中に捕まれてしまう。だから手や足から斬り落としたほうが有利です。空中を回り込みながら巨人の様子を見て、戦況的に有利な攻撃箇所にアンカーを刺し、一気に巻き取って刃で落とすという。ガス切れや刃こぼれなど、原作で表現されている制限もあります。それゆえに補給兵を探したり、キャラや装備の差が影響することなどが、ゲームのアクセントになっています。アンカーを刺せる建物がない平原では、立体機動ができないので馬が不可欠、ということもありますね。**ゲームの設計に原作が活きており、世界設定上、納得できる駆け引きが生じています。**

　そしてこのゲーム、**あまりテクニックを要さないわりに、プレイが派手で、**

『名探偵ピカチュウ』
おっさん声のピカチュウが衝撃的だった。まさかその後、映画化されるとは……。

← 『進撃の巨人』。原作は5000万部、連載時を誇る作品なので、ご存じの方も多いはず。

『進撃の巨人』

上手に見えるのですよね。ここ、ゲームとしてすごく大事。

　原作が完結していないので、ゲームとしてキレイにオチがついているかというとそうではないかもしれません。また、立体機動どうしの対人戦があるわけでも、**亀巨人とかメカ巨人**、空飛ぶ巨人などを作っていいわけではないので、ゲームとしてのバリューは出しづらいと思います。つまり、どうしても単調になりがちです。

　しかしゲームにおける原作は、アイデアでもあるけど制限のほうがずっと大きいです。また、ゲームは作るのに膨大な時間がかかります。**そんな中、いまも進行形でヒットしている作品が、しっかりしたオリジナルゲームと**して構成され、うまく昇華される例は、そんなに多くはないです。自分がワイヤーアクション好きということもあるのですが、まだまだ楽しんでいたいなあと思いました。

> **亀巨人とかメカ巨人**
> 敵はシステムや攻略を考えてからデザインされるべきだけど、版権ものではそうはいかない。

「進撃の巨人」

↑ゲームでは、アルミンもリヴァイ並みの手練れになりえるかも。腕前次第!!

◉『桜井政博のゲームについて思うこと』連載500回記念放送

2016年3月10日に、ニコニコ生放送のファミ通チャンネル内で放送。内容は、桜井氏自身によるゲームの実況プレイやトーク。おたよりコーナーには200通以上もの投稿が届いた。(配信は終了)

◉『進撃の巨人』
プレイステーション Vita、プレイステーション4、プレイステーション3／コーエーテクモゲームス／2016年2月18日発売

人類の脅威である巨人を駆逐するため、立体機動装置を駆使して戦うアクションゲーム。発売後の大型アップデートで、最大4人によるオンライン協力プレイが実装されるなどした。

ふり返って思うこと

桜井　ワイヤーアクション、自分は好きですねー！
——『進撃の巨人』は、500回記念放送で桜井さんのプレイを見たわけですが。めちゃくちゃ華麗に立ち回るから、すごく簡単そうなゲームに思えました。
桜井　ね、簡単でしょう？(笑)
——いや、決してそうでは……。「サクサクっと足の腱を切っちゃいましょう」って、切れませんから！

桜井　「ここで巨人をバラしちゃいましょう」なんてね(笑)。ワイヤーアクションって、制作するのにも表現するのにも、高度な技術が必要で。本来すごく難しいアクションなんですね。2018年に発売された『Marvel's Spider-Man(スパイダーマン)』は高い技術で、とても簡単にプレイできましたが。
——あれは名作との呼び声が高いゲームです。

そのころゲーム業界では
2016年3月17日：任天堂がスマホアプリ『Miitomo』を配信。会員制サービス"My Nintendo"もスタート。

2016.3.24 ＋VOL.502 読者の手紙から

コラム500回記念放送にて、おたよりにお答えするコーナーを設けました。放送時間には収まらないほど多くのおたよりをいただきましたので、ここでその一部にお答えしていきます！

✉ 長崎県　男性

紙の説明書と電子の説明書、どちらが好みですか？

Re: **どうしても困ったとき以外は説明書を読まない**ので、どちらでも。ただ、電版版は、可能な限り素早く立ち上がってほしいですね。

「ドラゴンズドグマ オンライン」
←画面とは別に見られる利点があるから、紙が便利という方は多いでしょうね。

✉ 神奈川県　男性

桜井さんこんばんは。桜井さんは**「このゲームを自分の手でリメイクしたい！」**と思う作品はありますか？

Re:「この続編をプレイしたい！」はあっても、「これを作りたい！」はないですね。人の作品ですから、**そのチームが作って遊ばせてくれることを、ユーザー視点で願います。**ただ、『スマブラ』自体がいろいろなゲームのリメイク要素を含んでいるとも言えますね。

✉ 福島県　男性

ゲーム制作でこだわりとして根底に置いていることは何ですか？　それは、ゲームを制作し始めたときからあるものですか？　制作途中でかたどられていったものですか？

Re: **コンセプトは、場合や時勢によって変えています。**最初は「初心者に向けたゲームを作ろう」と『星のカービィ』などを作りましたが、タッチジェネレーションズなどが流行ると、「少しは手応えがあるゲームを」となり『新・光神話 パルテナの鏡』を作りました。柔軟に変えるべきですが、考えてから完成し、結果が出るのは数年後なのですよね。

✉ 男性

私はすれちがい通信が大好きなのですが、対応ソフトが減ってきました。桜井氏は作ってみたいと思いますか？

Re: この方からは複数の質問をいただきましたが、ひとつに絞りました。**すれちがい通信は、いままで対応はしてきたものの、個人的に踏み込み切れていないもののひとつです。**不特定多数からデータを得るなら、すれちがいよりネットの機能を使ったほうが便利なのですよね。過密地、過疎地の差を心配しなくてもいいし、海外でも問題なくなるし。なので、すれちがい通信の類いをより楽しくするなら、やはり**GPSなどの位置情報を活用するのが不可欠のように思います。**

Think about the Video Games

✉ 東京都　男性

『スマブラ』がeスポーツとして盛り上がる昨今、『スマブラ for』と同じくらい『スマブラ DX』が支持を得ていることをどう思いますか？

Re: まずうれしいです。**両方、自分が作ったものですから。**そして驚きです。**ユーザーがコンセプトを正しく理解しているということなので。**腕前の差が大きく出る、つまり競技性が高いのは、『DX』。ただ、強者が弱者を圧倒する構図は避けたい。新しいプレイヤーも楽しめるようにすべき。過去のコラムでもこの考えに触れています。対人戦の駆け引きや競技性なら、やはりふつうの対戦格闘のほうが向いているのでは。『バーチャファイター2』などは攻撃力などが派手で盛り上がりそうですが、それが海外の大会に現れないのは、文化の違いなのでしょうかね？

格闘ゲーム大会"EVO2016"の競技種目

↑2枠も！ 初代『スマブラ』でいろいろな誤解を受けていた時代とは大違いです。

✉ 千葉県　男性

桜井さんが現在に至るまでに、支えてくださった方はおられますか？ たくさんおられると思いますが、その中でとくに支えてくださった方を教えていただきたいです。

Re: いちばんを言えば、圧倒的に岩田聡さんです。揺るぎようがないです。ただ、**よい仕事ができれば仕事上の味方や理解者が増えていく、という実感があります。**

● すれちがい通信

あらかじめこの設定をしたニンテンドー3DS(DS)を持つ人や中継所に近づくと、さまざまなゲームデータを送受信する仕組み。ニンテンドー3DS本体には『すれちがいMii広場』というソフトがあらかじめ内蔵されており、ほかのユーザーのMiiと交流したり、13種類のミニゲームを遊ぶことができる。

● eスポーツ

エレクトロニック・スポーツの略で、ビデオゲームで行われる競技のこと。欧米で1990年代後半に始まり、日本でも大会が催されるまでに浸透。PC関連メーカーがスポンサードし、賞金を懸けたプロリーグが多数存在する。

"EVO2015"の様子

🌐 そのころゲーム業界では
2016年3月28日： Oculus社が開発・発売するVRヘッドマウントディスプレイ、"Rift"が発売。

075

Life is Strange (※ネタバレ注意)

2016.4.7 VOL. 503

『Life Is Strange』をプレイ。いろいろ心に残る作品でした。ジャンルはアドベンチャー。ひと言で言えば、**"プレイする海外ドラマ"**。不思議な力を持つに至った女子学生のお話です。

ゲーム作品として、売れにくいとは思うのですよ。**ゲームって、どのような楽しみをもたらすことができるのか**、ということがとても大切なのですが、本物の海外ドラマならより**おトクで長く楽しめる**方法があるし、ゲームとしても敵を倒して何かを稼ぐ、といったことではない。このタイトルにして、内容についても、"女学生が親友と何かをする"作品として紹介せざるを得ないわけです。だけど、独特の楽しみが活きていますので、プッシュしたいと思います。

主人公が持つ不思議な力は、**時間を巻き戻す能力**。『シュタインズ・ゲート』、『僕だけがいない街』など、タイムリープものはいくつかありますが、主人公の能力は『時をかける少女』のそれに近く、**原則的にはごく短い期間にのみ自分の意思で使えます**。ただ、巻き戻し中に自分の位置が戻らない特徴もあり、カギを壊して部屋に入り、そこで時間を巻き戻すことでカギ破壊をなかったことにし、密室に留まるという使いかたもできます。

コンピューターって、アンドゥ機能でもわかるように、巻き戻しネタに強いですよね。『Braid』、『Forza Motorsport』シリーズなど、ゲームのルールに積極的に取り入れているものもあります。だから作りやすそうにも感じますが、『Life Is Strange』の場合、アドベンチャーゲームが驚くべき手間で築き上げられています。

たとえば……。この際少々のネタバレをしてしまいますが。**序盤の章で、辱めを受けた友だちの女生徒が、飛び降り自殺をします**。当然、タイムリープできる主人公としては、食い止めたい。だけど、そのときに限って力がうまく働かない。結果、友だちが死ぬ未来も死なない未来もあります。しかしその後、**どちらになってもそのまま自由に進めることができます**。一方で友だちの遺品が残っていたり、一方で病院に見舞いに行ったりなど、それぞれの結末のなか自然に話が進みます。友

おトクで長く楽しめる

Netflix、Hulu、Amazon Videoなど、ストリーミングによる見放題が人気となっている。

『Life Is Strange(ライフ イズ ストレンジ)』

←以前の行動が、ちょっとした会話にも重要な部分にも現れる。これはスゴい。

だちの自殺を阻止する説得も、それまでに行ったさまざまな行動によって、会話や説得材料が変わります。

こういったとりかえしがつかない重要な分岐は、『HEAVY RAIN』などを彷彿とさせますが、何しろタイムリープネタなので、すごい物量。悪漢を死なせてしまう、悪漢にケガをさせる、悪漢から協力を受ける。どれも間違いにはならず、自分の選択としてストーリーが紡がれていきます。多くのジレンマを生む構造ですね。

そして章のクリアー後には、オンラインで、**ほかのプレイヤーがどの分岐を選んだのか、％で確認できるようになっています**。％が多いほど正解、というわけではないですが。むしろ、一般的な回答？　最後に、究極の選択があるのですが、**その確率がすっぱり二分されていたことに驚きました。**

なお、主人公の親友は"クロエ"。彼女は13歳のころに交通事故で父を亡くし、その結果不良になっているのですが、父が生きている未来もあります。その世界では、クロエは**とんでもないことに**……。

海外ドラマって、観るのがタイヘンです。エピソードが多くて時間がかかるので。だけど、**時間をかけるからこそ沸く感情もありますよね**。本作も、手間をかけて取り組むからこそ、湧き出る感情もあります。ここはぜひ、ゲームで味わってほしいところですね！

とんでもないことに
たとえば、メールに絵文字を使うようになる。説明は避けるが、性格が別人になっている。

『Life Is Strange(ライフ イズ ストレンジ)』

↑最後に訪れる究極の選択。わたしは迷うことなくあちらを選びましたが……!?

『Life Is Strange(ライフ イズ ストレンジ)』
プレイステーション4、プレイステーション3/スクウェア・エニックス/2016年3月3日発売

5つのエピソードから成るアドベンチャーゲーム。主人公マックスのタイムリープ能力を駆使しながら、親友クロエとともに失踪した同級生の行方を探るうちに、町全体で起きているとある事件に巻き込まれていく。

ふり返って思うこと

桜井　けっこうこういうタイプのゲームは増えている傾向ですね。中でも『Detroit: Become Human』の出来栄えが凄まじいですけれども。

——独特なゲームですよね。『Life Is Strange』は、周回プレイみたいなことはしましたか？

桜井　一応、選ばれなかった分岐を選んで、少しずつ展開を見るということはしましたよ。

——なるほど。ちなみに自分は、一般的に多く選択された分岐ばかり選んでいたみたいで……。

桜井　あっ、ふつうの人だ（笑）。自分はいろいろでしたね。やっぱり最後……どちらにするかですよね。

——ネタバレになるから何も書けないや（笑）。

そのころゲーム業界では
2016年4月6日：PS4のシステムソフトウェアがバージョンアップし、PCでのリモートプレイに対応。

2016.4.21 VOL.504 作ってみなけりゃわからない?

今回は、「ディレクター、あるいはゲームデザイナーは、**頭の中で完成像を持ってから企画を進めよう!**」という勧めです。

任天堂の岩田聡元社長が亡くなったのが、2015年7月11日。しかし同年6月末には、まだメールのやりとりをしていました。岩田さんとの最後のメールになりましたが、その中の文章をごく一部、抜粋させていただきます。

＊　＊　＊

> 桜井さんの「先に頭の中で完成イメージの映像が動かせてしまう」能力はかなり特別です。というか、ゲーム業界の中で、この点、桜井さんは希有な存在なんだと思います。

＊　＊　＊

岩田さんは、世辞をほとんど言いません。しかし、物事の本質を誰にでもわかりやすく伝えることは抜群でした。逆から本題に入りますが、ゲーム制作前、**制作前から完成のイメージをしっかりつかむことは、容易ならざることだと見るべきでしょうね**。いままで数百、あるいは数千の開発者とつきあってこられた岩田さんの実感に裏付けられた、事実があります。

とは言えわたしは、ゲームの企画者が最初からよく考えておくことは当然、ふつうだと思っています。でないと、後で試行錯誤の労力がかかり、チームに負担がかかります。コストがかさみ、完成が遠のき、いいことありませんから。わたしの企画は、企画書に書いてあることがおおむねそのまま製品化されており、ブレが少ないことは、このコラムや単行本で公開されているとおりです。開発時に**苦戦や仕様変更**がないという意味ではありませんが、遊びの多くは最初に決めたことから外しません。

いち開発者として、うまくまとまらず、発売されなかった他チームの企画を目の当たりにすることもありますが、**「まずは作ってから様子を見よう」ということを免罪符にしすぎなのかもしれません**。作ってはみたけれど、思ったよりもおもしろくならない場合。ルールを変えたり、異なる操作形態にしたり、駆け引きの本質を曲げたりと。迷走が先か、改訂が先かはわかりませんが、過ぎた試行錯誤は健康ではないように思えます。時間がたっぷりあるなら練り込むのもよいですが、たいていの場合はそんなこともないでしょうし。

岩田さんが残した言葉のひとつに、**「プログラマーは"できない"と言わない」**というのがあります。ただ、この言葉はひとり歩きしては困ります。実際はできないこともあるし、企画側もそれを察するべき。できないことがある場合、互いに代替案を出し続けるべきです。

苦戦や仕様変更
間に合わなくてカットになったため、企画書に書いてあるけど実装されていない仕様も少なくない。

『桜井政博のゲームを作って思うこと2』

← コラム単行本の巻頭特集に、いろいろな企画書などを公開してきました。

ただ、プログラマーが先の姿勢ならば、**「ゲームデザイナーは"作ってみてから考えよう"と言わない」**ということもまた真だと思います。細かいゲームバランスなどはある程度作った後で調整するしかありませんが、ゲームデザインの大筋に後から何かを加えようとすると、いびつなものになりがちです。

もちろんグラフィックデザインやプログラム、あるいはまったく違うものを作る際にも似たようなことは言えると思えます。ゲームに限らず、最初の設計図を書く方は、目的をしっかり考えて、キメキメでいってみましょう！

ただし、ここまで書いておいて何ですが、例外もアリ。**ディレクターは曖昧でも**、チームの化学反応や底力に期待する手法もあります。クラッシュ＆ビルドが合うチームもあるかと。正解はないので、チームそれぞれでよいでしょう。

そうでなくても、理屈っぽいコンピューターを相手にすること。**状況に応じて柔軟に！　でも目指すべき道を見失わない！**ということでいかがでしょうか。

←ゲームを完成させるだけでも難しいこと。発表されず闇に消えるものも……。

ディレクターは曖昧でも

天才型、天然型ディレクターや、チームの底力が高い水準である場合、好き勝手したほうが上手くいく場合もある。

目的をしっかり考え、キメキメで

VOL.487の読者からの質問、「コミュニケーションで気をつけていることは？」に対し、結論から先に話す、迷わず一貫性のある指定をするなど、「なるべく多くの要素が簡潔に伝わることを目指す」と述べている。

ふり返って思うこと

――キャリアのあるクリエイターさんたちに取材をしていて、「作ってみたらおもしろかったから、これを伸ばそう」となったという話もちらほら聞きまして。最初から明確なゴールに向かって導く桜井さんのゲーム制作は、本当に少数派なのだろうなと思いました。

桜井　たしかに、自分と同じタイプは見ないですね。基本的にはスタッフが作ったものを筋道に寄せる力が働くわけですから、そのぶん監修はきびしくなります。でも、スタッフの提案がよりおもしろかったら採用するようなこともあります。

――筋道を外れたらアウト、ではないと。

桜井　頭が固いように誤解されがちですが、「こうじゃなきゃダメ」と言っているのではなくて。完成に向かって破綻がなければ、それでいいと思っています。

そのころゲーム業界では

2016年4月27日：任天堂が新規ハードNX(Nintendo Switchの開発コード名)の発売予定時期を2017年3月と公表。

2016.5.12 VOL. 505

事実はそう単純ではない

以前のコラムで少し書きましたが、かつて『MOTHER2』の発売が遅れたのは、ゲームデザインを手掛けた糸井重里さんが徳川埋蔵金を掘っていたからではありません‼ 1993年ごろ『MOTHER2』の発売が遅れに遅れていたのは、**作り直しをしていたから**。いまではよく知られていることです。しかし当時は、糸井さんが徳川埋蔵金を追っていたことが知られていたため、事実と異なるひもづけで勝手にご立腹のファンが多かったということです。**Aという事実があり、Bということを知っている。ただそれだけで、「AはBのせい」と短絡的に結びつけられてしまうわけです。**

これはしかたがないことだと思います。人は、自分が見える、知っている範囲でしか物事を判断できないものなので。しかしネットなども、とくに自分が好きなものを見ている場合、見える範囲は狭いもの。あんまりヒートアップしないほうがいいと思いますね。

わたしのところにも、短絡的な勘ぐりは来ます。たとえば……。

● **「『スマブラfor』のパッケージ絵には、カービィやピットが入ってる。自分の作品ばっかり！」**

➡ キャラクター構成を決めたのは、任天堂の人なのですが……。

● **「○○が強いのは、自分が好きなキャラをひいきしてるんだろう！」**

➡ 対戦**モニターなどの戦績**や調査をもとに調整しているだけです。

● **「カービィ系のステージは、自分が手掛けた作品ばかり！」**

➡ 企画当初は『毛糸のカービィ』ステージを作る予定でした。しかし『ヨッシー ウールワールド』が発表されたことで構成が変わり、『星のカービィ ウルトラスーパーデラックス』と兼ねる"洞窟大作戦"ステージにしました。

● **「『エムブレム』枠が多いのは、個人的に好きだからなんだろう！」**

➡ わたしも多めだとは思っていますが、任天堂と戦略的に決められたことです。

と、**わたしが格別に肩入れしていることを疑うものが多いですね。**でもわたしはファンの立場ではないですから。どのキャラが勝っても負けても、すべて自分が手掛けているものだから、結果的には同じ。実際には作れるだけでも、たいへんかつラッキーなことです。

ものを作ったり人前に出たり、名前が知れている人は必ずと言っていいほど、大なり小なり誤解や曲解、勘ぐりや誹謗中傷を受けます。それに対して、どうするのか？ 困る誤解にひとつひとつ説明し、是正していかないと、楽しく遊んでいる人の阻害にもなる、という意見をうかがったこともありま

モニターなどの戦績
オンライン戦績も含め、言うほどの偏差もない。キャラの強さは主観的なものだが、勘ぐりはとくに強いバイアスとなる。

← 洞窟大作戦ステージは、広さと特殊ルールを兼ねる独特のものになりました。

『大乱闘スマッシュブラザーズ for Wii U』

す。しかしそういった**曲解に対し、わたしはふだん、何もしません。**好きにしてもらうしかないと思います。ひとつひとつには言えることがあるし、コラムやTwitterなどで抗議してもいいのですが、**どのようにしても聞かない人は聞きません。**作り手が弁解を重ねるのも気持ちがいいものではないと思います。けっきょく、作ったものだけが残るのだと思いますしね。

しかしそれにより、曲解が雪だるま式に膨れあがり、**わたし自身もスタッフや知人も知らないような"わたしの像"ができているように思えることもあります。**作ったソフトの対象年齢的に子どもも多いからか、陰謀論も出がちですが、事実はそんなに単純でも、

→ 3DS版のゲームボーイステージも、『マリオランド』にする予定が変わりました。

『大乱闘スマッシュブラザーズ for 3DS』（上画面）

悪気があるものでもないと思いますよ。

ところで。わたしもごくまれに、Twitterでブロックやミュートをすることがあります。判断基準は、ツイート内容には関係なく、「度を超えて失礼かどうか」の一点だけです。**礼は人とのつながりだから、それを最初から拒否している人とは、以後接点を持つ必要がないと思っています。**これは、意見に耳を傾ける以前の問題ですね。

> **わたしの像**
> 芸能人などは、もっと気の毒に感じることもある。

徳川埋蔵金

赤城山に埋められたと伝えられる徳川幕府の御用金360万両（約3600億円）。歴史的な価値はそれ以上）のこと。バラエティ番組『ギミア・ぶれいく』にて、糸井重里氏を中心とした発掘プロジェクトチームが結成され、話題になった。

『洞窟大作戦』

スーパーファミコン用ソフト『星のカービィ スーパーデラックス』に収録。広い洞窟内を探索し、おたからを回収するアクションゲーム。本文中の『星のカービィ ウルトラスーパーデラックス』は、ニンテンドー3DSでのリメイク版。

『星のカービィ スーパーデラックス』

ふり返って思うこと

桜井 なんと言いますか、痛くもない腹を探られるのは、やっぱりイヤなものですね。

── 『スマブラSP』でも、『灯火の星』を逆に読むと『星のカービィ』になるといった、公式の発言ではないものがSNSで多く拡散されていましたね。

桜井 それは夢があるからよくて。この回で書いたことなどは、迷惑なんです……。自分の場合、ちょっと人よりゲームが作れるというだけであって、言われないことを受け入れる筋合いはないはずなんです。だから、ヘンな誹謗中傷に対するケアまでする必要はないとは思っているんですけど。

── そういうときには、えてしてプロデューサーの方などが矢面に立ったりしていますね。

桜井 "事実はそう単純ではない"んですよ、本当に。

そのころゲーム業界では

2016年5月3日：『刀剣乱舞-ONLINE-』を原作にした、"舞台『刀剣乱舞』虚伝 燃ゆる本能寺"が上演。

非同期型通信と完全同期型通信

2016.5.26 ▼ 2016.6.9
VOL. 506-507

MORPG
マルチプレイヤーオンラインRPG。限られた複数人でパーティを組むようなRPG。対してMMORPGは、サーバを介してひとつのマップに多人数が介在するものを指す。

FPSやTPS、レースやMORPGを含む、ほとんどの3D系ネット協力・対戦ゲームは前者。多くの対戦格闘系ゲームや2D系対戦アクション、場合によってRTSなどは後者。わたしが手掛けた中では、『新・パルテナ』は前者、『スマブラ』は後者ということになりますね。……何のことだかわかりますか？ 今回は通信対戦ゲームにおける対照的な仕組み、**非同期型通信**と**完全同期型通信**を解説したいと思います。とても語り尽くせないですが、なるべく専門用語を使わないようにがんばります。

オンラインゲームでは、必ず遅延（ラグ）や喪失（ロス）が起こります。つまり、自分や相手のデータが遅れたり届かなかったりして、タイミングは不安定。これは、**コントローラの入力が途切れ途切れなのと同じなので、このままではゲームが成立しません**。そこで、さまざまな工夫がなされています。

非同期型通信というのは、どんなに遅延や喪失があっても、とりあえずゲームを動かす方式。対する**完全同期型通信は、対戦者全員の情報がしっかり揃うまでゲームの処理を先に進めない方式**です。

現在の対戦ゲームでは多数派である、**非同期型通信**から解説します。これは、自分と相手が異なる画面を見ている作品であることが大前提。しかし3Dゲームなら、だいたい当てはまります。とにかく**自分のキャラクターに遅延などなく、スムーズに動かせることが強み**です。これはストレスを感じにくいし、安定して遊べます。ただ、**自分の位置と相手の位置は、かなりズレていることが多い**です。自分の画面しか出ていないので、ごまかせるというわけです。相手に攻撃が当たってもヒット扱いにならなかったり、相手がワープすることもありますね。同じ非同期型でも、ゲームによって仕組みが大きく異なります。サーバとの接続方法や座標の計算のしかた、状態の受け渡しなど。

『新・パルテナ』の場合。ゲームデザイン的に、誘導性を持つ弾丸が相手に向かって飛んでいくのですが、攻撃側

『新・光神話 パルテナの鏡』
プレイヤー1の画面 / プレイヤー2の画面

← ネットを介した非同期型通信のゲームを並べると、相手画面の自キャラが驚くほど遅れて動くのがわかります。

が弾を発射したときから、**さまざまな処理は攻撃側の手を離れ、狙われた相手の3DSにゆだねられます**。そのときに狙われた側の3DSで弾の誘導計算をし、回避などができずにヒットすると、全員の3DSに「やられた」情報を返し、リアクションを取らせます。反面、**接近戦である打撃は攻撃側の3DSが判定していました**。詳しくはいろいろありますが、完全同期型に近づけることで、スピード感を保ちつつ、ある程度の遅延を許せる仕組みになっています。

『ディシディア ファイナルファンタジー』アーケード版での近接攻撃は、わりと重め、ゆっくりめな印象を受けました。これは、**地域が離れたゲームセンター間での通信対戦を考慮した結果**だそうです。攻撃発動から判定が出るまでの時間で、遅延を吸収している仕組みの作品も多くあります。

どちらにせよ、通信するパケットの量や処理を極力減らす必要があるので、弾や座標をひとつひとつ、常時通信するようなことはできません。移動なども、相手の座標と状態が定期的に送られてくるような感じに近いです。この場合、途切れ途切れに把握できた点と点を補完し、なめらかに動くように見せかけていますが、実際にはかなり遅れており、それでも自分には違和感がないようにしています。

接近戦
『新・パルテナ』は、攻撃ボタンを押すと射撃をするが、相手に近いと斬撃、打撃をくり出せる。簡単操作でスピーディー。

『モンスターハンタークロス』

↑ひとりでにふっとぶ小型モンスターを見た人は多いのでは。ゲームとして大きな問題がなければ、割り切りが必要です。

🔴 データの遅延や喪失が起きるわけ

データは送信される際に、パケットという単位に分割され、それぞれインターネットの中で空いているルートを通って相手に届く。そのとき、どこかで詰まったり、届かなかったりすると、データの遅延や喪失が起こる。

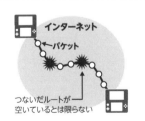

🔴 『ディシディア ファイナルファンタジー』
アーケード/スクウェア・エニックス/稼働中

『ファイナルファンタジー』シリーズの人気キャラクターたちを操作して戦う、対戦アクションゲームのアーケード版。ほかの筐体や店舗のプレイヤーとマッチングし、3対3でチームバトルが楽しめるのが大きな特徴。

次ページへ続く

そのころゲーム業界では
2016年6月2日：2016年11月18日発売の『ポケットモンスター サン・ムーン』に登場する伝説のポケモンが公開され話題に。

VOL. 506-507 非同期型通信と完全同期型通信

つぎに**完全同期型通信**。これは対戦格闘など、全プレイヤーの絵が同一で、正確さを求めるゲームにはうってつけです。仕組みは非同期型より単純で、**相手のコントローラの入力データのみを送り続けることが多いですね**。つまり小細工なしで、ふつうにゲームを処理します。

ただし遅延などがあると、ゲームが一瞬止まります。遅延はつねに起こるので、いちいちピタピタ止まります。このピタ止まりを避けるため、いくばくかの時間的余裕(バッファ)を持たせ、ラグとは別に遅らせているものが多いです。このバッファは通信の度合いを計測しながら動的に変えますが、結果、どうしても操作感が落ちますね。バッファを小さくすればするほど操作感は直接的になるけれど、遅延には弱くなります。**完全同期型は非同期型より、通信精度によりシビアな環境を求められます。**

しかし、たとえば『スマブラ』の対戦環境は過酷です。Wii Uは、標準で**有線LAN端子**を備えておらず、3DSはWi-Fi前提。なまじ非同期型のゲームが問題なく動いてしまうだけに、重い環境で接続されることもあります。たとえば、ケータイのテザリングとか。また4人対戦なら、自分と3人分のデータが回ってこなければ先に進めません。8人対戦など、インフラが整ったとしても遠き夢ですね。

では「『スマブラ』も非同期型にしては?」と思われるかもしれません。念のために実験をしたこともありましたが、やはり論外でした。殴られてもいないのにふっとんだり、アイテムがまったく異なるところに出ていたり。これではゲームになりません。

1画面に全員が入っており、ごまかしが利かない対戦ゲームであれば、デメリットを飲んでも完全同期型にさせる必要があります。これは、現状どうしてもそうするべきかと。

完全同期型の問題をなるべく軽減させるため、『スマブラ』のマッチングは、**物理的により近くのプレイヤーどうしをつなげようとします。**物理的にというのは、純粋に家と家との距離が近いということです。よく誤解されますが、国別設定はなくとも、北米などとつなげることはほぼありません。距離は通信の精度に大きく影響するので、ネットの経由ルートを踏まえた距離によって制限しています。

仮に通信が光の速さを持ち得たうえ、日本からニューヨークまで地表を最短でつなぐ線だとしても、2フレームとちょっとかかります。端数は切り

有線LAN
無線通信よりも物理的に安定するので、率先して使ってほしいが、Wii UもSwitchも専用アダプターが必要。

『大乱闘スマッシュブラザーズ for Wii U』

←速度感が速くなるほど、即応性などに対する違和感が大きくなっていくのも問題です。

捨てられないとしたら、往復で6フレーム。これに、現実的な処理時間や経路なども加えると……？　格闘ゲームに詳しい方なら、話にならない遅延が生じるのは想像できますよね。非同期型ならゲームにできても、完全同期型、まして多人数では破綻します。

ところが、物理的な距離で絞ると、**とくに過疎地や空いている時間帯でなかなかマッチングできなくなります。**『ストリートファイターV』において、初心者状態でかなり強めの相手に当たったこともありました。これは恐らく、そのときに適切な相手がいなかったから。

『スマブラ』でも、Wii Uと3DSで分別／異なる対戦ルールがある／じつは強さを見て仕分けしていると、フィルター要素がけっこうあり、さらに距離で絞るから非常にたいへんです。**非同期型なら問題なくても、完全同期型はよりシビアなので、仕様の選択幅はグッと狭いのです。**

……ページが尽きてしまいました。ほかにも書くべきことが多々あるのですが、またの機会があれば！

過疎地
たとえばユーラシアなど、広大な地域で低めの人口密度のところ。日本ではおおむねどこも問題ない。

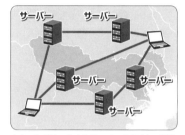

↑ネットでは、多くのサーバーを経由して操作情報が伝わるので、いつも最短距離でつなげられるわけではありません。

『スマブラ』における強さの格付け
『スマブラ for』は、全国ランキングなどを排除しているが、内部的には強さや対戦経験の指標になる数値があり、なるべく近い相手とマッチングしようとする。しかし、本文中の問題などで、必ずしも都合よくマッチングできるとは限らない。

マッチング
対戦する誰かと誰かを引き合わせること。とくに完全同期型のゲームでは、マッチングサーバーで対戦設定した後は、プレイヤーどうしを直接つないで対戦進行する場合が多い。サーバー接続までの経路が互いに良好でも、対戦者同士をつなげたときの経路が悪く、処理が重くなることもある。

『ストリートファイターV』

ふり返って思うこと

桜井　技術的なことですが、オンラインプレイをする人にはぜひ知っておいてほしい話です。ディレクターも開発関係者も、非同期型と完全同期型のメリットとデメリットを把握しており、それで仕様が決まり、いつも苦心しています。これは、『スマブラ』が背負う大きなハンデのひとつなんですよね。4人対戦はバケツリレーですが、これも完全同期型でやることになります。だから近い人どうしを結ぶわけで。非同期型にできれば、さまざまな問題を一気に解決できるのですが、できないことはできない……。
――悔しい負けかたをしたときに、「コイツ、どこにいやがる？」と、あたりを見回しましたけどね（笑）。
桜井　「もしや3軒先？　いや、隣りか？」って、そんなに近いわけではないですよ（笑）。

そのころゲーム業界では
2016年6月14日：『バイオハザード7 レジデント イービル』の発売日（2017年1月26日）告知とともに、体験版を配信。

その作品だけが持つ美点

2016.6.23 VOL.508

ゲームのレビューは多々あれど、**遊び手としてのわたしは、誰かのレビューを参考にして作品を敬遠したりしません**。そのソフトだけが持つよいところは、数字や感想に表れ難いものなので。レビューは各個人が思った真実であり、自由な感想。披露はおおいに結構です。**しかし、評点などで判断すると、美点を見失ってしまうことが多いと思っています**。とくにユーザーレビューは、好きで買った人が書いています。わざわざレビューを書くのは、何か言いたいことがあるから。ときには気に入らない点を並べ、過剰に責め立てる論調で、必要以上に評点を落とすことがあります。

そういった傾向はゲームに限らず、映画なども行き過ぎている場合があります。たとえば、アクション映画を観て楽しみ、その後そのレビューを読んだとき。ストーリーがないからダメ、とされていることはよくあります。いや、わたしはアクション映画にストーリーなど求めないし！ 場合によっては蛇足だとさえ思います。お話を求めるなら、サスペンスやヒューマンドラマでも観ますしね。アクション映画は、カッコよかったり、爽快だったり、すさまじい戦闘やチェイスが大画面で楽しめればそれで十分おもしろいです。しかし、カッケェー‼ とか言っても頭悪そうなだけだし、**爽快とかスリルとか、理屈ではない感覚に基づく言葉を並べたところで、レビューは成り立ちにくいものです**。

コラム500回記念放送で、『ジャストコーズ3』をプレイしました。これも、レビューの総計がものすごく高いわけではありません。前作にあったローリングがないとか、カバーがないとか。ゆえに撃ち合いが単調だとか、チャレンジが苦痛だとかそういう理由で。しかし、『ジャストコーズ3』の本質って、そこではないでしょう。ワイヤーとパラシュートとウイングスーツを駆使して空を自由に飛ぶ気持ちよさ！ 滑空を上手に使い、高さを速度に変え、空気をものにしているこの感触。気持ちよくって、何時間でも飛んでいられますね。**これは、前作『2』も含め、ほかのソフトではまず味わえない美点です**。ほかにこういった楽しみが持てうるゲームがあったら、ぜひ教えてほしいとさえ思います。撃ち合いも、正面からただ撃つだけではなくて、立体的な幅のある攻略ができます。放送ではあえて銃器を使わず、ワイヤーと設置爆弾のみで基地攻略をする縛りプレイをしましたが、こういった自由度も魅力だと感じました。

わたしがレビューや評点を鵜呑みにしていたら、この楽しみを知らないままだったかもしれません。それは、あまりにもったいない。思ったことを述べるとき、欠点を並べるのは衝動が生

美点
美点があれば、欠点なんて！ ……と思うのだけど、逆の考えかたをする人も多い。

『ジャストコーズ3』
ああ、気持ちいい……‼ ほかにない魅力があるって、とてもスゴいことです。

まれやすいし、カンタンなのですよ。だけど、カッコいいとか、気持ちいいとか、スリルがあるとか、そういった感覚に基づくものは、**文字通り言葉に表せないようなものです。ひと言で終わったり、うまく表現しても受け取ることが難しかったり。**

どんなレビューも、その人にとっては正しいこと。レビューが存在すること自体はよいと思います。だけど、わたしはあまり当てにしません。自分の好みくらい自分でわかる！　というのもありますが、**そのソフトしか持っていない美点を見つけることが、多くプレイする理由のひとつですので。** そのためには個人的に**好みではないソフト**

→ワイヤーで敵のヘリを目標物にぶつけるなど、銃器を使わないプレイをしました。

コラム500回放送のワンシーン

も、プレイしますよ。でも、人の感想には興味があります。どこで感動できるのかもその人の感性次第なので、着眼点が光るレビューを見て、目が覚める思いをすることはありますね。

すべては、楽しみのために。

> **好みではないソフト**
> どうしてもガマンできずにやめることもあるが、それでもやらないで判断するよりはマシ。

『ジャストコーズ3』
プレイステーション4、Xbox One、PC/スクウェア・エニックス/1月21日発売

独裁政権に支配された広大な島が舞台の、オープンワールドのアクションゲーム。点在する軍事基地などを破壊し、政権を崩壊させるのが目的。さまざまな武器を自在に操って陸海空を飛び回り、破壊行動を楽しみ尽くす。

コラム500回記念放送でプレイしたソフト（『ジャストコーズ3』以外）

『Fallout4』
プレイステーション4、Xbox One、PC/ベセスダ・ソフトワークス/2015年12月17日発売

『ダライアスバースト クロニクルセイバーズ』
プレイステーションVita、プレイステーション4、PC/KADOKAWA GAMES/2016年1月14日発売

『ドラゴンクエストビルダーズ アレフガルドを復活せよ』
プレイステーションVita、プレイステーション4、プレイステーション3/スクウェア・エニックス/2016年1月28日発売

『Minecraft：PlayStation3 Edition』
プレイステーション3/Mojamg AB/2014年6月24日発売

『進撃の巨人』
プレイステーションVita、プレイステーション4、プレイステーション3/コーエーテクモゲームス/2016年2月18日発売

ふり返って思うこと

桜井　ゲームのよさや楽しさを見つけることに対して、皆さんにもっと敏感であってほしいんですね。「みんなが言ってました」で自分はやらずに終わってしまうことすら、多くあるくらいなので。

──「このゲームはおもしろいけど、ここだけは好きじゃない」と思うことはないんですか？

桜井　あったとしても、それが許せないことはないです。もしも自分が好きじゃなくても、ほかの人はそこが好きかもしれませんから。たとえば"ゲームが難しい"というのは、"緊張感があっておもしろい"ということの裏返しだったりもするじゃないですか。自分が嫌いだからと言ってその要素を抜いてしまうと、ゲーム自体がおもしろくなくなるということも、多くあることなんですよね。つねに裏腹かなと。

🌐 そのころゲーム業界では
2016年6月14日：E3 2016にて、小島秀夫監督の新作『DEATH STRANDING』のティザー映像公開。

ト書きがものを言う

2016.7.7 VOL.509

　ゲームでお話を語る手法はいっぱいありますよね。今回は、**進歩したゲームの台本は、セリフよりもト書きなどの重みがものを言うことになりそう**、という話題です。

　日本では、アニメにしてもゲームにしても、**状況をテキストで解説したり、セリフとして口にすることが比較的多い**ように思えます。たとえば『ドラクエ』の状況解説。「しかし 呪文はかき消された!!」、「返事がない ただのしかばねのようだ」、「＊いしのなかにいる＊」など。……最後は『ウィザードリィ』で有名なフレーズですけれども。

　少ないキャラクターや動きや絵で、テキストを使って状況を伝えること。そのテキストで情感をかもし出すこと。これは最近まで、伝統芸のように感じていました。系譜をたどれば、『ウィザードリィ』より前の、テーブルトークRPGなどでも重要な手法でしたね。

　テーブルトークRPGは、1970年代からある、コンピューターなどを使わないRPG。ゲームマスターが物語や状況を伝え、プレイヤーを演じる人々が行動や会話を口で伝えながら、サイコロを振って戦闘などを行うアナログの遊び。もちろんここでも、状況説明を雰囲気たっぷりに語ることはゲームのおもしろさに直結します。しかし当然、ゲームはどんどん進化しています。演出の手法も、ドラマや映画に寄ってきていますね。

　『アンチャーテッド 海賊王と最後の秘宝』。グラフィックはどこを取っても美しく、写真撮影モードでたくさん遊んでしまいますが、デモシーンの表現力も相当に優れています。脚本も演技も翻訳も、すばらしいですね！

　で、たとえばその中に、**それぞれの登場人物の感情は観ている側が察するようなところがいくつもあります**。サリーがネイトの肩に手を置く。ネイトが少し目をそらす。**そんな些細なしぐさから、そのキャラクターが心情や背景を雄弁に語りかけてくるわけです**。逆に、いちいち心情を暴露していては、そらぞらしさが漂うでしょう。

　シナリオを書く側からすると、そのときの映像を思い浮かべることは非常に大事なのですが、ゲームは特殊です。ゲーム内のキャラクターの寸劇となると、一般的な映像メディアと異なり、構図や配置がない場合もあります。シナリオが作られるより前に、ゲームの表現が最初から見えていたり、絵が最初から用意されているようなこともまれだと思います。

　で、たまにセリフと状況描写がかぶります。目の前に火が燃えていたとして、それは見ればすぐにわかるのに、「火が燃えているぞ！」とか。岩と横道があって「岩でふさがっていて先に進めないなあ。そうだ！　回り道をしよう！」とか。

＊いしのなかにいる＊
『ウィザードリィ』でテレポートに失敗すると出る。壁の中に現れ全員死亡、最悪の場合ロストもあるので、最高の絶望を呼ぶメッセージのひとつ。

『ドラゴンクエストヒーローズⅡ 双子の王と予言の終わり』

→「しかばねのようだ」と、あえてひらがな使いなのが情感たっぷりでよいですね！

ものにもよります。『逆転裁判』や『ダンガンロンパ』などのように、キャラの**立ち絵を切り替える**表現方法を主とする場合、カットの見た目でわかることは少ない。なので全部が全部というわけではありませんが、**ゲーム内の寸劇が凝ったものになるほど、セリフを抜くことが考えられます。**

そこで、ト書きが増えるわけです。『アンチャーテッド』は現場の演技指導が多いそうですが、通常台本のセリフ部分に表れない情報が大事です。

シナリオ制作側が「察して」で済むわけもなく、役者が勝手に演技してくれるわけもなく。「手を軽く上げた」、「草がまばらに生えている」など演技や状況そのものだけでなく、「裏切ったことにためらっている心情で」、「過去を思い出して悔やんでいる」など、見えないものも具体的にする必要があるのでしょう。監督や役者や制作者に心境などを伝えていくことは、より重要視されていくのでしょうね。

立ち絵を切り替える
立っているキャラが左右にいて、テキストとともにポーズと表情が入れ替わる。日本のソフトにもっとも多い手法。

『アンチャーテッド 海賊王と最後の秘宝』

↑これだけの演技はそうそうできません。顔の筋肉の動きひとつにも意味がある！

ト書き
台本などにおいて、セリフのあいだに俳優の動作を補足したり、照明や音楽などの演出効果を説明する文章のこと。歌舞伎の脚本で、「ト、フリ返り」など"ト"で始まる文章で書かれていたため、ト書きと呼ばれるようになった。

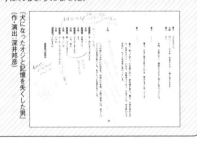

『アンチャーテッド』シリーズ
主人公ネイトが、ジャングルや遺跡など世界を股にかけて冒険する、傑作アクションアドベンチャー。文中の『アンチャーテッド 海賊王と最後の秘宝』は5月に発売された最新作。ほかに、スピンオフ1作を含む全5作品がある。

ふり返って思うこと

——『アンチャーテッド』の演技指導についてですが、脚本の読み合わせ後、演出指導を受けた役者の演技をキャプチャー、音声収録するのだそうです。その後アニメーターさんの手で表情やディテールを作成すると。だから、役者のアドリブをもとに、シナリオやアクションが変わる場合も多いのだそうです。

桜井 つまり、演技をそのままキャプチャしているということですか。そう考えると、日本はアフレコ文化ですね。もちろんまったく違う手法で制作している作品もあろうかと思いますが。

——それにしてもト書きは重要ですね。

桜井 ゲームをしていると、つい、このト書きはどう書かれているのかと想像してしまうんです……。

——それは職業病なのかもしれませんよ（笑）。

そのころゲーム業界では
2016年7月15日：世界最大級の対戦格闘ゲーム大会"EVO2016"が、アメリカ・ラスベガスで開催。

一点ものの重み

2016.7.21 VOL.510

コンピューターゲームは、ひたすらくり返す遊びです。これはもう、宿命であり必然です!! アクションゲームでもRPGでも同じ戦闘システムで何百、何千回と戦うし、アドベンチャーゲームは一部を除いてずっと同じシステムで物語が展開されます。その場限りの要素ばかりでゲームを作るのは現実的ではないので、同じ仕組みで何度も遊ばせつつ、ステージのギミックやお話の内容などの肉づけを変えて楽しませます。ときには稼がせ、競わせ、育てさせて。そしてゲームに飽きる前にエンディングなどの決着を迎えさせると。そういう背景から、作っている側の自分としては、**一点ものの要素について、その贅沢さをすごく敏感に感じ、楽しんでしまいます。**

『ストリートファイターV』に、"**ゼネラルストーリー**" というDLCが入ったのでプレイしました。こりゃあスゴい。凝っています。クリアーまで3時間程度のボリュームだけど、専用モーションで惜しげもなく寸劇を行い、新規ファイターも登場し、未配信DLCのファイターも使えます。背景や小物も、想像よりずっとちゃんと作られています。しかし、そのコストについて深々と考えてしまいました。

遊び手の消費時間における、作り手のコスト感で言うならば……。まずテキスト(文章のみ)はそれほどお金や手間がかかるものではありません。脚本を担当する人ひとりががんばれば済むことです。が、人物の立ち絵を起こそうとすればイラストレーターやプログラマーなどの仕事が必要。表情を変えたりロパクをさせるならその絵と設定データ、声を入れるなら会話分の数倍の準備や収録時間とデータの折り込みを要します。モデルを起こせばイラストの数倍〜数十倍の工数がかかります。モーションや周囲の小物を作ったり、ライティングを施したり、カメラワークや構図を検討したりと**凝れば凝るほど、関わる人や作業時間が飛躍的に増えていくわけです。**

だけどそれらは、それほどの"手間をかけた"ことを感じさせにくいですよね。正直、自然であるほど当たり前に見えてしまうし。こだわりの1カットを作っても、何十時間も遊ぶゲームの中では、数秒で通り過ぎてしまう。

海外のFPSなどでは、ひとりで遊ぶキャンペーンモードが省かれる傾向にあります。コストが膨大にかかるわりには、最後までプレイする人が少ないのだとか。**正直、すべてのカットを真面目に作るには工数がかかりすぎます。**費用対効果は立ち絵で済ませるほうがはるかに高いでしょう。だけど、**効率だけですべて判断されるゲーム業**

ゼネラルストーリー
発売当初、『ストV』は対戦などしかできなかった。これは後から無料で追加されたモード。

『ストリートファイターV』

↑専用モーションでバーディに差し出されるサンドイッチ。登場時間、わずか数秒。

界だったらイヤですね。丁寧に作り込んだビジュアルシーンだからこそ生まれる感情や、残る記憶もあるわけで。

わたしは、「スケースゲー」言いながら楽しんでいますけどね。なんという**贅沢品**なのかと、幸せを噛みしめながら。だけどそれは、一般的なユーザーと感覚が違うと自覚しているところでもあります。**制作事情を知っているから、そして多くの人の手から物が生まれることの難しさを知っているからこそ圧倒されるわけで、遊び手には関係ないことですからね。**

当たり前のようで組織的な思い切りが必要な、達成しがたい要素。デモシーンに限らず、一点ものの費用対効果はいつも頭を悩ませるし、重いものです。**手をかけて作ったひとつの要素が、どれだけ効果的に人を楽しませるのか。**いつも考えてしまいます。これは貧乏性なのでしょうか……。

> **贅沢品**
> コストをかけても、勝手に映像配信されては意味がなく、録画禁止にしているものも多いが、効果は高くない。

「ベヨネッタ」

↑ポージングはされているけれど動きがない会話のカット。そりゃ動いたほうがいいけれど、費用対効果は抜群です。

◉『ストリートファイターV』のゼネラルストーリー

『ストリートファイターⅣ』と『ストリートファイターⅢ』のあいだに起きた、秘密結社シャドルーとの闘いが描かれるストーリーモード。対戦モードでは見られないファイターたちの性格や表情が、存分に表現されている。

『ストリートファイターV』

◉キャンペーンモード

マルチプレイモードの対となる、ひとり用モードのこと。海外のFPSやTPSによく搭載されており、ストーリーに沿ってステージやミッションを進めていくタイプが多い。日本のゲームにおける"ストーリーモード"に近い。

『DOOM(ドゥーム)』のシングルキャンペーンモード

ふり返って思うこと

——桜井さんのゲームで言うと、『スマブラX』の『亜空の使者』のムービーなどが一点ものですか。

桜井 たしかにそうですね。わたしは一点ものをなるべく避けたいですが、あのムービーは観てしまえば終わりですからね。最近は、そういうものは商売になりにくいと思っていて……。

——ムービーはすぐ配信されちゃいますから。

桜井 遊んでくれた人へのご褒美であってほしいとは思いますが、なかなか難しいですね。だから、ストーリー主導のゲームを作っている人たちって、本当にたいへん苦労をされていると思います。

——桜井さんが関わった作品でストーリー主導なのは、『新・パルテナ』ぐらいですね。

桜井 そうです。あまり多くはないんですよね。

🌐 そのころゲーム業界では
2016年7月22日：スマホアプリ『Pokémon GO』配信。政府や自治体を巻き込み世界的な社会現象を起こす。

GO！ ポケモンGO!!

ポケストップ
地図の特定の場所に配置されており、フォトディスクをくるくる回すと道具やXPが得られる。サービス開始当初、位置情報ゲーム『Ingress』における"ポータル"の位置をもとに配置された。

コラム仲間の吉田さん、小高さんとの鼎談企画の収録時に、**わたしのコラムだけ締切が1週間も早いということが発覚!!** 新鮮なネタを出すのはきびしいですが、がんばります。

これを書いている現在、**"ZERO LATENCY VR"、"ドラゴンクエスト ライブスペクタクルツアー"、"LEVEL5 VISION 2016 -NEW HEROES-"** など、いろいろ感心した催しがあったのですが、なんと言ってもこれを取り上げざるを得ません。『**ポケモン GO**』！ 配信から1週間と少し経ったところですが、**日本全国、いや世界中で大旋風が起こっています。**

地方格差が大きく、プレイする場所によっては感想がぜんぜん違う可能性もあります。が、**東京23区内にいるわたしの体感としては、道を歩けばすぐにプレイヤーとおぼしき人がいる印象です。** 人が集まるような場所では、老若男女問わず、とても多くの人がスマホの画面を見つめています。全部が全部トレーナーではないかもしれないけど、相当に多くの人がポケモンを捕まえていることは明らか。

昼夜を問わず！ 大通りか路地裏かも関係なく！ どこもかしこも。休日の行楽地などでは、家族連れやカップルで『ポケモン GO』を楽しんでいる人を多く見かけます。各地の**ポケストップ**では花びらが舞いまくり。大手新聞サイトやニュースでは、連日のように人々の熱気や施設の対応が報道されています。まさに社会現象！

わたしの個人的な環境下では、**なんと家の中からポケストップにアクセスできる好環境です。しかも、部屋の隅に行けばもうふたつにギリギリ届く！** ポケストップというのは、道具を補給できるスタンドのようなものです。マップ上の配置は位置情報ゲーム『Ingress』から転用しており、かつて誰かが申請した特徴的な場所が用いられています。先ほどの"花びら"というのは、ポケモンを引きよせる道具"ルアーモジュール"を使った証。30分間有効です。

好環境のおかげで道具には困らない！ しかしトレーナーレベル21になり、出現ポケモンが強くなってくると、なかなか捕まらなくてモンスターボールの消費がかさみます。

LEVEL5 VISIONのとき、ディズニーランドがある舞浜でポケモンを捕獲していたら、あまり見ないものが。ポッポやコラッタの代わりに、ビリリダマやコイルが出現し、ニャースやプリンも大量。出現傾向は日々変わるのだろうけど、地域で変化があるのは、外に出かける動機になっていいですね。

ハナシを戻しますと……。**いままで、世界でこんなに多くの人が同じゲームをしていたことがあっただろうか!!** と思いますね。わたしが知る限り、ありません。圧倒的な普及度で、すばら

←とある週日、都内公園にて。すさまじくたくさんのトレーナーがいます。

しいです。あまりインドアではない、外に出てこその内容なので、外で見かける頻度がより高いというのはあるでしょう。しかし、**まったくゲームをやらなそうな人がこぞってプレイしているのを見るのは、感動的でもありますよ**。ゲームを超えたムーブメントがあります。

ところで、『ポケモン GO』はそもそもゲームなのか、という議論もあります。ただひたすら<u>ポケモンを捕まえるだけ</u>。そこに駆け引きめいたものはあるのかと。でも、そんな言いかたをしたら、多くのゲームは"撃つだけ"、"殴るだけ"、"育てるだけ"になりますよ。

こういったゲームはカジュアルであるべきだと思います。じつはハードではないだろうかと想像もしますが、**やさしい操作やシンプルな内容も、広く受け入れられるための条件なのでしょうね**。事実、多くの人が楽しんでいますから。

ポケモンを捕まえるだけ

リリース当時はそうだったが、いまはレイドバトルやトレーナーバトルなど、多彩に楽しめる。

『ポケモン GO』
※ゲーム画面は連載当時のものです。

←コラム鼎談でも、「ゲーム性を強めるほどカジュアル層を失う」危険の話をしました。

● ZERO LATENCY VR

お台場の東京ジョイポリス内にある、オーストラリア開発のVR施設。PCを背負い、キャプチャー技術を使うことで、自由空間＆共闘でのVR体験が可能。

● ドラゴンクエスト ライブスペクタクルツアー

『ドラゴンクエスト』誕生30周年を記念して開催されたライブエンターテイメント。『DQ Ⅲ』をベースに、ゲストの仲間を含む勇者たちが魔王ゾーマに挑む。

● LEVEL5 VISION 2016 -NEW HEROES-

レベルファイブの新作発表会。『妖怪ウォッチ』など人気シリーズの今後の展開を始め、『メガトン級ムサシ』、『オトメ勇者』といったタイトルが公開された。

ふり返って思うこと

――このころ夏休み企画として、週刊ファミ通に連載を持つ『FFXIV』の吉田直樹さん、『ダンガンロンパ』の小高和剛さん（2017年1月まで連載）とコラボしたんですよね。お三方にとっていい刺激になればと思っていたら、桜井さんのコラムだけ締切が早いという話題が出てしまって（苦笑）。これには、そうせざるをえない編集の事情があってですね。もっとも適切なタイミングではあるんですが……。

桜井 それにしても早すぎませんか？ せめて木曜発売のソフトの話を、鮮度が落ちないうちに書いて読者の方にお届けしたいんですが。

――ごもっとも、ごもっともです……。

そのころゲーム業界では
2016年8月3日：映画『シン・ゴジラ』とPS VRがコラボしたスペシャルデモコンテンツを発表。樋口真嗣監督が登壇。

機会は公平に

2016.9.8
VOL. 512

コンボ
攻撃からつぎの攻撃につなげること。『スマブラ』では蓄積ダメージやヒットストップずらしなどのシステム上、確実に決められるような長いコンボはほぼない。

　海外の大会でよく採用されるタイトルのひとつに、『MARVEL VS. CAPCOM 3』があります。このゲームの上級者対戦を見ていると、**コンボによるK.O.確定が多い**のですね。1回のヒットから何十コンボもつながり、体力満タンの状態からでも為す術なくやられることも多々あるという。コンボを食らう側を想像し、これでおもしろいのか？ 理不尽ではないのか？ とも考えたのですが、思えば単純なことでした。確かに対戦は成立しています。

　ところで、ゲームを作っていると、一部のユーザーの要求があまりにも高くて悩むときがあります。『スマブラ』を例にすると、ひとりのファイターのひとつのワザ、たとえば下強攻撃が強いから直せ、と来るわけです。たぶん、しつこく食らって抜け出せないとか、自分が攻める苦労に見合わないとか、そんな理由が多いことでしょう。しかし『スマブラ』の制作規模なら、ひとつのワザが占める割合は全体の何万分の1程度にすぎません。難しいコラボや技術的なハードルを乗り越えてきたことは何とも思われず、ごく微量の要素を主観に基づいて許せないという。これはなかなか報われないですね。一般的な学業や仕事に当てはめたら、とんでもない低効率であることがよくわかるかもしれません。

　いや、**個人的にはそういったユーザーの声をないがしろにできないからこそ、悩ましいのですけどね**。どんなバイアスがかかろうとも、その人にとっては自分が感じたことがすべて。ただ、どれだけ多くの人が言っているように見えても正しいとは限りません。調整の声が大きいな、と思って要望を満たしたものでも、さらに多くの人からの不満が出たりもしました。要は、ユーザー数が多い。満足している人は声を上げない。大きな声に感じていても、全体の比率の中ではかなり小さい、偏ったものであることがほとんどです。強いワザは攻略対象で、個性です。が、攻略の山を越えられない人からは不満が出る。越えている人にとっては、なんてことない。なので感じかたは違う。だから、考えすぎてもどうにもならないことのひとつと言えます。

　そこで冒頭に挙げた『MARVEL VS. CAPCOM 3』を思うわけです。瞬殺オーケーでありながらも、大会で受け入れられるのはなぜか。視点を引けば、**これはこれで公平だからなのだろう**と思います。対戦者は、**同じファイターの組み合わせで同じことができる自由が与えられています**。強いワザや連携があるのなら、それでズルいとさえ思うのなら、その強いワザを自由に使って勝てばいい。相手も同じことをして

『MARVEL VS. CAPCOM 3』
↑海外大会の定番タイトルのひとつ。大量のコンボがワイルドです。

いいのだから、コンボ開始の一撃を食らうのは技量の差だし、そこから連続ヒットできるか否かについても高い技術を問われます。上級者対戦を見たところ、キャラクターが極端に偏っていることもないので、選択の自由がある限りは公平です。

もちろん、キャラや戦法が偏り過ぎるのは問題があるかもしれません。また、いわゆる"ハメ"があれば別の次元の話になるかも。しかし、**世界的な対戦大会で使われるゲームは、まず同じ展開にはなりません。**以前の『スマブラ』大会でも、上位参加者は全員異なるファイターだったりしましたし。

作り手が言えた義理ではないけれど、他作品も踏まえて言うなら、「**食らって苦しい手は、自分も自由に使って勝てばいい**」。たぶんそう簡単にはいかないと思うので、そこから見出せることもあるのではないでしょうか。

> **ハメ**
> 同じワザのくり返しで、反撃の術もなくK.O.できてしまうような手段。

『大乱闘スマッシュブラザーズ for Wii U』

↑魔法のつぼは強いけど、シールドで簡単に防げる。知ると知らぬで感想は大違い。

● 海外の大会

"EVO"などを筆頭とした、海外で開催される格闘ゲームの大会を指す。『ストリートファイター』シリーズや『鉄拳』シリーズなどが頻繁に取り上げられている。もちろん、『大乱闘スマッシュブラザーズ』も盛んである。

EVO 2016の試合より

●『ULTIMATE MARVEL VS. CAPCOM 3』

プレイステーション3、Xbox 360、プレイステーション Vita／カプコン／2011年11月17日発売

2011年2月発売の『MARVEL VS. CAPCOM 3 Fate of Two Worlds』に、12名の新キャラクターを追加し、バランス調整などを施したアッパータイトル。DLCキャラクターを含め、総勢50人のファイターたちが使用できる。

ふり返って思うこと

桜井 一部のユーザーの細かい文句も、気持ちはわかるんです。同じワザをくり返されて、封殺される状況があるということなのでしょう。でも、そこを対処できる人も、じつは多いものなんですよ……。

——自分にとってどうにもならないように思えることも、対処できている人がいるということですね。

桜井 もちろん、すべて"できる人"向けに作られていたら、きびしいだけですよね。でも、自分がよりうまく立ち回るのが攻守で、対戦相手は攻略をしています。その競争を避けたいなら、オンライン対戦には向いていないのかもしれません。

——うまくいかないとき、自分はわりとすぐにコントローラーを置いてしまいますね。気分まで鬱積しないようにすると、また違ってくるかもしれません。

そのころゲーム業界では
2016年9月10日：PS4版『オーバーウォッチ』の無料体験版が期間限定配信。製品版同等のうえデータの引継ぎも可能。

VRとやめられない気持ち

ある日、Oculusのオンラインストアを見ていたところ、まだβ版ですが『Minecraft』のVR対応版がありました。これはプレイするしかないでしょう！ いそいそとVRゴーグル装着です。おお……!! あの羊が実寸大に見える。1ブロックが約1メートル四方であることがリアルに感じられる。肌で感じる広さや深さが段違いで、これは魅力的な世界かも。高台と穴を作って、空の限界から地底の限界まで飛び降りてみよう！

基本的に『**Minecraft - Pocket Edition**』、つまりスマートメディア版の移植のようです。Gear VRなど、スマホを使ったVRも想定しているからかもしれません。で、顔を向けた方向にカーソルが合い、そこに対して伐採や採掘を実行することができます。上の幹まで木を切りたい場合、真上を見上げて伐採することになりますが、これはこれで雰囲気があります。

驚いたのは、リリースされたばかりなのに**VR酔いやVR疲れに対するさまざまな対策が施されていること**。かなり研究したのかも。ジャンプをリニア（等速直線移動）にできるとか。方向転換は一定の角度でカクカクさせ、採掘が始まると、首を動かしてもカーソルが動かないので、よそ見ができるとか。移動時に向いている方向を進行方向にしないようにするとか。また『Pocket Edition』の機能ですが、段差は自動でジャンプできます。これらはすべてオプション機能で設定できるのですが、全部オフにすると、あまり長く持たずにギブアップすることになりそうです。

わたし個人は、VR作品をいろいろプレイしています。それなりのパフォーマンスを持つパソコンでOculus RiftとHTC Viveを揃え、片っ端からプレイしてみました。そりゃもう没入感はスゴいですよ。でも、長時間は続けにくいです。酔いはもちろん、疲れが大きめであることも感じています。VRと何十、何百時間と付き合って至った結論としては、**酔いにも疲れにも慣れてはくるけど、完全に克服できない**。ゲームの仕様面でも、遊ぶ側としても節度を持つことが必要だと感じています。

『Minecraft』などは、何時間もかけてどっぷりとハマるタイプのゲーム。やめどきを見失いがちです。だけどVRではずーっとプレイできません。すべてのVR対策オプションをオンにしても限度はあります。無理に続けたら、気持ちが悪くなったり頭痛が激しくなって、ダメージが大きそうです。

ゲームは、あの手この手で深くハマり込むように作られているものです。 それだけでも、なかにはVRと相性が

Pocket Edition
『Minecraft』にはこのほかにもJava Editionや、Console Editionがあり、仕様や操作形態が異なっていた。いまはおおむね統一されている。

↑あの羊。これがリアルな大きさで、目の前に迫ってくるわけですよ。

2016.9.21 VOL. 513

悪いものも少なくはないと言えますね。しかし！　しかし！　**昔のアーケードゲームや遊園地のアトラクションのような、パッと遊んで終わりのゲームばかりでは、それはそれでおもしろくない！**　酔ってもいいから、骨太のものをたっぷりどっぷり遊びたいときもあります。となると、慣れもありますが、**遊ぶ側が自発的に「いまは休憩をしよう」とブレーキをかけやすくすることも必要かもしれません。**

作る側としては、ゲームシステムも演出も、制限をかけたくないのは言うまでもないです。思ったことを心置きなく作るのが何より。しかし、**VRはまだ万全なテクノロジーではありませんから配慮が必要です。**『Minecraft』のようにメジャーな作品でさまざまな工夫が見られたのは、広く伝わるうえでありがたいと思いました。

多くの人が、さまざまな工夫をすることでより磨かれていく。伸びていく様を見るのは楽しみです。

> **自発的に**
> 10分経ったらアプリが強制的に画面を切る……なんてしたくない。

『JOB SIMULATOR』

↑『JOB SIMULATOR』や『Tilt Brush』はオススメです。可能ならばぜひ体験を。

◉ Oculus RiftとHTC Vive

どちらもヘッドマウントディスプレイ。PCに接続し、家庭で楽しめるものとして最高級のVR体験ができる。立位VR、手の動きをトレースするコントローラに対応し、アトラクションなど業務用にもよく使われている。

Oculus Rift　　HTC Vive

◉『JOB SIMULATOR』や『Tilt Brush』

前者は、簡単に言うと職業体験ソフト。後者は、さまざまなブラシを使って3D空間に立体的な絵が描けるソフト。ライトの軌跡で写真や動画に絵を描く感覚に近い。

『Tilt Brush』

ふり返って思うこと

桜井　あ、ちょっと進んだVRの話だ（笑）。
——VOL.472から1年半強も経っていますからね。
桜井　"あの羊"、実寸大で見た人は何人いるんでしょう？　もしかしたら、ゲーム業界でいちばん有名な羊かもですね。ほかに何かいましたっけ？
——『キャサリン・フルボディ』の羊人間とか！
桜井　『トリオ・ザ・パンチ』の羊の呪いとか！
——それ、わからないです（笑）。
桜井　脱線したのでVRの話に戻すと、『Minecraft』で木を切る場合、斧で穴を開けたらリアルに上を向いて打つんですよ。VRのゲームって、不思議と上を向かせる動作が多いような気がします。
——スマホで猫背になった人には朗報？
桜井　むしろ、やりすぎると首にきます（笑）。

🌐 そのころゲーム業界では
2016年9月15日：東京ゲームショウ2016開催。目玉はVR関連コンテンツ。『ペルソナ5』が発売され大きな話題に。

トリプルAのカベは厚い

2016.9.29　VOL. 514

そりゃあもうびっくりしましたよ。こんなことありえるのか!?　と。2016年度の日本ゲーム大賞において、『スマブラ for 3DS / Wii U』が、**グローバル賞日本作品部門**をいただきました。これは純粋に売上本数で決まる賞。つまり今年度の集計において"**世界でいちばん売れた日本のソフト**"だと認定されたのです！　これだけでも驚きですが、じつは同じ賞を前年度もいただいているのです！　つまり、**昨年度と今年度で集計期間と売上本数が異なるのに、それぞれ世界一売れた日本作品だったということです。**

うそッ!?　何かの間違いでしょう!?　と、耳を疑いました。実際、日本作品部門、海外作品部門を含めて前例がないとのこと。グローバル賞が設立されてから初めての出来事だそうです。なお、海外作品部門というのは、世界売上ランキングのトップになります。すごい記録になったと思います。キャラクターや世界を快くお貸しいただいた方々や、かなり難しい開発に尽力したスタッフ、広報、販売等を含めた関係者、支持してくださったファンの方々などに改めて感謝したいと思います。発売から2年も経ってしまいましたが、祝杯を上げるべきことなのかも。

しかし、日本のいちゲーム制作者としては素直に喜べないとも考えています。というのは、**世界売上ベスト10から、日本のゲームが姿を消しているからです。**

今年度も世界的に受け入れられそうなソフトがありました。たとえば『Splatoon(スプラトゥーン)』、『スーパーマリオメーカー』、『DARK SOULSⅢ(ダークソウルⅢ)』、『メタルギア ソリッド Ⅴ ファントムペイン』など。それぞれ十分に売り上げていますが、それでも世界ベスト10入りは難しいと。

世界市場では、日本のゲームが水をあけられる傾向が続いています。唯一『ポケモン』の新作が出るとかろうじてトップ10に入るかどうか。以前には『Wii Fit』やWiiが世界的ブームになりましたが、これも2010年までの話です。世界のコンシューマー市場における日本の存在感は、年々小さくなっていることがデータで裏付けられています。最近では『ポケモンGO』が席巻しましたが、これはナイアンティック社とポケモン社の努力であり、日本の総力が上がったわけではないですね。

世界のAAAタイトルのカベは厚い！　実際にプレイしてみても相当な技術と資本を投入し、だいぶ作り込まれており、すばらしいタイトルが多いですから。残念ながら、逆さになっても真似できません。

しかし、声を大にして言いたいので

『ポケモン』
『ポケットモンスター』は毎回バージョン違いがリリースされるが、統合して本数計算される。

←何かの冗談じゃなかったんだ！　こんなこと、2度とないだろうと思います。

すが、**決して売上だけがすべてではありません！**　ターゲット層を絞り、その層に熱狂的に受け入れられるのも真っ当な作品の形だと思っています。その層にとって、至上のものになりますし。とはいえ、**せっかく作品を作るなら、より多くの人に遊んでもらいたい**のも自然な思いでしょう。

　ただ、垣根があるわけではないのですよね。作る側からしたら**日本も世界も同じ**。遊び手を楽しませるという目的は変わりません。わたし自身は受けた仕事次第ですが、日本のゲームが世界に通用するのを示すことも踏まえて、ささやかに活動していくつもりです。

　幸い、『スマブラ』はいろいろなゲームの応援になる企画でした。ファイターとして参戦することにより、キャラクターやゲームの宣伝効果があることは実証されていますので。いろいろなタイトルを持ち上げることができるのは幸せなことだったと思います。

日本も世界も同じ
Switchにはリージョンがないため、いまや各国共通のソフトが作られることがほとんど。

『コール オブ デューティ ブラックオプスⅢ』

↑世界でもっとも売れたのは『コール オブ デューティ ブラックオプスⅢ』。常連!!

アメリカのソフト販売本数TOP10は？

　世界ランキングとは多少異なるが、アメリカにおける2014年、2015年のソフト販売本数TOP10は下記の通り。国内メーカー制作のゲームは、2014年の6位に『スマブラ for』、9位に『ポケットモンスター オメガルビー・アルファサファイア』のランクインに留まっている。

2014年 (1月1日〜12月31日) 販売本数TOP10		2015年 (1月1日〜12月31日) 販売本数TOP10	
順位	タイトル	順位	タイトル
1	CALL OF DUTY: ADVANCED WARFARE	1	CALL OF DUTY: BLACK OPS III
2	MADDEN NFL 15	2	MADDEN NFL 16
3	DESTINY	3	FALLOUT 4
4	GRAND THEFT AUTO V	4	STAR WARS: BATTLEFRONT
5	MINECRAFT	5	GRAND THEFT AUTO V
6	SUPER SMASH BROS.	6	NBA 2K16
7	NBA 2K15	7	MINECRAFT
8	WATCH DOGS	8	MOTAL KOMBAT X
9	POKÉMON ALPHA SAPPHIRE/OMEGA RUBY	9	FIFA 16
10	FIFA 15	10	CALL OF DUTY: ADVANCED WARFARE

※データ出展：『ファミ通ゲーム白書2015』、『ファミ通ゲーム白書2016』

ふり返って思うこと

——おそらく、『スマブラSP』も……？

桜井　ちょうど先日、ワールドワイドでの『スマブラSP』の発売本数が、ソフト発売後5週間で1000万本を超えたと発表されましたね。本当にすごいなあ。

——まるで他人事みたいな驚きかた（笑）。

桜井　いろいろな人やメーカーさんがコンテンツを貸してくださったり、コンテンツそれぞれのファンの方が遊んでくださったおかげだとつねづね思っていますので。ただ自分が作っただけでは、ここまでいきませんよ。『スマブラSP』は、ゲーム業界の総決算みたいな側面もありますから。

——なるほど。日本が誇る名作の集合体ですね。

　そのころゲーム業界では
2016年10月13日：PlayStation VR 発売。予約開始後即完売する事態が続き、需要に供給が追い付かない事態に。

UIには狙いがある

2016.10.6
VOL. 515

引き出し
"命令"でもある。やりたいこと自体が多い場合、引き出しの数が増えるのは仕方がない。

『ペルソナ5』は、キャラ絵よし！ ゲームシステムよし！ 音楽よし！ モンスターデザインよし！ 世界設定よし！ シナリオやセリフよし！ いろいろよし！ の無敵ゲームなので、多くの方が楽しんでいると思います。ただ、個人的にはプレイに時間がかかるのがきびしい……。社会人は時間の捻出がいちばんたいへんです。

いいところだらけの『ペルソナ5』の中でも、ズバ抜けてよいと感じさせるのが"GUI"。これはグラフィカルユーザーインターフェースの略。真面目に説明すると、かえってわかりにくくなりますが、要はメニューまわり。広義にはゲーム画面と重なる字幕や時間やHPなどの表示、ゲーム以外のインフォメーションも含みます。制作の現場では"UI"と省略しているので、以後そのように表します。

『ペルソナ5』のUIの特徴は見ればすぐにわかりますよね。『ペルソナ4』が黄色をベースにしたカラフルな設定なのに対し、『ペルソナ5』は赤をベースにしたモノトーン調。キャラ絵や3Dモデルも駆使し、スタイリッシュな構図に華やかかつスピーディーな動きのおもしろさも見せる。世界の表現に何役も買っており、いままでの一般的なゲームのUIとは一線を画するものだと思います。実際、これに慣れると、平均的なゲームUIが古く見えてしまうほどですから。

本来、UIは四角く収まっているものです。**それは"引き出し"だから**。複雑で多くの情報を持つコンピューターから、必要な情報を指定し、取り出し、使う仕組みなので、ある程度は整頓されていないと困ります。そういう意味では、『ペルソナ5』の引き出しは雑多。慣れないと、やりたいことがうまくできない場合も多少あります。

また、海外版を制作するのだってたいへんです。文字の表示エリアがユニークなサイズだとうまく当てはまりません。たとえば英語は、文字の大きさが小さくなり、文章の長さは長くなる傾向にあるので、同じスペースのUIではまとまりにくくなってしまいます。

しかし、そうした事情を乗り越えて仕上げていることが、唯一無二のものを生んだことに間違いありませんね。遊び手には、制作側の労力なんて関係ないですから。もし**現時点でのゲームUIコンテストがあったら、『ペルソナ5』がぶっちぎりで優勝するでしょうね**。すばらしいです。

一方で、まったく別の観点から個人的に評価しているUIがあります。それはほかでもない『ポケモン GO』。UIデザインは驚くほどシンプルで、簡素。『ペルソナ5』とは真逆の方向性です。

スマートメディアでモンスターをたくさん集めるゲームって、どうしても表示がゴチャゴチャしてしまいます。

『ペルソナ5』

← ゲーム画面とUIが立体的に絡む。ぜひ動きを見てほしいところですね。

その中にあって極力装飾を抑え、**個性を主張しない画面。非常に多くの層が遊ぶゲームだから、誰の色にも染めない方針は大正解だと思っています。**

　何と言っても"CP"という概念がよいですね。これは、ポケモンの強さを数値で表したものです。本来は攻撃や防御などのパラメーターから構成されるものを、CPというひと言でまとめてスッキリ。で、重さや高さなど、ポケモンが生きものであると感じさせるものは入れる。気がつきにくいけど、コンセプトが活きています。

　UIはそれぞれに狙いがあります。世界を広げたり、個性をつけたり、遊びやすくしたり、スッキリまとめたり。単純に使いにくい＝ダメなUIとは言えません。技術の進化が、新たなUIの地平を拓くこともあるかもしれませんね。

> **CP**
> 戦闘力だと思えばわかりやすい。おもに攻撃力と防御力の合算。

『ポケモンGO』
※ゲーム画面は連載当時のものです。

←ポケモンボックスもスッキリさわやか。個性を抑えて誰にでもやさしく。

●『ペルソナ5』
プレイステーション4、プレイステーション3／アトラス／2016年9月15日発売

シリーズ最新作。主人公の高校生が学生として過ごしつつ、怪盗として暗躍しながらさまざまな人と絆を結ぶRPG。謎のアプリ"イセカイナビ"で人の心の異世界に侵入して"オタカラ"を盗み出し、悪い大人を改心させよう。

●本来UIは四角く収まっているもの

写真上が『ペルソナ4』のペルソナのステータス画面で、下が『ペルソナ5』。テキストやアイコンの配置を斜めにするなどして、よりスタイリッシュなイメージを高めている。

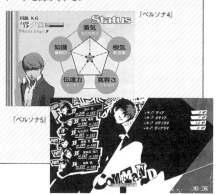

『ペルソナ4』

『ペルソナ5』

▶ふり返って思うこと

——UIデザインは、ユーザーにとって入口のようなもので、ゲーム全体の印象や遊び心地を決める重要な要素のひとつだと思います。『スマブラSP』のUIには、どんな意図が込められているんですか？

桜井　大きなところでは、子どもに対するアプローチとして、"カラー"をキーワードにしています。

——メニュー画面は、大乱闘が赤、スピリッツが緑、いろんなあそびが青、コレクションがピンク、オンラインが黄色の5色で構成されてカラフルです。

桜井　階層がひとつ深くなると、選んだカラー一色になるので、見た目が地味になって悩ましいんですけどね。そして、言語が変わっても意味が伝わるように、必ずアイコンをつけています。ほかにも気を配っていることは、山ほどあります。

🌐 そのころゲーム業界では
2016年10月13日：『ドラゴンクエストX』においてチート行為に関わったプレイヤー5名が書類送検。全国初。

ゴールはいくらでも遠のく

2016.10.20 VOL. 516

まれに見る大作の大量投入

じつは、その後の年も良作のラッシュが続いた。みんながんばっている。

この年末はどうしよう……と思っているゲームファンは少なくないのではないでしょうか。**まれに見る大作の大量投入**！ 2016年11月末〜12月上旬あたりに絶え間なく出てくる。これはスゴい！ プレイ時間の捻出がタイヘンそうですが、わたし自身も楽しみにしています。

このソフト群の中には、初期の発売予定より延期して現在に至るものもあります。もちろん、誰も望んではいないことですが、こういった現象を見ると、**ゲームの制作って、ある側面ではもう限界に達しているなあと感じるのです**。それぞれの制作事情はまったくわからないし、タイトルによりさまざまなのですが、今回のソフト群とは関係ない一般論として、この話を書きたいと思います。

発売延期は"クオリティーアップのため"と発表するのがセオリーです。しかし、多くの場合そんなことはありません。**ズバリ、バグや不具合が取れない場合が多いです**。

わたし自身が手掛けたタイトルも、発売延期の理由をクオリティーアップにされたことがいくらかありますが、実際は不具合が取り切れなかったから。マスターアップが近いときにゲームの調整などしていたら、いつまで経っても安定しません。収束させなければならない時期に、変化は禁物。「バグが取れない」と素直に発表するとネガティブなイメージがつくから、販売戦略としてお客さんにメリットがある発表にするのかもしれませんが、そこは不明です。

締切を守れない。それは社会人として問題があるだろう。そういう論調があることは自然だと思いますが、こればかりはふつうの仕事として扱うには無理があります。**ふつうの仕事なら、少しずつでも片付けていけばいずれ終えることができますが、不具合だけはそうはいきません**。バグは完成の1日前でも容赦なく出現します。**いつ修正タスクが出るのかわからない仕事の前では、実質完成日を約束することができません**。それでは製品として困るから、発売日は発表しますが、仮に余裕がある時期設定をしても、**近年のゲームの複雑さ、組み合わせの膨大さがそれを流してしまいます**。不具合を出し切れるのか、直し切れるのかは運に近

←ゲームよりも、交通や金融など、不具合が被害になるものはもっとタイヘン。

いところもあります。

　バグが出にくいプログラミング手法もあるし、バグを追うための仕組みもいまどきは徹底されています。しかしそれでも、出るときは出る。最初から最後まで締切に追われる中で最大限のサービスをしたいと考えていますが、ある程度の見切りやバランス取りが大事になります。

　デバッグ期間中に発見したバグにはランクをつけます。Sランクはセーブデータ破壊、Aランクはフリーズや進行不可でしょうか。B以降が残っていても、発売延期や中止よりはマシなので、間際で対応をあきらめることもあります。SやAはなんとかしなければ。1000回に1回しか出ない見積もりのバグでも、再現できるか検証し続ける必要があります。同じ状況でずっとくり返したが再現できず、静電気や熱暴走によるフリーズだと断定されたこともありました。バグの再現性がかなり希少な場合、A以下が残っていてもそのままマスターアップを迎え、工場での量産を開始してしまうこともあります。この場合"Day1パッチ"、つまり発売日でのパッチまでに間に合わせるべくデバッグを続けます。Sが残っていた場合はリスクが大きすぎるので、通常なんとかするでしょうが、マスターアップ後に見つかるバグもあります。

　現在の大型ゲームは、予定通り開発を終えるためには複雑になりすぎています。お客さんには関係ないことを承知のうえで、制作上の一側面を書いてみました。

> **B以降**
> ラクにハメられる、一気にお金が手に入るなど、バランス上致命的なものもBになることが多い。それでもAよりマシ。

2016年11月～2017年1月発売のソフト (※一部)

2016年11月	コール オブ デューティ インフィニット・ウォーフェア
	ポケットモンスター サン・ムーン
	SDガンダム ジージェネレーション ジェネシス
	戦国無双 ～真田丸～
	ファイナルファンタジーXV
2016年12月	ウォッチドッグス2
	人喰いの大鷲トリコ
	ディスオナード2
	デッドライジング4
	ぷよぷよクロニクル
	Miitopia(ミートピア)
2016年12月	龍が如く6　命の詩。
	サガ スカーレット グレイス
	実況パワフルプロ野球 ヒーローズ
	桃太郎電鉄2017 たちあがれ日本!!
2017年1月	キングダム ハーツ HD 2.8 ファイナル チャプター プロローグ
	ニューダンガンロンパV3 みんなのコロシアイ新学期
	GRAVITY DAZE 2/ 重力的眩暈完結編：上層への帰還の果て、彼女の内宇宙に収斂した選択
	蒼き革命のヴァルキュリア
	バイオハザード7 レジデント イービル

ふり返って思うこと

桜井　DLCなどを作っている現在も、このときに書いたようなバグに悩まされています。"エンバグ"などと言いますが、何らかの修正で別の不整合を引き起こすこともよくあります。しかも、新しく加えたところのみならず、いままでふつうに起動していたものまで動かなくなってしまったりもしますので。

　——遊ぶ側の人間としては、新要素は大歓迎ですし、増やせてあたりまえだと単純に考えていました。

桜井　バグの話などは作り手の事情でしかないのは重々承知のうえですが、よくみんなここまでできるなと思いますよね。こういう状況において、どのメーカーも売り上げが伸びる年末に出したいとがんばるわけですから。内情を知れば知るほどおぞましいというか。綱渡りのように成り立っているのだなと。

🌐 そのころゲーム業界では
2016年11月10日：ファミコンソフトを30作収録したニンテンドークラシックミニ ファミリーコンピュータ発売。

3Dはやりすぎてちょうど

2016.11.2
VOL. 517

『ストリートファイターⅡ』のリュウ

これは『ストリートファイターⅡ』における、"しゃがみ強パンチ"。3枚の絵でアッパーし、逆送りで戻します。攻撃発生まで約8フレーム（以下、"F"）。原作が登場して25年経ちますが、いま見ても見事なドット絵。躍動感があります。

たとえばこれを3Dの**モーション**にする場合。ふつうは原作に忠実なポーズを取り、あいだを補間します。ポーズが似ていれば原作そっくりの動きになるハズ。ここが同じでなければ、当然似ない。だけど、実際はそうではありません。それはワナです。コマ間が補間されているということは、**攻撃の中間の絵が表示されている時間が多くなり、もっさりします**。3Dポリゴンのゲームでは、2Dドット絵のようなメリハリを感じにくい場合が多いですが、こういったことが要因のひとつにあります。

『スマブラ for』でリュウを作りましたが、原作における最初の絵、しゃがみポーズに該当するモーションは、こうなっています。

『スマブラ for』のリュウ❶

原作よりも、グッと拳を引いています。右腕は斜め上向きのところを、斜め下になるぐらい下げる！ 左肩もぐいっと上げる！ つまり、より極端にプルバックしています。

AからBまで、1パターンで切り換わる絵があった場合。それを3Dモーションで表現しようとしたら、AからBまでを単純に結べばよいというわけではなく、1Fで切り換わればよいというわけでもなく。**Aよりももっと下がってから一気にBにいく！ という感じにすると、動きが活きてきます**。そして時間ギリギリまで溜めた後、つぎの絵を一気に送ります。

『スマブラ for』のリュウ❷

それぞれ中割の絵は1Fしか表示されていません。象徴的なポーズも含まれますが、一気に。ここからヒット判定が入るので、相手に当たれば視覚的な印象にも残るでしょう。つまり、**コマのタイミングが原作と異なっていたとしても、本作ではしゃがみに多くの時間を費やしているのです**。ポーズ自体も、原作より引き締めが入っています。このくらいがちょうど。

その後、アッパーを伸ばし切っている時間はもちろんですが、攻撃後にも気を遣います。原作では同じパターンを逆送りしていましたが、同じ軌跡を

モーション
キャラクターなどの動きのこと。3Dモデルに骨や可動部を埋め込み、データで動かして表現するのが基本だが、いろいろな手法があり目的によって使い分ける。

描いて攻撃を戻すと単調になるので、よりしっかりしたアクションに変えていきます。

『スマブラ for』のリュウ❸

攻撃後は"フォロースルー"と呼んでいるのですが、**攻撃までの時間より、フォロースルーのほうがよほど長いです**。ここが適当だと印象がだいぶ違う

ので、パンチを下に引く印象を踏襲しながら、フックしてしっかり制御します。攻撃の印象を欠き、動きに負けているモーションができることも多々あるのですが、そこは都度指摘し、よくなるまで手直しします。

　3Dモーションは、ゲームを豊かにすると同時に、中割によってもっさりしてしまう側面があります。動きの歯切れのよさでは2Dドット絵には敵いません。ならば、より多くの誇張が必要です。作り手の方は**"ちょっと大げさに引く！　一気に動かす！"**を、心掛けることをオススメします。やりすぎてよし！

> **フォロースルーのほうがよほど長い**
> すぐ攻撃発生しないと操作感が悪くなるが、スキを作らないと駆け引きが生じない。

🔴 リュウ

　対戦格闘ゲーム『ストリートファイター』シリーズを代表するプレイヤーキャラクターで、空手を基本とする格闘スタイルの求道家。有名な"波動拳"、"昇龍拳"、"竜巻旋風脚"は、必殺技の代表格として世界中で愛されている。

『ストリートファイターV』

🔴 ゲーム性を同じくして 2Dから3Dになったゲームの例

　『スーパーマリオブラザーズ』、『ザ・キング・オブ・ファイターズ』、『逆転裁判』など、数多くのシリーズがこの例に該当する。キャラクターの動きは、2D時のポージングを3Dで真似る描きかたで表現されていることが多い。

『逆転裁判 蘇る逆転』（上画面）

『逆転裁判6』（上画面）

▶ ふり返って思うこと

——この回、おもしろかったです！
桜井　3Dでゲームを作るときには、とても大事なお話です。3Dのモーションは、どうしてもモッサリするものなんですよね。でも、2Dをそのまま持ってきてもうまくいかないという。自分の経験に基づくテクニックなどが、いっぱい詰まっています。
——実際にはヒットストップも加わるんですよね。

桜井　少し前に書きましたが、ヒットストップにもより細かい仕様を多数折り込んでいます。で、モーションは、補完した動きのようになると手抜きに見えるんですよね。いや、実際手抜きなのかもしれません。でも開発現場では、グッと溜めを作って、もっと引いてから一気に引いて、と、何度も説明します。アクションの肝ですからね。

そのころゲーム業界では
2016年11月18日：ニンテンドー3DS用ソフト『ポケットモンスター サン・ムーン』発売。

輝かしきファミコンに

2016.11.17 VOL. 518

いちばん最後のタイトル

その後のミニスーパーファミコンでは、『星のカービィ スーパーデラックス』が最後から2番目。いちばん最後は、未発売の『スターフォックス2』が収録された。

ニンテンドークラシックミニ ファミリーコンピュータが出ましたな!! ちょっと回りくどい名前になったのは、ゲームボーイアドバンスのシリーズに"ファミコンミニ"があるからに違いない。以下、"ミニファミコン"とさせていただきます。

ソフトの内容は、選りすぐりですね。そりゃあ人によってあれが欲しい、これが欲しいという作品はあるでしょうが、**発売当時、人気や話題性があったもの、実際におもしろかったものをしっかり押さえていると思います**。30本中、任天堂以外の作品が16本と過半数であり、権利調整もしっかり行われていてよいですね。とくに『ファイナルファンタジーⅢ』が収録されていることにはびっくり。『ドラクエ』がないのは、察するに余りあります。

個人的には、わたしが作った『**星のカービィ 夢の泉の物語**』があるのが、とてもうれしいです！ 若い人にとっては等しく古い作品かもしれないけれど、最初にファミコンが出たとき、ソフトで言えば『ドンキーコング』が出てから10年後。ファミコン末期で、ギリギリ作ることができたソフトでした。実際、ミニファミコンのソフトラインアップの中でも、**いちばん最後のタイトル**。偉大なる先輩たちの仕事に迫ることができ、また自分のゲーム観を育み、操作感覚などを学ばせてくれたファミコンに携わることができたのは、ゲームを作るわたしにとって、非常にラッキーなことだったのです。

初代『星のカービィ』をゲームボーイで出したとき、ハル研究所は和議申請をしてたいへんな状態でした。スーパーファミコン全盛だった1992年、あえてほぼ下火になっているファミコンで『星のカービィ』の続編を作る指示が出たのは、製品を一刻も早く出すことが優先されたのだと思います。つまりゲームボーイ版をさっと移植するだけを想定してもおかしくないほど。

しかしわたしは、**ゲームボーイ版における"初心者に特化した作品"というコンセプトは成立しない**と考えました。ファミコンは、すでに役目を終えようとしているハード。その時期に持っている人は、ゲーム初心者であることは少ないはず。お客さんがいない状態が十分に考えられました。**そこで、初心者と上級者を同時に満足させられないかと思い、攻略の選択肢を増やすために考えたのが、"コピー能力"です**。たいへんだったけど、わたしも当時のスタッフもがんばりました。その後の『カービィ』シリーズにおけるコピー能力の重要性は、皆さんご存じのことだと思います。

1980年代後半、わたしが業界を目

『星のカービィ 夢の泉の物語』

← コピー能力とメタナイトが初登場する『星のカービィ 夢の泉の物語』。

Think about the Video Games

指したころのファミコンゲームは、全体的にすごく難しかったです。少ない容量でくり返し遊ばせるため、ミスをしやすかったり同じような遊びをくり返させたり。だけど、とてもおもしろかった。必死で買った1本を、ねぶるように楽しむため、遊び手もさまざまな工夫や攻略を凝らしたものでした。

ミニファミコンを楽しむのは、そういった時代背景も込みかな、と思っています。いまのゲームと比べるのは野暮。当時遊べるものは、当時の技術と工夫をいっぱいまで使って作られたものです。そんなファミコンに対し、当時若輩、23歳のわたしがゲームを作ったのは、一生残る記念にもなりました。いま、開発室を見回しても、ファミコンゲームを開発していた人はほとんどいなくなっています。わたしもトシを取りました。

ミニファミコンは、記念碑的なアイテム。その中の厳選された30本に選抜していただいたのは、やっぱりうれしい。改めて、全作品クリアーしてみたいですね。

←この銀色パッケージは、当時のプレイヤーには特別にして格別の意味を持つ！

ほとんどいなくなっています
任天堂に行けばいるのかもしれないけれど……。筆者は任天堂外部の人間。

◉ ファミコンミニ

ファミリーコンピュータ20周年を記念して発売された、ゲームボーイアドバンス用ソフト群の名称。『マリオブラザーズ』や『パックマン』、『謎の村雨城』など、全30作品の人気ファミコンソフトがラインアップされている。

◉ ニンテンドークラシックミニ ファミリーコンピュータ

1983年に発売され、空前の大ヒットとなった家庭用ゲーム機"ファミリーコンピュータ"が約60%縮小されて、手のひらサイズに。厳選された30タイトルを内蔵しており、カートリッジの交換なしで気軽に楽しめる。

ふり返って思うこと

桜井 認められた気がして、うれしかったですねー。
—— ミニファミコンに続いて、ミニスーパーファミコンにも『星のカービィ スーパーデラックス』が収録されていますよね（155ページ）。
桜井 はい。発売の年代順に並んでいるので、どちらも最後のほうに並んでいると思います。しかし、自分にとっては、先輩たちの教えが詰まっているようなものですからね、このミニファミコンって。
—— いま現在も現役で、現場で先陣切ってゲーム制作をしているような方は少なそうです。
桜井 少ないでしょうね。あ、自分がいました（笑）。
—— 言われてみれば！　なかなか貴重です（笑）。

そのころゲーム業界では
2016年11月29日：『ファイナルファンタジーXV』が全世界同時発売。初日で販売本数が500万本を突破。

ボタンひとつでもゲームは作れる

2016.12.1
VOL. 519

前回、ミニファミコンに収録されている『星のカービィ 夢の泉の物語』の話が出たので、その延長で。『夢の泉』を企画した1992年。さらに初心者に向いた、操作が簡便なゲームは何か、と考えました。

究極的には、「ボタンひとつでゲームを作ることができれば、これ以上シンプルなことはない！」 と思うに至り、ワンボタンによる**サブゲーム**を3つ入れました。極限まで操作を落として楽しさを出せるのか、という実験であり挑戦。実際、当時としても、ワンボタンのみの市販ゲームは思い当たりません。

ゲームデザインするに当たり、ワンボタンでできることを考えて4つ挙げました。**"押すタイミング"、"早押し"、"押したか押さないか"、"連射"**。このうち連射は身体能力的なもので、連射機能にも頼れるので、残り3つを取り上げました。

> **サブゲーム**
> 本編とは関係ないゲーム。『夢の泉』ではフィールドの途中に現れ、ストック数を増やすことができた。

■ 押すタイミング

『**クレーンフィーバー**』という、いわゆるUFOキャッチャーをモチーフにしたものを作りました。正確には"ボタンを放すタイミング"ですが、タイミングを計る遊び。大小のターゲットがあり、小さいほうがカンタンでリターンが低いです。景品ものはあまり残念感を持ってほしくないので、やさしめに。なお、"押すタイミング"のゲームは、いわゆるリズムゲームにするとより気持ちいいと思いますね。

■ 早押し

早押しとだけ言うとクイズゲームを思い出しますが、『**早撃ちカービィ**』という、純粋に手が早いほうが勝つ対戦風ゲームにしました。最初は音楽も切って静かにしつつ、いきなり「FIRE!」と表示することで緊張感を増し、タイムを表示して競技要素も出しています。なお、次作『星のカービィ スーパーデラックス』にて、『刹那の見斬り』という対戦ゲームにしています。人気が高いサブゲームですね。

↑早押し。

■ 押したか押さないか

『**たまごきゃっちゃ**』という、選り分けゲームにしています。たまごか爆弾が飛んできて、ボタンを押しているあいだにクチを開いてたまごは食べる。爆弾はクチを閉じて食べない。たまごか爆弾は、軌道はバラバラだけどクチの中に入るタイミングは定期的。ただし高速で、たまごのパスは許されるけど爆弾を食べたら瞬殺です。スピード感があり、テンションが高いものになっています。

↑押すタイミング。

Think about the Video Games

↑押したか押さないか。

　さて、ここからが本題です。こうしてワンボタンルールのゲームが3つできたのですが、**最初に"ボタンひとつでできる要素"をよく考えたのがポイント**です。何かのゲームがおもしろかったからと、それをモチーフにゲームが作られることはよくあります。しかし**オリジナルを作るなら、要素の分解**と**再構築は不可欠だと思います**。その要素が楽しさ本体でなかったとしても、遊びにつながるので。

　なお、ワンボタンだとすぐに終わるミニゲームが関の山、と思われがちですが、そうではないと考えています。**単品で終えるか、ハマるように作るのかは別問題**。たとえば、押すタイミングで敵と戦い勝負はつくけれど、その結果で経験値を得られてキャラクターが育つとか。剣、魔法、銃などで求められるタイミングが変わるとか。防御や回避にも運用するとか。まだまだ考えられることはいろいろありそうです。スマートフォンのゲームなどでも、似たようなことは検討されているかもしれませんね。

要素の分解と再構築
たとえば楽しい要素をそのまま真似るのではなく、なぜ楽しいのかを突き詰め、別の遊びに変える。

『星のカービィ 夢の泉の物語』
ファミコン/任天堂/1993年3月23日発売

　1992年にゲームボーイで発売された『星のカービィ』シリーズの2作目。カービィのコピー能力は、この作品から登場。ニンテンドークラシックミニ ファミリーコンピュータに収録されている。

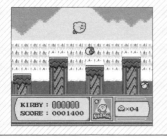

リターン

　ゲームを遊んだときにプレイヤーが得るご褒美のこと。リスク(危険や困難)を冒してリターン(報酬)を得ることが、ほとんどのゲームに共通する本質だという理論。桜井さんがゲーム制作時に重要視するもののひとつ。

敵に近づくことで"リスク"が高まる

近づくことで吸い込める"リターン"を得られる

ふり返って思うこと

——この回は単行本1巻収録のVOL.3とおおむね同じことが書かれているんですよ。
桜井 あえて書いたと言いますか、スマホゲームが主体のいまこそ、大事なことになりますね。楽しさが生まれる原理は多々ありますが、シンプルなものこそ本質を見据えやすいと思います。
——ほっぺに2本線がある昔のカービィもかわゆいと思うんですが。ずいぶん容姿が変わりましたね(笑)。
桜井 ああこれは当時、とってほしかったんですよ。せっかくシンプルなデザインにしているのに、線は余分でしょう? 表現が古いと言いますか、幼少時代の星飛雄馬みたいだし(笑)。けっきょくいまでは赤いほっぺになっているわけですが。
——意外なエピソードが聞けてしまった(笑)。

🌐 そのころゲーム業界では
2016年12月6日：PS4用ソフト『人喰いの大鷲トリコ』発売。『ワンダと巨像』から11年ぶりとなる上田文人氏の新作。

2016.12.15 VOL.520 読者の手紙から

　読者さんからのお手紙には、ゲーム業界に対する熱がこもった長文のものもあります。「ぜひご紹介したい！」と思っても、文面が大幅オーバーしてしまいますね。もちろん全部読んでいますし、回答も思い浮かびます。だけど、限られた誌面ではご紹介できないですね。今回のお手紙も、少し短く編集させていただいています。

？？？さん

　最近はマシンパワーが上り、データを詰める形式も向上して、表現力もソフトひとつでできることも増えていると感じます。その反面、**やりにくくなった、または、作りにくくなったゲームってあるんでしょうか？**　ちょっと気になっています。

Re: コンシューマーの場合、**おおむねすべてのゲームは作りにくくなっているように感じます**けどね。昔と同じグラフィックや内容では成り立たないから、すごく多く作り込むことになりますし、デバッグなどにも工数がかさみます。総容量の心配が小さくなっているのはありがたいですが、まだまだ。

東京都　在原さん

　VOL.504「作ってみなけりゃわからない？」の感想です。桜井さんは、**"完成像を持ってから企画を進めよう"** ということを述べていましたが、作家の椎名誠さんが映画監督をした際の経験として同じようなことを書いていました。「**企画の段階でタカをくくると、撮影時に絶対に何ともならない。** テーブルの上にエンピツを何本置くのかとなったら、2〜3本というあいまいな数字ではなく、絶対に3本と決めなくてはいけない。企画の段階で決めておけば、荷物もかさばらない。現地で調達するつもりでも、悪い要素が重なると撮影の日にちが伸びかねない」と。あと、桜井さんは、**"結論から先に話す、迷わず一貫性のある指定をする"** とも述べていました。これは吉川英治さんが『新書太閤記』で書いています。それは、「織田信長が何か報告を受けるときに、結論から述べよと激怒した。報告する側の手柄、もしくは言い訳を長々と述べてから結論を言うより、**報告を受ける側の都合のほうが大事で、成功なり失敗なり、つぎの一手を打たなければいけないから**」という一節です。私も報告は簡素に結論から述べると言うことを心掛けています。

Re: 例を挙げてくださったおかげで、わかりやすくておもしろいので、長めに取り上げさせていただきました。気がついている方もおられるかもしれませんが、**このコラムではあまり"引用"をしません**。人の言葉を借りない方針もありますが、引用するときはその相手先に転載のお願いをするのですね。コラムの記述は、原則的に関係する方に話を通しています。ただ、今回は出典元を確認できませんでした。

↑VOL.357で「お客さまは神様です」の真意を書いたところ、三波春夫さんの娘さんに感謝されました。

Think about the Video Games

 兵庫県　おてんさん

あれ？　プレイステーション4のゲーム、ちょっと高いよ。スーパーファミコンを思い出すよ。いまのままだと1本のゲームがネオジオのソフトのように30000円くらいするモノになる？ハードのレンタルとかが始まっちゃうのかなと思いました。

Re: その価格の内訳を知っているわたしから見ると、スーパーファミコンの時代よりかなりよくなったなと思えますよ。当時はROMが高かったわけです。プレイステーション4は、十倍以上の人数や、数十倍、数百倍の工数がかかっていることも多いわけで、純粋に開発費が高いです。単に入れ物が高いよりは、中身にお金をかけられるほうがおトクですよね。ただ、それはユーザーには関係ないですけどね。もっと効率的にゲームが作れれば、とはよく思います。

← SFCのソフトって、収納に困りますよねー。うちはこうしています。

「お客様は神様です」の真意

VOL.357「お客様は神様ですと？」(単行本『ゲームを遊んで思うこと』に収録)では、昭和を代表する歌手・三波春夫氏(2001年逝去)が残した有名なフレーズの真意について、あくまで"提供する側の心構えである"と、同氏の公式サイトから引用した。

ネオジオのレンタル

1991年、アーケードゲームをそのまま家庭で遊べるハードとして登場したネオジオ。一般販売のほかに、メーカー公式の"レンタルゲーム機"として、全国のレンタルビデオショップなどを通じて貸出も行われていた。

そのころゲーム業界では
2016年12月20日： アトラスが新スタジオ"スタジオ・ゼロ"設立を発表。王道ファンタジーRPG制作を目指す。

桜井家の対戦ゲーム事情

2016.12.28 VOL.521

このコラムが載るころは、もう年末。早い‼ よいお年を‼

年末年始に人が集まり、「みんなでゲームしよう‼」となることは多いのではないでしょうか。そこで何をするのか。経験や腕の差がある中、みんなで楽しく遊ぶには何が最適でしょう？

わたしの家でも、時期を問わず多くの人が集まり、ゲームを楽しむことがあります。そこで求めたいのは、技術のすべてを駆使するような対戦ではありません。**ある程度はアバウトに勝負がつくけど、ほどよく実力を問われる遊びです。**

格闘ゲームのようにガチで対戦するものだと、知識や経験で差がつくのでいまひとつ。『スマブラ』は向いているけれど、開発者だし。『マリオカート』のようなものだと、自動でのハンデ調整が効きすぎるかも。アナログゲームは運と実力のバランスが優れているものが多いけど、全員にルールを理解してもらうのがたいへん。ここはビデオゲームでなんとかしたいところ。

そこで、最近わたしの家で定番の対戦方法をご紹介しようと思います。うちは、何千本のゲームがあるのかよくわかりませんが、ひとつのタイトルにこだわらず、たくさんのゲームを活用します。

まず、チームをふたつか3つ程度に分けます。人数が少なければ、チーム分けはナシでもオーケー。

つぎに、**昔のアーケードゲームやファミコンゲームなど、ミスするまでの時間が短めのゲームを用意します。これは、瞬殺要素があるアプリのゲームなどでも可能**。場合によっては、難易度設定を跳ね上げることもありますね。

で、どちらかのチームが**最初の1機（1ストック）だけプレイ！** どんな凡ミスでも、ミスしたらその時点で終了です。その後、**つぎのチームがそのプレイを参考にチャレンジ！** これを全チームが回るまで行い、得点などがもっとも高いチームが勝利となります。

1ゲームの決着がついたら、どんどんほかのゲームを出していきます。矢継ぎ早に、あれもこれも。もしも1日プレイしたら、100タイトルくらいいく勢いで。

つぎのプレイは、**勝ったチームが先にしなければなりません。**当然、前のチームを参考にできるから、後にプレイするチームのほうが有利。これが、勝ったチームに対するほどよいハンデになります。**要は"初見力"が求められる遊びです。**多彩なタイトルがどんどん出てくるので、楽しい。さながらゲームのアスレチックのようで。

アプリ
Apple TVなどを使い、本当にスマホアプリでプレイすることもしばしば。

『グラディウス』

↑『グラディウス』を知らなくて、ダブル砲一丁で火山に突入する挑戦者。

Think about the Video Games

わたしはゲームの持ち主だし、昔のゲームもよく知っているので、わりと有利。しかし、それでも凡ミスは生じます。よくプレイしたはずのゲームで、数百点で終わるとか。また、チーム戦でやるので、ゆらぎはいっぱい出ます。

古くは1970年代～80年代のゲームから出てくるのですが、若い世代にも**「世の中にはまだこんなにいっぱいおもしろいゲームがあるんだ！」**と好評で、盛り上がっています。

いまどきのゲームは、いきなりミスになるようなことはあまりありません。だけど、とくに昔のゲームは、容赦なく牙を剝くのですよ。この緊張感が楽しく、観戦も盛り上がります。応援要素があるので、チームに分けるのが効果的。

最近、新たな対戦手法ができました。うちにはテレビもゲーム機も2台以上あることが多いので、**同じセットを左右に並べて同時にゲームをスタートさせるという**。これなら、達成条件を決めればどんなソフトでも競えます。

意外と盛り上がるので**オススメ**。ひとつ、うちで遊んでみません？

> **オススメ**
> カタカナで"オススメ"と書くと、ファミ通のクロスレビューのようだ……。

『ドラゴンクエストⅡ 悪霊の神々』

↑ゲームがふたつあれば『ドラクエ』さえも対戦に。「スライムを先に3匹倒せ！」とか。

◎ アナログゲーム

コンピューターを介さないゲーム全般のこと。トランプや将棋といった定番ゲームのほか、テーブルトークRPGやウォーシミュレーションなども含む。世界中に愛好家が存在し、現在も新作ゲームが続々登場している。

➡ゲーム開発者向けカンファレンス"CEDEC"でも2016にアナログゲームに関する講演が行われた。

ふり返って思うこと

——たびたびゲームをしに人が集う家っていいなあ。
桜井 最近忙しかったのであまり集まっていませんでしたが、そのうち何かやることになるでしょう。
——桜井さんとゲームをすると、なんだか余計に楽しそうでうらやましいんですよね（笑）。
桜井 遠慮なく遊びに来てもらえればと。ただ、手を抜くことはありませんよ!!
——えー、容赦ないですね。
桜井 凡ミスも楽しいルールですので、お楽しみに。
——でもまあ、隣りあってワイワイ遊ぶのが、やっぱりいちばん楽しいですよね。
桜井 この、テレビを2台並べて同時にゲームをスタートさせる遊びが我が家のメインです。おもしろいので、ぜひやってみてください。

🌐 そのころゲーム業界では
2016年12月27日：『龍が如く6』に楽曲提供した山下達郎が同作をクリアー。「任侠もの大好きな私にはたまりません」とコメント。

意図は目に見えないもの

2017.1.19 VOL. 522

『ファイナルファンタジーXV』において、**イグニスが作る食事のクオリティーがとにかくスゴい！**

『ファイナルファンタジーXV』

おお……。なんてクオリティーだ。ふるまわれてみたい。食べてみたい。

モデル
ポリゴンモデルのこと。ゲーム内に出てくる立体物。みんな作りものだけど、なるべくそう感じさせないさまざまな工夫がなされている。

……いや、食べたらおいしかったということではなく、**モデル**の話。本物っぽく、かつおいしそうに見えるばかりか、皿をテーブルに乗せる動きも、ポテトや野菜がズレてそれらしく動いていたりして。わたしは、ここまで料理の表現にこだわったゲームをほかに思いつきません。異なる意味で『朧村正』などはいい感じですけれど。

さらに驚くのは、ガソリンスタンドなどのレストランで出る食事が、イグニスが作るものよりもおいしそうに見えないこと。同じようなメニューでも、いかにもファストフード的で、それなりに見えるようになっているのですね。ファミ通.comの『FF』特設サイトで、おにぎりのリテイク写真を見ました（その写真が右）。

おにぎりを完成させるために、10近くのバージョンがあるとのこと。細かい調整版を含めれば、さらに多いのかもしれませんね。

発売延期などに対して、「こんなところを長々と作っているから！」と関連づける人もいるかも。でも、デザイナーが浮いたらプログラムの作業に回せるわけでもなし。より突き詰めてもらえるのは、遊ぶ側としてはありがたいことです。

『トイ・ストーリー』などでおなじみのPIXAR。そのPIXARでは、必要以上の仕事のことを、"完璧な陰影をつけた1セント硬貨"と呼びます。詳しくは右ページの解説で。

近似した要素なので、『FFXV』の食べ物に対してこのたとえを出す人はけっこういるかも。しかし、わたしの考えは少し違います。

『FFXV』において、仲間との旅を思い出深いもの、心に残るものに感じさせることはとても重要であり、そのためにはキャンプに出てくる食事がおいしそうで、憩いを感じさせることは必要不可欠なのでしょう。映画などさまざまなメディアでは、人の欲求や性格、生活や文化が素直に浮き出る食事シーンは、いろいろな見せかたのテクニックがあったりしますが、その一環とも言えますね。

作り手の観点から見たら。『FFXV』の開発で、おにぎりに関わらず多くの食事モデルを作るいちモデラーは、「こ

の食べ物をおいしそうに作って」と指示されるのが基本でしょう。モデルの制作中は、**本作における食べ物のモデルの重要性を理解するのは難しいかもしれません**。仮に最大限の伝える努力をしていても、ゲームの現物がなく、遊び込めていない段階では、物事の芯がつかめないこともありましょう。たとえば、説明書だけ読んでゲーム内容をすべて把握するのは無理ですよね。わたしも『FFXV』をプレイしていなければ、「食べ物のモデルが凝っているな」という感想だけで終わっていたかもしれません。完成品を実際にプレイし、体験し、終着を迎えてやっと腑に落ちることもあります。

なので、ディレクターはもちろん各職種のリーダーも含め、**全体を俯瞰し、目標を見据えている人によるチェックやリテイクは、とても大事です**。開発に携わる人が多くなればなるほど、方向指示の重要性は増していきます。

なお、作り手のわたしはというと、こだわるところにはこだわるけど、妥協もします。場合にもよるけど、同じ箇所におおむね3〜4回ぐらいリテイクが入ると、クオリティー未達でも割り切って先に進むことが多いですね。**必ずしも考えたことを満たせるとは限らないし、楽しさに影響があることもあります**。物作りはそういうもの。逆に、スタッフがよい点を加えてくれることもあるので、柔軟に対応できることが大事ですね。

> **遊び込めていない段階**
> ゲームにおける多くの制作物は、ゲームがほぼできていない状態から準備しなければならない。

ファミ通.com 『ファイナルファンタジーXV』特設サイト

ゲーム本編の内容や、多角的に展開される作品群、グッズやニュース、インタビューに至るまで、『FFXV』に関する情報を網羅。おにぎりが解説されているページのURLは以下。(2019年3月現在)
http://www.famitsu.com/matome/ff15/2016_08_25.html

完璧な陰影をつけた1セント硬貨

PIXARの現社長、エド・キャットムル氏の著書、『ピクサー流 創造するちから』(ダイヤモンド社)の一節。さほど重要ではない硬貨1枚の3Dモデルを作り込んでも、作品のクオリティーには直結しない。監督者は優先順位を明確にし、それを現場と共有することが大事という話。

1セント硬貨(本物)

ふり返って思うこと

桜井 食事に凝るぐらいならもっと別の方向に力を注いでほしかった、と言われがちですが、開発力はそんなに都合よく入れ替えられませんね。どんなに何かをがんばっても、ほかの何かは変えられないことはたくさんありますから。であれば、何でもクオリティーが高いほうがいいじゃない、という。

—— じつは『スマブラ』も、食べ物がたくさん出るゲームですよね。「もっとおいしそうに！」なんていう指示出しはされているんでしょうか？(笑)

桜井 数を出すことが第一目標なので、凝るよりは色合いが似ないように気をつけたり、処理をなるべく軽くすることを重要視しています。でも、『スマブラ』が進化したら、『FFXV』並みにおいしそうな食事を出すこともあるのかな？

そのころゲーム業界では
2017年1月13日： "Nintendo Switch プレゼンテーション 2017"が東京・ビッグサイトで開催。発売日など詳細を発表。

Nintendo Switchに思うこと

2017.2.2 VOL.523

この原稿を書いているいまは、**Nintendo Switch プレゼンテーション 2017を見終わった当日の晩**。価格や発売日が判明しました。わたしの個人的な感想を3つだけ、インパクト順に並べてみます。

■ 早い！

2017年3月3日。発売時期は思ったよりずっと**早かった**。ゲームプラットフォームは数あれど、発売日発表から販売までがこんなに短かったものをほかに思いつきません……。

■ 安い！

ドックやタッチ液晶、アダプタ、ケーブルなども入ってこの値段は、だいぶがんばっていると思います。コントローラーは送受信部のパーツが高いのですが、それがふたつぶんですしね。

■ リージョンフリー！

原則的にリージョンロックをかけない、つまり海外のソフトがそのまま遊べる方針であるとのこと。海外作品もいろいろ遊びたいわたしにとっては、かなりうれしい仕様です。ただ、"原則的に"ということなので、あまりにも過激だと制約がかかるかもしれませんね。

どうしても任天堂関連の人と思われがちなわたしですが、発表のときまでそれらの情報は何も知りませんでした。Switchの発売日には、『ゼルダの伝説 ブレス オブ ザ ワイルド』が遊べるのだなあ。まだ実感がないぐらいですけれども。

それとは別に発表されたことがありました。**任天堂のオンラインサービスが、これから有料になるということ**。2018年の秋までは無料で、以降はネット対戦をするにも会費がかかるようです。つまり、PS Plusのようなサービス形態になるということですね。会費や詳しい内容は未発表です。

いままで任天堂は、オンライン対戦などを基本的に無料にしていました。しかし、その運営にはコストがかかります。とくに、ソフトのライフサイクルが長いゲームが多いのに、**いつまでも無料サービスでまかなえない、もはや限界であることは、作り手事情として理解できます**。しかし、**いままで無料だったものが有料になることに対して、理解や納得が得られにくいというのも、遊び手視点で理解できます**。基本無料のソフトは多く、それが常識と思われているところもあるわけで。Switchにも基本無料のソフトは出るだろうし、それらはサービスに加入していなくても遊べるのでしょうが、また別のハナシ。理解を得るには長く地道な努力が必要でしょうね。

また、発表内容とは少し離れますが、任天堂から遠くて近いわたしが思う、Switchに期待する重要なこと。**それは、任天堂の開発リソースの一本化です**。

ゲームボーイができてから永きにわ

早かった
プレゼンテーションが1月13日。発売まで1ヵ月と3週ぐらい。問屋さんの受注や資金繰りが心配になるほど早かった。

← 新ハードの発売時期には、ちゃんと買えて、手にできるのか心配になります……。

たり、**任天堂は開発チームを二分せざるを得ませんでした。つまり、据え置きゲームを作る部隊と、携帯ゲームを作る部隊に。**セカンド＆サードパーティーは、どちらか選ぶことになります。据え置きと携帯のアーキテクチャがあまりにも違いすぎて、両機種で同じものを開発するのはまず無理。任天堂系で、同時期に両方出すことに成功したのは、**いまのところ**『スマブラ for』ぐらいなのでは。

おまけに新ハードの発売が近いと、事実上3ハード以上になることも。だから部署もディレクターもチームも個別だったわけですが、この制作力がSwitchで一本に絞られるという。つまり、純粋に開発力が増すことが期待

できます。

現在求められるゲームの複雑さ、重厚さにより、相殺されるものもあるかもしれませんが、いまの時代に開発力が増す要素は歓迎したいところです。ハードの出来がどうであろうと、何でもソフト次第ということは間違いないですから。

➡ 東京ビッグサイトでは、さまざまな情報発信とともに、体験会も催されました。

いまのところ
その後任天堂系ではないが、PS4と3DSの両機種で『ドラクエⅪ』が登場した。

🔘『ゼルダの伝説 ブレス オブ ザ ワイルド』
Nintendo Switch/任天堂/2017年3月3日発売

『ゼルダの伝説』シリーズの最新作。サバイバルに焦点を当て、広大な世界を舞台に、どこに行くのも何をするのも、すべてがプレイヤー次第。Nintendo Switchと同時発売のパッケージ版ソフトは、本作を含めて全8作品。

🔘 アーキテクチャ

もとは様式や構成を表す建築用語だが、コンピューター業界では、システムやソフトにおける基本構造、設計思想を指す。一般的に、同じアーキテクチャで設計されたハードとソフト間であれば、互換性や移植性も高くなる。

ふり返って思うこと

桜井 『スマブラSP』を作っていることは明かしていないころですが、率直な感想を書いていますね。

——何ヵ月か前には、ご存じだったんですか？

桜井 いえ、知らないことばかりでした。発売時期や価格、リージョンフリーだということも、このプレゼンテーションで知ったくらいなので。

——桜井さんであっても、自分たちと同じタイミングで知ることがあるなんて、けっこう意外です。

桜井 やっぱり、制作力がSwitch一本に絞られるというのが、絶大な意味を持っていると思いました。どう考えても効果てきめんで、実際にその後発売された任天堂タイトルは凄まじい出来栄えでしたから。

🌐 そのころゲーム業界では
2017年1月31日：『FF』生誕30周年のセレモニーで『ファイナルファンタジーⅦ リメイク』の新ビジュアルが公開され話題に。

トロフィーで知るクリアー率

2017.2.16 VOL.524

キャンペーンモード
シナリオ込みで骨太に遊ぶモード。対戦を主体にするゲームにおいて、ひとりで連続性を持たせた遊びができることが多い。

少し前、こんな話を聞きました。「FPSの制作で、もっともコストがかかるのは**キャンペーンモード**で、通常は予算全体の75％かかる」。「キャンペーンモードをクリアーしているプレイヤーは、全体の5％」。前者が『Gears of War』のリードデザイナー、クリフ・ブレジンスキー氏、後者が『Titanfall』の開発元、Respawn Entertainmentの発言とのことです。確かにそういうところはあるのかも……。

ところで、プレイステーション4のトロフィーには、プレイ層全体で、どれだけの人がそのトロフィーを取得したかを表示する機能があります。この場合のプレイ層は、1回でも起動したら母数として数えられるのでしょうね。そこで、**わたしが2017年1月29日現在でクリアーしているゲームのトロフィーのうち、どれだけの人がクリアーまで遊んだかを調べてみました。**（以下、データは連載時のものです）なるべくメジャーな作品を取り上げていきます！

まず、2016年末に発売された海外大作FPS系を見てみますと……。

『バトルフィールド1』：**12.4％**（ノーマルモード）
『Titanfall2』：**41.6％**
『コール オブ デューティ インフィニット・ウォーフェア』：**13.3％**

でした。『バトルフィールド1』はイージーのトロフィーがないのですが、5つある章のうちもっとも低いものが**25.0％**です。ちなみにTPSだけど同じく海外の大作、『ウォッチドッグス2』は**20.2％**でした。

そのほか、おおむね発売日が若い順に並べると……。

『GRAVITY DAZE 2』：**10.5％**

発売直後なので、これからまだまだ増えるでしょう。ただ、ゲームは思ったよりも難しかったです。

『ニューダンガンロンパV3』：**39.1％**

早くもクリアー率が高い！ あの衝撃的なエンディングを迎えた人は、いままでに例のない、いろいろなことを感じたことでしょう。

『龍が如く6』：**49.4％**

これも高い！ 本編自体が相当なボリュームですが、それをしっかりクリアーできた人はほぼ半数。

『人喰いの大鷲トリコ』：**29.8％**

これはぜひとも自力で終焉を迎えてほしい！ クリアー動画を見るなど、非常にもったいないことです。なお、やり込み要素で"5時間以内にクリア"というものがあり、こちらは**0.4％**にとどまりました。

『ペルソナ5』：**49.0％**

発売から時間が経っているとはいえ、あのボリュームから考えると高い！ なおわたしは、難度を下げて最初から

←これがトロフィー。％が全体の取得率。色はメーカーが指定しています。

Think about the Video Games

全員の**共感度**を最大にしようとして失敗しました。ゲーム時間が12月までで終わりということを知らず、敗退。

そのほか、あとふたつだけ……。

『**Rez ∞**』：**24.6%**（Area X 蝶）

"鳥"は**18.3%**。"Area X"が最大の見所ですが、最後まで遊んだ人はやや少ないと言えますね。

『**ソフィーのアトリエ**』：**24.4%**

シリーズのおもしろさはよく知っているけれど、時間ドロボーなので敬遠していました。が、PS Plusで配信されたので手を出してしまい……。恐ろしいソフトです。

全体的なクリアー率は高め！　わたしがゲームをクリアーした瞬間は、全体のクリアー率が2%とか5%である

ことが多いです。が、時間が経つにつれ、確実にクリアー人口は増えていきますね。

キャンペーンモードは工数を食い散らかすような贅沢品。各作品の作り手に感謝しつつ、ありがたーく楽しませていただきます。

> **共感度**
> ゲーム内用語で"コープ"。仲間との絆が深まると、バレンタインデーが修羅場になる。

↑やり込みをしないので、プラチナはゼロ。ブロンズは3000近くあります。

● キャンペーンモードを搭載していないFPSタイトルの例

キャンペーンモードとは、FPSやTPSにおけるストーリーモードのこと。マルチモードを重視した『スター・ウォーズ バトルフロント』、『レインボーシックス シージ』などは、もともとキャンペーンモードが収録されていない。

『レインボーシックス シージ』

● プレイステーション4のトロフィー

ゲームに設定されたさまざまな条件を達成すると獲得できる実績で、取得難度により4種類のグレードがある。ピラミッド型のアイコンで、同じ種類のトロフィーを獲得したプレイヤーの割合に応じたレア度が確認できる。

ふり返って思うこと

桜井　意外にクリアー率って低いものだなと。エンディングって、あまり見られないものなんですね。『トリコ』なんて、最後まで見ないと意味がないとさえ思うのに、30%以下という。謎です……。

——そう考えると『ペルソナ5』はすごいですね。あんなに時間がかかるのに、半数がクリアーしていて。

桜井　本文にあるように、自分がクリアーするときはその時点のクリアー率はひと桁が多いですね。

——それはクリアーするのが早いからでは？（笑）

桜井　そうでした。でも、ちゃんと夜遅くまで働いていますからね。時間の確保が難しい……　。

——（働いていなければ、もっと早いのか……！）

🌐 そのころゲーム業界では
2017年2月23日：『NieR：Automata（ニーア オートマタ）』発売。以降、世界的に長く支持され続ける。

裁こうとしすぎのこの時代で

2017.3.3 VOL.525

✉ 大阪府　北野正幸さん

週刊ファミ通2017年2月16日号の山本さほ先生のマンガ、桜井さんは読みましたか？　僕のまわりでは賛否両論です。個人的には表現の自由だと思います。(以下省略)

読みました。これは本編にあるように、"言いすぎている一部の人たち"に感じたことであり、それこそ表現の自由だと思います！

わたしの見解では。マンガの後半にあった制作背景、スタッフや家族がいて心痛めている可能性があるというお話は、**お客さんには関係ないことです**。身を粉にして制作しようと、多くの人々や家族が絡む成果の結晶であろうと、**意に介する必要はまったくありません**。世に溢れるすべてのものやサービスは、人が思うよりも遥かに多くの労力に支えられたもの。**社会ではお互いさまのことです！**　また、作品のおもしろいところだけ評価しようとする必要も、よい点と悪い点を両方挙げてバランスを取ろうとする必要もない

と思います。否定だけでも、その人が思うことは披露していいでしょう。

ただ、それでも**最近のいきすぎた叩きについては、目に余るものがあると感じます**。やり込めることに力が入りすぎている。実際にはどれだけのことをやったのかもわからないのに、プロデューサーなどの人格否定まで始めたり。**言論の自由はあるけれど、人や組織をむやみに攻撃していい権利なんて、誰にもないです**。弁護するわけではないですが、そこは当たり前だと思わないでいただきたい。が、もっと恐ろしいのは、**その"叩き"をみんなが真に受けること**。レビュー内にも、他者の意見に染まっているものが多いです。肯定より否定のほうが強いエネルギーを持っているし、同調圧力、"そうだそうだ"感もあります。

評価が低くても、作品の出来が悪いとは言い切れないのですよ。坊主憎けりゃ袈裟まで憎い。たとえばこれを読んでいる罪なき読者さんも、誰かの機嫌を損ねたら、いくらでも文句をつけられてしまうものです。仮に食事した

お客さんには関係ない

筆者も制作の苦労がわからないまま、いろいろな便利を享受しているので……。世の中お互いさま。

← かなり慎重に、言葉を選んで描いたであろうコマ。

↑ 遊ばずに煽り、野次馬するのは、前提の"お互いさま"すらないですね。

※週刊ファミ通2017年2月16日号より抜粋。単行本3巻に収録。©2017 SAHO YAMAMOTO

Think about the Video Games

だけでも。歩いただけでも。人目につくということは、そういうことです。

何より実際、最近いろいろなものを最後までプレイしたわたしは、**恐らく叩かれている作品も含め、お世辞抜きでみんな心底楽しみました**。それぞれの作品にしかない魅力があり、いろいろな興味や感動を与えてくれました。これはわたしが思ったことだから、他者には曲げられない事実です。過度のバッシングは、場に毒を盛ります。ほかの人の気持ちまで蝕んでいくだけではなく、土壌を悪くし、育ちにくくします。ゲーム業界を滅ぼしたければ、目論見通りなのでしょうけれど……。

たとえば。遊ぶ自分はプレイするゲームの情報を遮断し、すべて自分の価値観で決めているから他者の影響を受けにくいです。が、もしわたしが購入前に過度のバッシングを見たいちユーザーだったら。**個人の価値感として楽しめたのは実践済みですが、その前に購入する選択肢がなくなったかもしれません**。また、わたしは若いころからゲーム業界入りしましたが、**もし叩きや煽りが当たり前の世界だったら、この業界を目指すことはなかったかもしれません**。同じように考える若手もいるだろうし、それでやめた作り手もいるだろうと思います。

ゲームに限った話ではないけど、**誰かの憤懣とともに、より楽しくなれる未来が奪われていきます**。でも、叩いた本人が溜飲を下げているかというと、そうでもない。いいことがひとつもないですね。

こういうことを作り手が書くのは、度胸がいります。作品を提供する立場は圧倒的に弱いので。だけど、同じように考えたゲーム好きの山本さほさんが、勇気を出してマンガにしたのはすばらしい。人の仕事を裁こうとしすぎる傾向が、改善されることはもはやないでしょう。でも、**わたし個人はゲームをおもしろいと感じるのは変わらないし、同じ考えを持つ人も多いと思う**ので、土壌は健やかであってほしいと願っています。

> **みんな心底楽しみました**
> 本当に。こういったゲームが作れる人々はスゴいなあと尊敬している。

山本さほ著『無慈悲な8bit』

代表作に『岡崎に捧ぐ』を持つ著者が、ともに育ったゲームについて綴るエッセイマンガ。話題の回は、SNSやオンラインショップのレビューなどに見られる、行き過ぎたバッシングについて取り上げたもの。ゲームの制作者の苦労や家族に思いを馳せ、「嫌いを連呼するより、好きなゲームの話をしたいですね」と、締めくくっている。

←週刊ファミ通にて毎号連載中。単行本1～3巻も大好評発売中です!

価格:各750円[税込]
発行:KADOKAWA

ふり返って思うこと

桜井 山本さほ先生のマンガはおもしろいですね。『岡崎に捧ぐ』など、いろいろ拝読していますよ。
——たびたび議論される話題でしたが、いち制作者である桜井さんの姿勢がとても潔いと思いました。
桜井 けっきょく、物事は楽しいほうがいいじゃないですか。どうでもいいことでカリカリしたり、ケンカしたり、焚きつけるようなことをしたり……。そこで、皆さんに海外旅行をオススメしたい!
——突然の海外旅行(笑)。
桜井 冗談ではなく(笑)。価値観の違いを体感すると、こういう話が本当に小さいことに思えますよ。いかに日本が恵まれた国なのかもわかりますし。自分にも言えることですが、もっとおおらかに、なるべく楽しく努めたほうがいいと思うんですよね。

🌐 そのころゲーム業界では
2017年3月3日:Nintendo Switchと『ゼルダの伝説 ブレス オブ ザ ワイルド』が同時発売。世界的に大ヒット。

ルールにハマらないこと

2017.3.16 VOL. 526

昨年末から熱量があるゲームの発売が続いていてスゴいなぁ……。遊ぶほうもタイヘンな中、またおもしろいゲームが出てしまいました。『NieR:Automata(ニーア オートマタ)』です。

わたし自身の作風とは180度異なりますが、『ニーア』系は個人的に好きです。『ニーア レプリカント』も『ニーア ゲシュタルト』もクリアーしていますし、『ドラッグ オン ドラグーン』も欠かさずプレイしています。ほかにはあまりない手法を楽しみにしていますね。

今回はアクションがキビキビしていてよい感じです。さすがプラチナゲームズ、と思う人は少なくないのではないでしょうか。スピーディーだし、手応えも十分。相手の破壊表現や効果音も気持ちがよいです。射撃のリスクが少し低いかな、とも感じましたが、このロックオンは初心者、不慣れな人に対する救済なのだろうなぁと感じました。もともとは自分で狙いをつけるものとして企画されたと考えれば、納得がいきます。

前作もそうでしたが、コーラスまじりの音楽もよいです。いくら書いても伝わらないので子細は省略しますが、シームレスにつながる仕様もとても凝っています。

最初にエンディングを迎えたときは、まだ続くと思っていたところでプツンと終わるので「短っ!!」と感じました。もう書いても許されると思うのですが、ここまでは中盤。バッドエンドも含めてどれだけのエンディングがあるかはわかりません。が、**話のオチがつく最後まで**はプレイしたつもりです。

のちの展開になるほど、ゲームの枠を踏み越えた遊びにネタが多く出てきて興味を惹きます。ネタバレになるので多くを書けませんが、ローディング画面でコンピューターどうしがテキスト会話を始めるとか……。最後のほうに出てくるハッキングネタは、たまげました。

大昔、手塚マンガや赤塚マンガなどでよく見られた手法に、**マンガのコマを越えたり破ったりする表現がありました**。たとえばびっくりして飛び上がった人が、コマを破って上のコマの天井にぶつかったりする。いま、こういうマンガはあまりないですね。そのまま入れても、ただただ古いと感じてしまうだけだと思います。マンガで言えば、コマはルール。黒子のような、読者には忘れられてしかるべきもの。でも、**ルールを破ってはいけないという決まりはないし、作品を表現する手法はもっと自由であったほうがよいです!**

『ニーア』系の好きなところのひとつに、こういったゲームの枠組みから積極的にはみ出て、驚きを提供してくれ

話のオチがつく最後まで
最低でも3回のエンディング到達は必要だと思う。究極的には、セーブデータをすべて消されるエンディングもある……。

『NieR:Automata(ニーア オートマタ)』

↑アクションはキビキビサクサク。駆け足も速いので、散策が苦になりません。

るところがあります。それがあるだけでも、欠かさずプレイする動機になります。**メタフィクション**的な表現というだけで否定する人もいることでしょう。しかし、わたしは**それが楽しいかどうか、新鮮な驚きがあるかどうかを重視しますね**。仮に内輪ネタのようになるとあまり好きではないし、操作を奪われるとストレスになることもあるけれど、**知らずにルールの外に足を踏み入れた違和感を、最大限楽しみたい**。

既存のシステムにそのまま乗るだけでよいのか、と疑問を持つことは、何においても大事だと思います。いろいろ考えた末に元の鞘に収まったり、落ち着いたりすることはあっても、そこで考えたことは大抵ムダにならないので。

奇をてらう、とも異なります。変わっていればいいというわけでもない。しかし『ニーア』の場合、主人公がアンドロイドだという設定からも、すべて意図的に一貫性があるように思えるのですよね。普段感じることができない体験。最初の体感を大事にしたいです。

> **メタフィクション**
> マンガのコマを飛び越えるのもメタ表現。

『NieR:Automata(ニーア オートマタ)』

← OSチップを抜くと主人公が死ぬ。ほかのゲームではまず見ないかい要素です。

『NieR:Automata(ニーア オートマタ)』
プレイステーション4/スクウェア・エニックス/2017年2月23日発売

異星人が放った機械生命体から地球を奪還すべく、アンドロイド兵士部隊が死闘をくり広げるアクションRPG。飛行ユニットを駆使するシューティングパートや、オープンワールドの探索など、遊びの要素は多彩。

メタフィクション

本文の場合は、フィクション、つまり作り話において、それ自体が作り話だということを意図的に読み手に気づかせる表現手法。主人公がアンドロイドであるという本作の設定も合わさり、絶妙な"納得感"を醸している。

ふり返って思うこと

桜井 ホントウに、コンシューマー業界のみんな、がんばりすぎ！ 休んだほうがいいですよ！

——桜井さんがそれを言うんですか(笑)。ところで、『ニーア』が世界に受け入れられた要因は何だと思いますか？ キャラの魅力も大きいと思いますが。

桜井 やっぱり、アクションの仕様でしょう。『ニーア』系はアクションが弱点だとは思っていましたので。その点、本作は非常に楽しめました。

——プラチナゲームズさんとの出会いが、さらなるヒットに導いたということですね。

桜井 そうですね。プラチナさんもすごいですし、メタフィクション的な表現でそれらを包み込む、ヨコオタロウさんの制作体制もすごい。とても理想的なマッチングだったと思います。

そのころゲーム業界では
2017年3月23日：「ドン勝」というフレーズを生んだ『PLAYERUNKNOWN'S BATTLEGROUNDS』の配信開始日。

とても近くて、とても対照的

2017.3.30 VOL. 527

このコラムを書いている1週間前、とんでもなく傑出した作品が2作も登場し、時間のやりくりに困っていました。『Horizon Zero Dawn』と、『ゼルダの伝説　ブレス オブ ザ ワイルド』。両作とも超傑作なのでぜひやりましょう！　で、この2作は、とても近いところがあるのに、とても対照的で驚き。まず共通点をまとめます。

■共通するところ

- オープンワールド系ARPG
- 主人公は世界を担う宿命を持つ
- 古風な文化。街などは多くない
- 失われた過去を追うストーリー
- 弓矢を標準的に使う戦術と攻略
- 日常的に狩りをして素材を収集
- 身を隠したり、不意打ちが有効
- 相手の装備を落として無効化する
- 周囲のものをある程度活用
- 野生の生物を捕まえて騎乗
- 装備に技能があり適宜着替える
- 最終ボスは、見えざる力で自然の敵群を支配下に置く何か
- 開発期間は、およそ6年？

つぎに対照的だと感じた点をまとめてみます。前者が『Horizon』、後者が『ゼルダ』です。

■対照的なところ

- 海外の新規ゲームタイトル↔日本で歴史が深いシリーズ
- 敵は機械化生物でメタリック↔標準的なモンスターで肉質
- 猛然と無制限にダッシュでき、軽快↔"がんばりゲージ"が尽きないように、休み休み走る
- ガケ登りはスイスイ。半自動でアクロバット的↔がんばりゲージでリソース計算をして堅実に登る
- 戦闘は派手。ぶちかまし転倒後にフィニッシュブローを決める↔遠距離攻撃や回避攻撃が主体のリスクを抑えた戦法になりがち
- 弾丸などが不足しても、素材があればその場でクラフトでき、回復薬も作り放題↔矢や武器、装備や料理など事前の製作と準備が肝要
- 敵を倒し、レベルアップとスキルで強くなる↔祠を見つけてパズルをクリアーし、体力とがんばりゲージの上限を高めて強くなる
- 野にいる機械獣を捕まえ放題で、つねに乗り換える↔馬は馬宿での登録が必要で、愛馬がある程度決まってくる
- グラフィックはとてもリアル。機械などの造形が美しく、目を見張る精巧さ↔ディテールを省いた**半トゥーン調**で、独特のユニークさを持つ表現
- ストーリー主導。主人公の意思が明確で、お話をなぞる↔自由。主人公像は曖昧で、セリフもなく、プレイヤーの心情を投影しやすい
- 前述によって、大筋ではつぎの目的地がハッキリするので迷わない↔どこから進めても許され、最初

半トゥーン調
『ゼルダ』のほうは、陰影のディテールをある程度省略しているが、グレアが強めで、トゥーンレンダリングというほどではない独特の仕上がり。

「Horizon Zero Dawn (ホライゾン ゼロ・ドーン)」

『Horizon』。新規IPでこれだけのものができるとは。技術と根性に脱帽です。

Think about the Video Games

『ゼルダの伝説 ブレス オブ ザ ワイルド』

← 『ゼルダの伝説』。多くの人が、この世界の深さを味わっているのでは。

からラスボスに挑むなど、何でもアリのよさがあるなど。

全体的に、『Horizon』のほうがストレスフリーで、『ゼルダ』のほうがめんどくさい設定になっていますね。しかし、『ゼルダ』をプレイした人ならよくわかっているハズ。『ゼルダ』は、そのめんどくささが最高に楽しいことを!

ゲームが快適なのは、じつによいです。最近の傾向としても、いかにストレスを感じさせないかは指標になります。しかし、**快適さとリソース管理の楽しさは、また別なのですよね**。あえてまわりくどくすることや、ひとつひとつを着実にさせることが喜びを生み、それにより上限が増すときの快感がまた格別になると。方針として、どちらも大正解だと思います。

それぞれの馬や弓、打撃などの操作に慣れると、もう片方で混乱するのもまた一興。くり返しますが、**可能なら両方プレイしましょう。これだけよくできた作品が並ぶことは、まずないですよ!**

> **リソース管理**
> 弾薬、スタミナ、素材などの、消費と取得をくり返すもの。

◉『Horizon Zero Dawn（ホライゾン ゼロ・ドーン)』
プレイステーション4/ソニー・インタラクティブエンタテインメントジャパンアジア/2017年3月2日発売

文明が滅亡して1000年の時が過ぎ、"機械獣"と呼ばれる機械の獣たちが支配する世界を旅する、オープンワールドタイプのアクションRPG。狩人として成長した女性、アーロイが、自分の出生の秘密を知るために奔走する。

◉『ゼルダの伝説 ブレス オブ ザ ワイルド』
Nintendo Switch、Wii U/任天堂/2017年3月3日発売

オープンワールドタイプのフィールドを採用したシリーズ最新作。ハイラル王国の滅亡から100年後に目覚めたリンクは、王国の姫ゼルダの導きと、古の英知シーカーストーンの力を使い、厄災ガノンを討つ冒険に出る。

ふり返って思うこと

——『ゼルダ』に心酔していたので、当時この2作品を比較する余裕など持ち合わせていませんでした。

桜井 やればすぐわかることばかりですよ。もちろん自分も『ゼルダ』は発売後にクリアーしましたが、それ以前に『スマブラSP』制作用に開発中のものを借りて、2日で一気に最後まで見たんですよね。

——ひええ。「何年かかって作ったと思ってるの?」とか、言われませんでした?

桜井 (笑)。自分はいち早く『ゼルダ』の仕様を知る必要があったんです。リモコンバクダンや新しいコスチュームなどを、『スマブラ』に取り入れることを考えましたし。先立ってプレイできたので、発売同時期のこの2作品に触れられたわけですけれども。

——とても興味深い考察として拝読しました。

そのころゲーム業界では
2017年4月1日：東京・ビッグサイトにて『League of Legends』の大会を開催。国内最大級のeスポーツイベント。

2017.4.13 VOL.528 読者の手紙から

わたしがこの回を書いているときにプレイしていたのは、『Farming Simulator 17』でした。実在するいろいろな農機を駆使して、農業を営むシミュレーターです。林業も畜産も可能。これは非常に勉強になっていいですね。さまざまな工夫が凝らされた有機生産業の仕組み。積み重ねたノウハウが効率よい生産に至ると考えると、ただただ尊敬です。なお、タイトルの"17"は17作品出ているというわけではなく、2017年度版といったイメージです。今回は、直筆（はがき）でいただいたおたよりにお答えします！

✉ 埼玉県　黒猫可憐さん

桜井さんは、**過去に手掛けた作品を作り直したいことはありますか？**　自分はわりとあります。後出しジャンケンみたいで駄目なのかもしれませんが、月日が経つと、どうしても気になります。

Re: 作り直したいこととは違うかもしれませんが、**直せなかった、妥協した点をずっと悔やんでいることは少なくありません。**『星のカービィ』が生誕25周年になりますが、それくらい前のものでも、「ああ、ここはこうしたかった」と思い続けることはあります。完成したものに対して考えるのは誰でもできそうですが、完成させようとして至らなかったところというのは表に見えることがないので、制作側特有のジレンマがありますね。

✉ 福岡県　レッドピットさん

私のゲーム事情あるある。**同じ作品を2回買ってしまった。**そのとき、"二度あることは三度ある"になりがちです。

Re: あるある！　3回はないが、わたしも2回買うことはよくあります。Amazonで2回注文していたとか、ダウンロード版とパッケージ版を買っていたとか。そんなとき、**わたしは希望するスタッフにプレゼントすることにしています。**この前は、"刹那の見斬り"で勝ち抜き抽選をして、盛り上がりました。

◉ 刹那の見斬り

『星のカービィ スーパーデラックス』などに収録されているミニゲーム。自分と相手が1対1でにらみ合い、"！"が表示されたら相手より早くボタンを押す、という単純明快な遊び。反射神経と空気を読むことが勝利の秘訣だ。

『星のカービィ スーパーデラックス』

長野県　村田中納言さん

　時代を先取りしすぎて、名作であるにも関わらず、それほど人気が出ずにひっそりと消えてしまったゲームをよく見かけます。その中でも私の心に残っているのが、ファミコンソフトの『スターラスター』です。(中略) 3D技術の進んだいまなら、売れに売れている可能性もなくはないだけに、このまま忘れ去られていくのが残念でなりません。現代風にリメイクして、後世に伝えたいすばらしいゲームのひとつです。

Re: 『スターラスター』はそのよさを知る人や、リメイクも比較的多い作品ではないでしょうか。X68000版とかナムコアンソロジー版とか、『スターイクシオン』とか。でもじつは、**『スターラスター』自体がリメイク的なゲームですね。**1972年ごろからある『スタートレック』というマイコンゲームは、『スターラスター』のマップ画面で遊ぶようなゲームです。基地、シールドや燃料、光子魚雷、各種故障やワープもありました。**よい作品は、有形無形でのちの世に影響を与えるもの。なので、その作品の後継そのものでなくてもよいのかもしれませんね。**

桜井さんが描きました

↑『スタートレック』のイメージはこんな感じ。文字キャラだけで構成される画面。

兵庫県　おてんさん

　ゲームオーバーよりきつい電池切れ。**RPGは、早くエンディングにたどり着いてほしい。**もういっそ、レベル99から始めてほしい。ストレスかいしょーしたいんです。

Re: レベル99から始めるのは極端にせよ……。何か、共感できますね。**短期間でいろいろ遊びたいけど、ボリューム上難しい。**でもそうしないと味わえない経験もあるので、まちまちでよいかと！

➡おてんさんのはがきにしれっと描かれていたイラスト。なんかじわじわきますね。

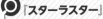
『スターラスター』
ファミコン/バンダイナムコエンターテインメント/1985年12月6日発売

　星や基地を守るため、高機動戦闘機"ガイア"で侵略者を迎え撃つシューティングゲーム。戦闘は、コックピット視点のコンバットモードで行われる。

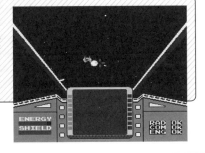

 そのころゲーム業界では
2017年4月16日: "星のカービィ25周年記念オーケストラコンサート"開催。東京に続き6月に大阪でも開催。

2017.4.27 VOL.529 初代『星のカービィ』開発秘話

シリーズの原点である『星のカービィ』が、ゲームボーイ用ソフトとして1992年4月27日に発売されて25年目となった2017年。数々のイベントとともに週刊ファミ通でも特集が組まれ、桜井さん自身が開発秘話を語りました。ここではそのスペシャル回をそのままお届けします！

桜井政博です。いちばん最初の『星のカービィ』がゲームボーイで発売されてから25年が経ったということで、先日、東京でオーケストラコンサートが開催されました。そのとき、お客さんにもっと楽しんでほしいという気持ちから、初代『星のカービィ』の開発秘話を作り、公開しました。そして、ファミ通でも25周年特集を組んでくださるとのこと。なので、今回はいつものコラムを特別編成にし、その内容を抜粋してお伝えしたいと思います！

それにしても……。カービィが25歳なら、子どもがいてもおかしくない歳。そうなったら、わたしはもうおじいちゃんですね。老後の心配もしなくちゃなあ。

とても小さいROM容量

『カービィ』は、紆余曲折あって2メガバイトのROMで発売されましたが、**開発中は512キロビットに収まるように設計しました。** キロビットと言ってもなじみがないでしょうが、つまり0.000064ギガバイト。当時としても少ない！　なので、がんばって詰めました。

↑任天堂作品の中でも最大のサイズである某ゲームと比べると……このくらい？　なぜ比べたし。

開発期間はおよそ1年

初代『カービィ』が発売されたのは、1992年4月27日。**企画を立てたのは、1990年の5月ごろでした。** すぐに着手できませんでしたが、開発期間はおよそ1年です。当時のゲームが難度の高い傾向にある中、『カービィ』はゲーム初心者の導入に絞って制作しました。慣れた人なら20分で終わるボリュームですが、結果として**世界で500万本以上売れる大ヒットとなりました。これは全『カービィ』シリーズの中でも2位にダブルスコアをつけてダントツの記録です。**

超強力開発ツール ツインファミコン！

『メタルスレイダーグローリー』というファミコンソフトの制作過程で、ひとつの開発ツールが生まれました。名前は"ゲームメーカー"。**ツインファミコンにハル研究所製のトラックボールを付け、ディスクシステムで専用開発ツールを読み込ませたもの**です。これで直接絵を描き、動かすことができるのです。新人のときから手にしたこのツールでカービィを描き、動かし、ビデオに撮って企画プレゼンしました。初代『カービィ』のすべての絵や動きは、このツールで作られています。

↓実際のツール画面

↑ドットでパーツを描き、それを組み合わせてスプライトを付け足し、動きのデータを打ち込む。キーボードはないので、画面上の数字をぷちぷちクリックしていました。

←背景もタイトルも、これひとつで制作！　ファミコンの表示制限下でファミコンゲームを開発できるというのは、思えばとってもスゴイこと。わたしはほかに例を知りません。

Think about the Video Games

容量は少ないが、魅力的に動かせ！

容量は少ないし、ゲームボーイだから白黒なのだけど、魅力的に見せたい！ なので、さまざまな工夫を織り込んでいます。たとえば、ワドルディとワドルドゥがなぜ似ているのかと言えば、右図のように、1.5体ぶんの容量で2体ぶんのキャラクターを作りたかったから。身もフタもない！ だけど、**こういう"詰め込みの工夫"はおもしろかった**です。ゴルドーは、8×16ドットのキャラクターを上下反転してくっつけ、左右反転して動いているように見せました。ウィスピーウッズは、目の上半分を描き、上下反転して目と口を作り、背景に貼り付けただけです。比較的贅沢なデデデ大王も、デモ映像用の山や城、文字といっしょにするなどの工夫がなされています。なお、**これらの絵はおおむねわたしが描いています**。ドット絵を描く際、方眼紙に描いてから打ち込む方も多かったようですが、わたしはラフデザインも含めて、直接ドット絵を打っていましたね。

↑半分共通にし、違う性質を持つキャラクターに……！ 切り詰め切り詰め。

ゴルドー

ポピーブロス Sr.

↑比較的なめらかに動く中ボスですが、足の動きはよく見ると3パターンしかありません。頭は2パターン。

ウィスピーウッズ

↑初心者に対して、敵を大きくして攻撃が外れないようにする。低容量、企画意図から決まったデザインです。

デデデ大王

↑→デデデ大王戦ではほかの敵を出さなくていいので、比較的のびのび？ か？

有限のキャラクター構成

●ふつうは8×8ドット

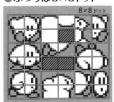

↑空いてる部分▨にまだ描けそう。

●ところが8×16ドット

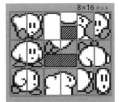

↑空いている部分▨が使えない！ カービィはほおばりで大きくなるので、ゲームボーイのこの仕様には非常に困らされました。

図1にキャラクターのセットがあるのですが、**この256×256ドット四方が、1ステージで使えるキャラクターすべて**です。カービィ部分、常駐部分、ステージ敵部分に分かれていますね。これを超えた表示は、もちろん機能上できません。ステージが進むと、ステージ敵部分だけを書き換えることになります。できればカツカツに詰めたいところなのですが、**キャラクターは縦長に8×16ドットで描かなければならなかったため、避けることができないスキマ**が生まれていました。ゲームボーイは、ファミコンゲームが携帯できる印象のハードですが、画面は白黒で、ドットの多さも面積比で言って0.38倍しかありません。処理のスピードもファミコンより遅く、背景に使える容量はなんと半分！ それでも、お客さんには関係ないし、うまいこと見せなければ。わたしはこの後ファミコンゲームを作ることになるのですが、このときのさまざまな経験はとても活きました。

図1：キャラクターのセット

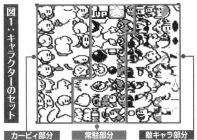

カービィ部分	常駐部分	敵キャラ部分
ゲーム中のカービィはすべてここにある。つぶれもダンスもやられも扉も。	ゲーム中変わらないところ。エフェクト、アイテム、レギュラー敵など。	ステージで変える敵セット。ステージ1〜4とデデデ大王で個別に。

図2：背景のセット

使えるエリアはファミコンのちょうど半分。左右反転は不可。上の図はステージ1の背景セットですが、これをどうにかこうにか組み合わせると、右の背景ができあがります。

初代『星のカービィ』の企画書に見る、あのゲームの原点!!

これは、初代『星のカービィ』の企画書。1990年当初、わたしが19歳のときに書いたものです。最初からカービィはカービィのイメージだったということがわかりますね。ただ、**わたしは最初にドット絵でカービィを描き、動かし、ビデオに撮ってプレゼンをしたので、企画書の絵はその後に描いたものになります。**カービィはドット絵が先に生まれ、イラスト絵が後なのです。わたしはそもそも絵を描くほうではないので、カービィはデザイナーに別のデザインをお願いする予定でした。しかし、実際にテレビ画面で動くカービィとそのアクションを見て、「このままがいい!」という声が多数挙がったため、プレゼン版そのままで製品版になっています。

ところで、この企画書には、とんでもない原点がありました。**"『スマブラ』の蓄積ダメージシステムは、初代『カービィ』の企画書上で考案されていた!」**という事実です。ウソのような、ホントの話。けっきょく『カービィ』ではカットしたのですが、企画書の存在自体が証拠になっています。正直、『スマブラ』を作るころには、以前考えたシステムであることを忘れていたのですが、それぞれ別の理由から同じ解を導いた、ということになります。『カービィ』では、ゲームボーイの狭い画面を活かすシステムとして考案されていました。

企画書

吸い込み・吐き出し

トリガBの入力があると空気を吸い込み

敵を捕らえ、

口に含んでしまいます。この状態を頬張り状態と言います。

そして捕らえた敵を発射して攻撃します。

飛行などの説明部分

接地時に左右の入力で左右に歩きます。

伏せもできます。

接地時に上を押す、もしくは空気を吸い込む事により、

飛行形態に変身。慣性が付いていますが、十字キーで自在に操作できます。

攻撃として、空気弾を発射できますが、1度攻撃したり、敵と衝突した,pすると、

空気が抜けて落下します。

実際のドット絵

歩行　伏せ　吸い込み　飛行　空気弾　落下

1ヵ所にしか使えない動きを作った

初代『カービィ』の敵は、なんと地形判定を見ていませんでした。これは1ヵ所にしか使えない動きを量産するもので、手間も使用容量も多いですね(※)。いまなら「なんて非効率なことをさせるんだ!」とプログラマーに突っ込むところですが、当時は気にせず楽しくサカサカと作っていました。**これはこれで処理負荷が軽いというメリットがあります。**ゲームボーイ作品は、秒間30フレームとか20フレームのものも少なくありませんでした。『カービィ』の魅力は操作感のよさにもありますから、なめらかに動くことはとても大事です。

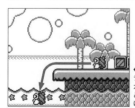

←移動してガケから落ちるキャラクターがいる場合、前進してガケで落ち、水で減速して沈むという動きを固定で作り、地形に合うように配置しています。

※単行本『桜井政博のゲームを作って思うこと』収録、"チームはお互いさま"に詳しく書かれています。

おまけ 『星のカービィ スーパーデラックス』のファミコン版試作キャラクター!

1996年発売『星のカービィ スーパーデラックス』は、文字通りスーパーファミコンで作られた企画。だけど、スーパーファミコンのツールが整うまでのあいだ、ファミコンでキャラクターのテストをしていた資料がありますので、こちらも特別に公開します! 企画書や仕様書に描いたカービィのパターンを、テストで動かしたものですね。

色数こそ少ないものの、製品版に実装されているパターンそのまま。すべてのワザが揃っています。たとえばファイター能力は、バルカンジャブ、スマッシュパンチ、足払い、スピンキック、踏みつけ蹴り、ダブルキック、ライジンブレイク、片手投げに巴投げまであります。

わたしの企画は最初から具体的な要素を決めていることがわりと多いほうだと思います。バランス取りは別として、作りながら企画を検討するのも場合によってはアリですが、企画の最初から方向性をしっかり見せたほうが、迷わず完成に向けられるのは間違いありませんね。

Think about the Video Games

画面外ミス方式について

3：ゲームボーイの狭い画面を逆手に取った、画面外ミス方式について

スクロールは、基本的に自機が中心となります。

しかし、敵の攻撃を受け、自機が吹き飛んでいる時は、スクロールが停止

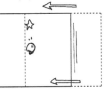
自機の吹き飛び状態が解除されると、スクロールがなだらかに自機中央に戻ります。

自機が画面外に飛び出すと、1ミスとなります。

自機には体力があり、体力がある時は弾かれ難く、体力のない時は弾かれ易くなります。

頬張り状態であったり、伏せ状態であったりすると、抵抗力が増して弾かれ難くなります。

但し、後ろからの攻撃（不意打ち）には弱い。

触るだけでミスになる敵、もしくは地形も用意します。

ダメージでふっとび、画面外に飛び出すと1ミスになるという、『スマブラ』と同じシステムが明記されている!!

体力の上下でふっとびやすくなる要素も。『スマブラ』とは狙いを別にした、同じゲームデザインだったということですね。

というわけで、今回はコラム特別版でお送りしました。初代『カービィ』発売から25年、ゲーム制作をしてから27年ほど経っており、昔話もいいところですね。

初代カービィは、不思議な世界の不思議な生きものでした。たとえば背景によくあるアーチのような柱。通称"ブルボン"なんて呼ばれていますが、あれは何？　説明できるものではありません。いまでこそ当たり前になっているけれど、クリア時に3人になるのはなぜか。ワープスターは何で、どうして運搬するのか。最終戦で、道を切り開いてくれるカービィ型のものは何なのか。そして、食べものを奪い尽くしたデデデ大王を倒した後、みずからが巨大に膨れ上がって城ごと空輸するダイナミックなオチ……。

『カービィ』は、もっとファンタジックな、"カービィだけの謎"を感じる世界になるとより楽しいと思います。理屈では語れない、カービィは不思議な生きものです。それでは、これからも『カービィ』シリーズをよろしくお願いします。

『大乱闘スマッシュブラザーズ for Wii U』

ヨーヨー能力

↑よく見ると、ヨーヨーを結ぶひもを描こうとした形跡がありますね。ヨーヨーを自由に動かしたかったため、製品版ではカットされています。

ファイター能力

↑製品版のファイター能力も、おおむねこの15パターンで構成されています。ゲームボーイやファミコン時代より、キャラクターも面積比で倍以上になり、のびのびしています。

カッター能力

動きもそのまま

↑カッターの残像は、企画書段階では四角い残像が残るイメージでしたが、最終的には青いグラデーションが残るようになっています。

リサーチは名作を生まない

2017.5.18 VOL.530

一般人のアンケート
広告代理店が、報酬を出して依頼する。ファンを対象にしたものではないので、バイアスがかからないデータが得られる。

とくに大手メーカーだと、**傍目にびっくりするくらい、細かいリサーチをかけることがあります**。業者に依頼し、何百人規模の"**一般人のアンケート**"を採り、総計するわけです。これはそのメーカーのタイトルに限らず、市場全体の傾向を知るためにも行われます。

特定のゲームやシリーズを知っていたか／興味を惹かれた点／どのキャラクターが好みか／PVで目を惹いた場所／ほかにやっているゲーム／過去にプレイしたシリーズやプレイ時間……などなど。

アクセス数や実売数は機械的に収集できるとしても、どうやってこれだけの規模のデータを採るのか不思議……。回答者の好みに関わらず採っているデータなので、思い込みなどによるバイアスがかかりにくく、より正確なデータだと言えるかもしれませんね。

で、とくにスマートデバイス向けのゲームを作っているところでは、その**リサーチデータが重要視されがちです**。基本無料で、より興味を惹くべく運営をしているのなら、売上やアクセス数の実データとともに、俯瞰したデータが欲しいことは理解できます。確かなデータに基づくものだから、誰に対しても説得力があります。組織なら、そのデータをもとに「こういうソフトを作りなさい」と指示されることもあるでしょう。しかし、リサーチはあくまで過去のデータ。**そこから制作されるソフトは、不幸です**。人が作ったものの後追いをし、みずから不利な状況に陥ろうとしているわけで。

あくまで一例ですが、『ドラクエ』が流行っている時期があったとして……。リサーチでは、「いまは『ドラクエ』のようなRPGが売れています」という結果になりますよね。だけど、「じゃあ『ドラクエ』っぽいものを作ろう！」と短絡的な判断をするのは、いかにもよくないでしょう。**『ドラクエ』のようなものを遊びたい人の多くは、『ドラクエ』そのものを遊びます**。ほかの作品のヒットをもとに何か作ったとしても、ふつうはオリジナルには敵いません。もちろんこれは、『ドラクエ』の部分をいろいろな人気ソフトに変えても同じことが言えます。それに、**人が思いつくことはほかの人もそうします**。みんな考える方向にゲームを作っていたら、レッド・オーシャンに飛び込むようなもので。その中で際立つには、ほかの多くの魅力が必要です。

ゲームにせよ何にせよ、**イチからものを発想し、作るのはたいへんです**。ひとりで思いついたとしても、そのよさやおもしろさをチームに伝えなければならないし、製品として体現できなければなりません。それに比べれば、

←"リサーチ"などで検索すれば、多くのモニター募集ページがヒットします。

※画面は掲載当時のものです。

完成した誰かの作品を遊び込み、改良するのはカンタンなのですよね。その流れから新たなものが生まれる可能性もあるので、人の作品を見てものを作る姿勢を全否定できるわけではありませんけれど。

でも……。たとえば映像やお話運びの定石が詰まった映画って、必ずしもおもしろいわけではありませんよね。**楽しさを生むための理論が正しくても、見飽きている、あるいは使い古された手ではどうにもならないのです。**リサーチデータは、**広報戦略や運営に役立てるものであり、ここから企画を立てたり膨らませる性質のものではない**と思います。

けっきょくのところ支持されるのは、その時代において新しいおもしろさやほかにないよさを発揮できたものです。それに乗っかろうとしても、元作品や他作品はもっと大きな強化をしてきます。それは歴史も証明していると思うのですが、いかがでしょうか？

『ドラゴンクエストⅪ 過ぎ去りし時を求めて』

↑『ドラクエ』を例に挙げましたが、『Ⅺ』の製品構成は、まごうことなき新しさ。

広報戦略
どういうCMや広告をどこに打つのかとか、ウェブサイトの構成など、作戦は山ほどある。

スマートデバイス

さまざまな用途に使用可能な多機能端末のこと。仕様について明確に定義されているわけではないが、iOSやAndroidといったOSを搭載したスマートフォン、タブレット端末を総称して、こう呼ばれることが多い。

レッド・オーシャン

価格や性能、サービスなどで、激しい競争をくり広げる市場のこと。"血みどろの戦い"というたとえからこう呼ばれる。これに対して、新しいために参入者がおらず、競争のない市場のことを"ブルー・オーシャン"と呼ぶ。

※画像はイメージです。

ふり返って思うこと

桜井 『ドラクエ』を例にしているくだりはスーパーファミコン時代に多くあったことで、どちらかと言うと売り手より作り手がやっていた気がします。でもいまは、当時のようにゆるくゲームを作る時代ではなくなりました。つぎの資金を得るため、リサーチに基づいて勝算が見込めるものを作ろうとするわけですが、結果としてそこに勝算はないという。

── 4年先を見据えた企画を考える、という話を聞いたことがあります。なぜ4年かというと、5年進むと技術がどう進化しているか予想できないからで。

桜井 合ってるといえば合っていますね。でも、4年先を目指した結果が、じつはほかのみんなも目指していた場所だったとすると悲惨なんですよね。

── 難しいですね。だから続編が増えるのかな……。

そのころゲーム業界では
2017年5月20日：京都にてインディーゲームの祭典"BitSummit"開催。『あめのふるほし』や『Million Onion Hotel』が人気。

2017.6.1 VOL. 531 ゲームオーバーを考える

ゲームに標準的に存在する、ゲームオーバー。**プレイヤーにとってストレスだし、いっそ外せないだろうか……！** ゲームを作る場合、毎回その意義や意味を考え直しますが、けっきょく、必要だから入れることになっていますね。

仮に、キャラクターが倒れたときにその場で復活でき、ペナルティーがいっさいなければ、どんなに強い敵がいても、**誰でも倒せてしまう**でしょう。敵の攻撃に真面目に対処する必要がないので、結果として遊びの質がガクンと下がります。適切なリスクの下にあってこそ、ゲームは成り立つもの。ジャンルにもよるけれど、リスクの結果を出すためのゲームオーバーは、やはり必須なのでしょう。

何度リトライしてもクリアーできそうにないとき。キャラクターが育ったり、レベルを上げられたりするゲームならリトライに希望が持てますが、多くのアクションゲームはそうではありません。数回やられると「"かんたん"にしますか？」とか、「このステージをクリアーしたことにして先に進みますか？」と聞いてくる作品がありまが、屈辱感を覚えるプレイヤーもいるのでは。もちろん、**投げ出されるよりは、先に進んでもらえるほうが断然よいので、否定できるものではありません。**苦肉の策と言ってもいいですね。

ミスをしたりゲームオーバーになったとき、とても長い工程をやり直したり、大きく巻き戻したりするのはペナルティーとしてアリですが、いま風ではありません。FPSのキャンペーンモードなどは、復活もサッと早く、再チャレンジが容易なのが標準的でしょう。ただ、ここでローディングを入れなければならないのも一般的。データの初期化などで整合性を取るのが難しいから、しかたがない。

一方、**ゲームオーバーに対するリスク、面倒さを大きく高めてゲームをおもしろくする手もあります。**これは『ダークソウル』シリーズなどがそうですね。リスクが高いからこそ、道中で起きるあらゆる事象に気を配るようになります。これはゲーム性が高まっておもしろくなる反面、その難度についていけなくなる人も出ます。

コンティニューすると、こっそり難度を落としている作品もけっこうあります。難易度AIが随時監視して、適切な刺激に調整する作品もありますが、ゲームオーバーの話とは少しズレてきますね。

作り手としては、適度な緊張感の下にしっかりクリアーしてほしい、と考えるのがふつうでしょう。だけど、その段落になるゲームオーバーは、なかなか調整が難しい。**「なにくそ！ も**

誰でも倒せてしまう
「これ、バカでも倒せるじゃん」と思われたとき、ゲームの楽しみは失せる。

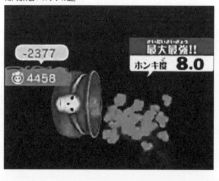

『新・光神話 パルテナの鏡』

←『新・パルテナ』の"悪魔の釜"は、ミスで難度が低下。その場復活にしたかった……。

う1回‼」と、「もうやめる‼」は非常に近いところにあるのに、個人差が大きすぎて。ゲームオーバーになるのはプレイヤーの腕によりけりだけど、**そこに寄り添いすぎるのも問題、突き放しすぎるのも問題です。**

個人的には、スマートフォンなどの基本無料ゲームで、**コンティニューのためにいわゆる"ジェム"を払うのは、意外に受け入れていたりします。**自分が支払う対価があり、その場復活。巻き戻しなし。アーケードゲームの**コンティニュー**もこのパターンですが、巻き戻しがないことへの優遇に何らかの対価を求められるのはアリかなと。

『スマブラ』を友だちどうしで遊んでいるようなとき。対戦終了時、スタートボタンをバシバシ叩いている光景をよく見かけます。ここに「もう1回！」という気持ちが見て取れるわけですが、ひとり用のゲームやオンラインゲームで、こういう気持ちを呼ぶのが難しい。よい手をまだ見出せていません。

『ファイナルファイト』

↑コンシューマーだと難しい問題。昔はコンティニュー回数の制限もありましたね。

> **コンティニュー**
> アーケードはコインを追加することがリスクへの対価になったが、コンシューマーに移植されると破綻する。

難易度AI

専門的に"メタAI"と呼ばれるもの。ゲーム全体を俯瞰し、プレイヤーの状況を見て、敵の強さや出現数を調節したりする。古くは1983年のアーケードゲーム『ゼビウス』がその難易度調整を行っていたと言われている。

『ゼビウス』

ジェム

基本無料のスマホのゲームで、有償の仮想通貨として用いられるアイテムのひとつ。サービスで配布されることも多い。貴重で特別な意味を持つため、"○○石"、"ジュエル"、"オーブ"といった宝石のイラストで表される。

※画像はイメージです。

ふり返って思うこと

桜井 悪魔の釜はその場復活にしたかった。できればその場でセーブするようにもしたかったな……。

——据え置き機だったらできたんですか？

桜井 3DSの機能として限界があったと言いますか、対応してもらえませんでした。『新・パルテナ』ではない一般論ですが、想定したことが実際と食い違うと、ゲームデザインとしてのバランスがいびつになり、満足な完成度に達しないんですよね。

——その場復活は、ミスを気楽にさせますね。結果的に、敷居を下げることにはつながりますが。

桜井 誰でもできるレベルまで敷居を下げるとゲーム性が薄れるんですが、そこまで敷居を下げないととても遊べるものにならないというジレンマもあるんですよね……。悩ましいところです。

そのころゲーム業界では

2017年6月13日：E3 2016開催。『モンスターハンター：ワールド』の情報公開などに沸く。

2017.6.15
VOL. 532

大きいチームのディレクション方法

大型のタイトルになると、数百人規模の開発現場になることもしばしば。そんな中、**ディレクターはスタッフにどのように指示をしていくのか、質問がありました。**規模が大きいゲームがそう多いわけではないし、その手法が語られる機会も稀でしょう。なので、ここで**わたしの過去の事例についてまとめてみたいと思います。**

わたしの席には仕切りがなく、いわゆる課長席のような配置。大きな開発室のおおむね真ん中で、壁、もしくは窓を背負っています。席にあるモニターは、大きめのPCモニターとゲーム画面を映す実機モニター。携帯ゲーム機の場合もなんらかの形で出力もします。その隣りには、スタッフが確認するための大型テレビが前方に向いています。自席のPCモニターと実機モニターの映像を、スイッチャーで切り換えてそのまま映すことができる仕組み。そして大型テレビの前には、人が集まるためのスペースを確保しています。

もちろん、各作業の指示は事前にされているものとして……。各スタッフが成果物を上げると、チーフや企画に該当する人のチェックを何度か受けます。で、通ったらわたしに出番が回ってきます。

わたしが成果物をチェックするときには、各担当者がわたしを直接呼びに来るのではなく、【監修依頼】という文字列をつけたメールを送ってもらいます。それが、**わたしのメーラーのフォルダにふり分けられ、そのまま順番になります。**日に何十件、と案件が生じるので、1件1件呼びに来ていたら混沌としますから。ただ、可能な限り処理を急ぎし、日をまたがないようにします。メールを受けたら、監修すべき内容をざっと見ます。モデルなら3Dツールをいじり、仕様書ならチェック項目に赤を入れ、UIやアートワークなら画像などを見比べ、モーションやステージやエフェクトなら実機での動きを確認し、サウンドならヘッドホンを取り出して……とさまざま。軽くチェックし、問題点や方針を把握したら、該当スタッフを呼びます。

スタッフは、直接の担当者はもちろん、十人弱〜数十人の関係者が同時にわたしの席のまわりにやってきます。そして、大型テレビに映像を出しながら、調整すべきポイントなどについて説明を行います。説明中は、声がよく聞こえるようにインカム的なマイクを着用。ほかの**小道具**は、指示棒やホワイトボード、ポーズ指定用のフィギュアなどがありますね。**関係者は全員同時に話を聞いて、全員質問・全員共有ができる体制になっているわけですね。**

かつて、企画担当に話したことがプログラマーなどに伝わるまでに180度意味が変わっていた、なんて洒落にな

小道具
この回で解説されているものは、巻頭特集で説明されているので、ぜひご覧ください!!

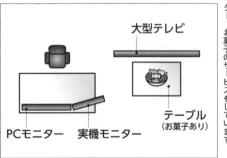

大型テレビ
PCモニター
実機モニター
テーブル（お菓子あり）
← PC用、実機用、少し離れて大型モニター。お菓子のサービスもしています。

らないこともありました。そういった反省から、**「みんなで聞く」ことを大事にしています**。説明はすべてボイスレコーダーやビデオに撮られています。後で齟齬が起きないようにするために必要な記録です。また、チームの多くは、その後議事録をまとめてチーム内で共有します。わたしから頼んだわけではなく、自発的に。

こうしてチェックがつぎつぎと進んでいきます。もちろん、案件によってはサウンドブースに入ったり、部屋を移動したり、話をしているところを見かけて割って入ったりもします。その都度情報を共有しているので、**会議は少なめ**ですね。

と、一例を書いてみました。最初か

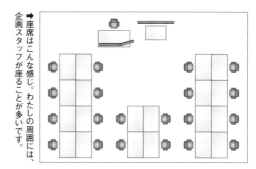

➡座席はこんな感じ。わたしの周囲には、企画スタッフが座ることが多いです。

らこんなスタイルではなく、人に教わったわけでもなく、いろいろな経験からこのようになっており、これからもより効果的に変えていきたいなあと思っています。ですので、**わたしもいろいろな開発のやりかたを知りたい！**これ、本音です。

> **会議は少なめ**
> 筆者が入る会議は少ないが、各チームはけっこうあるのかもしれない……。

●UI
ユーザーインターフェースの略。ゲームでは、ゲームとプレイヤーのあいだで情報をやり取りするために画面に表示される、メニューやアイコン、ウインドー、操作感など。ゲームの遊びやすさを左右する重要な要素である。

『信長の野望・創造 with パワーアップキット』(Nintendo Switch版)のUI

●桜井氏の1日
この回は、ゲーム制作現場で桜井氏が行っているディレクション方法が大まかに書かれているが、単行本『桜井政博のゲームを作って思うこと2』に収録されている「とあるゲームディレクターの1日」という回では、よりドキュメンタリーっぽく、桜井氏の日々の過ごしかたが綴られている。ゲーム制作に興味がある方は、そちらもお読みください。

ふり返って思うこと

桜井 自分にとっては日常茶飯事ですが、こういうことを知りたい人がいるということで書きました。
――たしかに、日々どうやってゲームが作られているのかはあまり想像できないところですね。この座席図も、桜井さんが描いてくださったんですよね。
桜井 このくらいならベロベローっと描けます(笑)。
――『スマブラ for』からだいたい同じだそうですが、少しバージョンアップしているんですよね？
桜井 そうですね。開発室の場所も違えば、スタッフの体制も違いますので。指示出しをする場合に、マイクを使って説明するようになりましたし。
――それはどのくらいの頻度でしているんですか？
桜井 毎日何十回もしていますよ。成果物に対することなので、関係者には随時集まってもらいますね。

🌐 **そのころゲーム業界では**
2017年6月28日：Nintendo Switchの国内推定累計販売台数が100万台を突破。

その額、600億円

2017.6.29 VOL.533

全作の開発費

これを書いたときは『スマブラfor』までだったが、おそらく『スマブラSP』を入れてもまだ賄えると思う……。

過日、ユニバーサル・スタジオ・ジャパンが"SUPER NINTENDO WORLD"エリアの建設着工式を行いました。総建設費は、なんと約600億円ということ。ろ、ろ、ろ……**600億円!!!!?**

あんまりにも大きい数字で軽く流してしまいそうですが、わたしはひっくり返りそうになりましたよ。これは相当スゴい数字。よくそこまで踏み切ったなと。たとえば、東京スカイツリーの建設費は約400億円、総事業費は650億円と言われていますが、これに匹敵するとな‼ ゲームをテーマにした娯楽エリアにこれだけの大資本が入るのは、うれしいことです。

2016年度におけるUSJの入場者数は、1460万人と言われています。スゴい数字。しかし、600億円の総建設費はもっとスゴい数値。どれぐらいの人数が入ったら賄えるのかと、頭でそろばんを弾いてしまいそうです。ただ、ここまでのものになると、建築する動機は利益を超えたところにあるのかもしれませんね。海外のユニバーサル・スタジオにもノウハウや道筋は伝わるだろうし。

このコスト感の高さは、ゲームの制作費と比べれば、一目瞭然であることでしょう。

600億円といえば。仮に『**スマブラ**』なら、シリーズ全作の開発費を余裕で賄えます。1作のコストは高いけど、シリーズも5作しかないですし。数百億円のお釣りが来るぐらい。何作も作れます。あくまで個人的な予測ですが、『**ゼルダの伝説**』シリーズ全作の開発費も補えるのではないでしょうか。『ゼルダの伝説　ブレス オブ ザ ワイルド』などの制作費は相当高いでしょうし、サブシリーズや移植作品を含めるとタイトル数は多くなるのですが、それでも大丈夫な規模ではないかなと。『マリオ』シリーズ全部は難しいかも。主力シリーズでも2D、3D、カートがあるだけでなく、テニス、ゴルフ、スポーツ、パーティや移植作品などすごく多いですし。ほかのさまざまなゲームシリーズにおいても、600億円を埋め尽くせるようなシリーズ作は、そうそうないんじゃないかなあ。

ゲームではなく、施設のテーマとなった映画などではどうでしょう？　ハリー・ポッターのエリアは極めて豪華に作られており、投資額が450億円と言われています。これは『**ハリー・ポッターと賢者の石**』が3回撮れるぐらいのコストになりそうです。東京ディズニーランドの『スター・ツアーズ』は、1989年のオープン当時が140億円。当時の為替レートを考慮しても、『スター・ウォーズ エピソード1/ファントム・メナス』の制作費を上回ると思われます。その後、改装で70億円をかけています。

← 東京近郊からよく見掛ける東京スカイツリー。これに匹敵しちゃいますかー。

比較してみれば、**純粋にゲームを作ったり映画を作ったりしたほうが儲かりそうだ**、と思えますね。施設に比べればコストがかかりにくいうえ、デジタルコンテンツになればいくらでも配布できます。開発は、運営などを除けば作ってしまえばそれで終わり。これが施設だと、維持費、運営費、人件費などがつねに大きくかかるはずです。それだけでも投資規模の差は歴然としていると言えるかも。

が、**投資をすればいつでもゲームや映画が量産できるわけではないですから!!**『ゼルダ』チームの主力陣やジョージ・ルーカスが何人いるわけではないですしね。とくに、**最初のタネを見出し、芽生えさせることはとても大事。それで立派に育ったコンテンツに**対し、**さらに楽しんでもらえる施設を作る**。それはどちらも大きなリスクを担うことです。コストをしっかりかけて実践してくれるのは、本当にありがたいと思います。

↑着工式は2017年6月8日。開業は東京オリンピックに間に合わせる予定とのこと。

● SUPER NINTENDO WORLD

ユニバーサル・パークス&リゾーツと任天堂のパートナーシップによる、任天堂ゲームの世界観を再現するテーマパークエリア。日本・大阪、アメリカ・フロリダ州オーランド、カリフォルニア州ハリウッドの3ヵ所で展開予定。

イメージビジュアル

● その他の施設の総工費 (竣工当時の費用)

東京ディズニーランド	約1581億円 (1983年)
東京ディズニーシー	約3380億円 (2001年)
(東京ディズニーシー・ホテルミラコスタを含む)	
ユニバーサル・スタジオ・ジャパン	約1700億円 (2001年)
東京ドーム	約350億円 (1988年)
レインボーブリッジ	約1281億円 (1993年)
あべのハルカス	約1300億円 (2014年)

▶ ふり返って思うこと

――600億円があれば、『スマブラ』全作が作れてしまうんですか? あからさまに開発費について聞いたことがないので、ちょっと驚きました。

桜井 もうね、『SP』も含めて作れます。日本のゲームで100億円超えの開発はそうないですよ。

――それにしても、任天堂のテーマパーク、楽しみですね。ハリーポッターのエリアの近くらしいですけど。東京オリンピック前にオープンかぁ!

桜井『スマブラ』エリア、できないよなあ……。

――あってほしい! 絶対行く! 年パス買う!

そのころゲーム業界では

2017年7月6日:スプラトゥーン2 Directにて新アイドルユニット"テンタクルズ"が公開され注目を浴びる。

2017.7.13 VOL.534 読者の手紙から

最近なんとなく、糖質制限をしていました。食べられる食品は大幅に減るけれど、意外と問題なし。読者さんのおたよりご紹介です!!

✉ 大阪府　北野正幸さん

E3での任天堂のプレゼンテーション後に、**Twitterで"カービィ"がトレンド入りしていましたよ！** 桜井さんのもとを離れて大活躍しているのはうれしいですか？　それとも寂しいですか？

Re: もちろん、うれしいです！　何でもそうなのだけど、**シリーズは、作られなければ息絶えるのですよ。**人が傍目に思うほど、安泰なものではないのです。わたしは『スマブラ』で任天堂作品全体に薄く携わっていることもあり、カービィとの関わりが断たれたわけではないです。ハル研究所との関係も良好だと思います。フリーになった身としては恵まれた位置づけではないでしょうか？

　ただ、『カービィ』はもっといろいろやったほうがよいと個人的に感じます。シンプルで誰にでも覚えやすく、何でもできてしまう。ほかのゲーム制作者から見たらうらやましがられるような、ワイルドカードのような強みと大きな可能性があります。どこで誰が作ったかに関わらず、今後『カービィ』シリーズを手掛ける方々の仕事を、陰ながら楽しみにしております。

『星のカービィ ウルトラスーパーデラックス』(上画面)

←戦艦ハルバードは、『スマブラX』で制作したモデルを譲渡し、使われています。

●『星のカービィ スターアライズ』
Nintendo Switch/任天堂/2018年3月16日発売

　カービィのコピー能力に加え、ハートをぶつけることで敵を仲間にできるのが特徴。仲間を入れ替えたり、能力を掛け合わせて"フレンズ能力"を発動してステージを進む。Joy-Conをおすそ分けすれば最大4人で遊べる。

● ゲームマスター

　もともとは、人との対話で遊ぶテーブルトークRPGにおいて、ルールの翻訳や難度調整、進行、審判などを行う役割の人を指す言葉。テレビゲームにおいては"メタAI"とも呼ばれ、コンピューターがこの役割を担う。

テーブルトークRPGのプレイの様子

奈良県　バールのような者さん

急成長を続ける人工知能がゲーム制作の現場に何をもたらすのか、桜井さんの見解を聞かせてください。

Re:　おたよりの前後には、囲碁や将棋の人工知能（以下、AI）から始まり、デバッグの精度向上、AIが自動生成したゲームの著作権に対する疑問などが書かれていましたが、割愛させていただきました。AIと言っても、ピンキリなのですよねー。固定のパターンを持たずに条件で動く敵がいれば、それはAIと言えなくもないですから。つまり、1970年代にはゲームにAIはあったと言えるわけで。最近の主立った使われかたは……。

■敵キャラ

敵はプレイヤーキャラクターを見て行動するので、どのゲームにもふつうにあるもの。しかし、経路探索や自然な素振りなど、高度なAIを持つ必要があるものも多い。

■コンピュータープレイヤー(CP)

ゲームの対戦相手をプレイヤーの代わりに操作する。これもふつうだけど、人間とCPは特性が大きく異なるので、誰もが納得いくものを作るのは難しい。

■デバッグ

プレイヤーの代わりに操作をさせ、デバッグに役立てる。コンピューターは似たようなことを何度もさせるのは得意なので、夜に回しっぱなしにして帰宅するのは、開発ではもはや日常茶飯事。

■プロシージャル

地形などを自動生成し、広大なマップを人の手で作る手間を省く。たとえばオープンワールド系の山や木々は、ひとつひとつ手で作っていると膨大な時間がかかるので、計算と手直しで済ませるなど。AIというよりロジックの塊。

■ゲームマスター

ゲーム全体を俯瞰し、敵の強さや多さ、回復アイテムなどを調整する。ゲーム全体をコントロールすることで、ゲームの緩急や生じる感情をコントロールする。

……などがあるわけですが、これだけでもAI、ロジック、プログラム、データなどが混在していますよね。どこからどこまでがAIと言い切れないことが多い。しかし、**それぞれの制作を高度に進めるには、ひとつのメーカーだけで補うのはきびしい時代です**。より多方面のノウハウを要し、ますます敷居は高くなりますね。

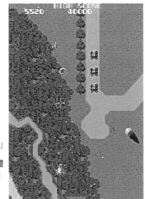

『ゼビウス』

➡『ゼビウス』のおもな敵戦闘機は体当たり攻撃をせず、自機を避けます。特攻しない、意思を持つ敵の体現。

そのころゲーム業界では

2017年7月14日： バンダイナムコによるVRエンターテインメント施設 VR ZONE SHINJUKU が新宿にオープン。

単純作業の先にある未来

2017.7.27
VOL. 535

『よゐこのマイクラでサバイバル生活』がたいへんおもしろかったので、『Minecraft』を遊び始めてしまいました。クリアーしたゲームをまたプレイすることはあまりしないわたしだけど、そそられたらしょうがない。ちょっとだけ。Nintendo Switch版でやり直すことにしたので、**データの引き継ぎはなく裸一貫。クリエイティブモードには頼らず、終始サバイバルモード。だけど、こういう面倒がまたおもしろかったりします**。

のんびりしたゲームのようでいて、じつはそうではないです。急いで伐採、急いで建築、急いで掘削などしていると、多くのアクションゲームよりも激しく忙しいものに早変わり。迷わず急げ‼ 拠点を作り、家を建て、牧畜や農耕で資材のリソースを増やす。だけどやっぱりメインは、地下をひたすら掘り進めての**採掘**です。

やっていることは単純作業。いわば労役ですね。ただただつるはしが振り下ろされては目の前の岩が砕ける地味な画面で、ザクザク掘る。光が届かず暗くなったら横にたいまつを置き、また掘る。洞窟を掘り当てたら、探索と"沸き潰し"を兼ねてたいまつを配置し

て駆け巡り、また掘る。持ち物がいっぱいになったら地上へ戻り、得たものを倉庫で仕分けし、鉄鉱石や金鉱石はかまどに放る生活。

掘ること自体は単純そのもの。駆け引きも希薄です。だけどゲームとしてとてもおもしろく、満足しています。なぜそう感じるのか。それは、**"未来に期待があるから"**だと思います。この要素は、どんなゲームでもとても重要ですね。

『Minecraft』の場合、いいものが採掘できれば、それによりいろいろな道具や仕掛けが作れます。そうでなくても、ただの石も建材などに使えるので、楽しくクラフトするために欲しい。**ものを作ろうと思えば思うほど、リソースを得るための行為は楽しくなります。単純行為が、その先にある特典によって楽しくなるということ**。だから、クリエイティブモードでは同じ楽しみは得られません。また、亀裂や敵、噴出したマグマへの対応など、イベント性があります。うまくいくとは限らないところも、楽しみを増します。

で。もし『Minecraft』と同じように素材を集めるゲームを作ったとしても、同じ楽しさが得られるとは限りません。**十分なリソースに対して十分な使い道があるから先が楽しいわけで**。両方がバランスよく準備されていなければ、やはりどこかでおもしろみを欠くことになると思います。

仮にクラフト系のゲームを作るとしたら、何を肝にすればいいのか。単純に同ジャンルのゲームを模倣したり、戦闘をおもしろくしようとするだけで

採掘
『Minecraft』では、Y=12まで降りた層で掘るのがお約束。ダイヤが出やすく、溶岩に対処しやすい。水バケツも忘れずに。

← 地下でひたすらありんこ生活。掘って掘って掘り進むのみ。だけどなぜか楽しい。

『Minecraft: Nintendo Switch Edition』

はたぶん物足りないでしょう。行為の先にある別の要素で、未来をよりおもしろく、興味深いものにする。これは多くのゲームに当てはまると思います。

もしもゲームそのものが単純作業に近かったら。経験値やお金を稼いだり、先のステージに進んだり、お話が続いたりと、別の楽しさと噛み合っていれば大丈夫。クラフト系の場合は、"いろいろなものが作れる"ところが多くのウエイトを占めます。

出だしに、「裸一貫からの面倒が楽しい」と書きました。これは**リソースが熟成された段階よりも、未来への成長曲線が急であるからですね**。満たされていないほうがおもしろいことは、山ほどあります。

それに、単純作業だったとしても、わたしはエアロバイクを漕ぎながら、テレビを観ながらプレイしていますしね。言うことなし！

「Minecraft: Nintendo Switch Edition」

↑掘った資材も使って施設を建て、整える。まだ作りたいものがいっぱいあるなあ。

『よゐこのマイクラでサバイバル生活』

『Minecraft: Nintendo Switch Edition』を、よゐこのふたりがプレイするWeb番組。番組Twitterでふたりに助言できる。2019年3月現在、『よゐこの○○で○○生活』と番組名を変え、毎回さまざまなゲームのおもしろさを伝えている。

沸き潰し

『Minecraft』では、夜や洞窟などの暗闇に敵が出現するので、光源を置いてそれを防ぐ"沸き潰し"が重要となる。桜井氏は、洞窟ではたいまつを必ず左の壁に置くことで、道に迷わないようにしているとのこと。

たいまつで沸き潰しをしている様子

ふり返って思うこと

——よゐこの番組は、すごく人気が出ましたね。

桜井 これを書いたころには、まさか『スマブラSP』で自分が出演することになるとは露知らず(笑)。

——エアロバイクを漕ぎつつ録画した番組を倍速でチェックし、かつ、ゲームをするという桜井さんのプレイスタイルに挑戦してみたんですが、自分には無謀でした。テレビの内容が頭に入らない(笑)。

桜井 そんなに真面目にテレビを観るんですね(笑)。穴掘りなど単純作業しながらなら、むしろ見やすいと思うんですが。選ぶゲームにもよるのかな？

そのころゲーム業界では

2017年7月29日：『ドラゴンクエストXI　過ぎ去りし時を求めて』が3DSとPS4で発売。

任天堂のソフトがスゴい

2017.8.10 VOL. 536

『スプラトゥーン2』で地面に塗られたインクを見ると、ちゃんと立体感を帯びているし、光に照らすとラメのような表現が入っている。そのインクが画面を覆い尽くしても処理落ちナシ。通信による塗装ラグもとくに感じず。いくらでもユニークな形に塗装できますね。だけど、**これは当たり前ではないハズ**。"カベや床を塗る"という企画があってふつうにゲームを作ったら、カベのテクスチャーにインクの形を投影させて終わり、となってしまうのがほとんどだと思うのですよね。担当プログラマーに、「これが限界だ」と言われればそれまで。わたしがディレクターだった場合、そういうものかと納得してしまうに違いない……。

『ドラゴンクエストXI』が発売され、**ほかの連載陣**の話題はそちらが多い時期かもしれませんね。しかし、締め切りが早い当コラムでは、これを書いている現在はまだ発売前。『スプラトゥーン2』が出て間もないタイミングです。

Nintendo Switchが2017年3月3日に発売されてから数ヵ月。まだ生まれたばかり。なのに、**ソフトの完成度がとっても高い！** いままで、こんなハードはなかったかも。発売日に『ゼルダの伝説 ブレス オブ ザ ワイルド』が登場しました。その世界の広さと深さはもうご存じの通り。その後も『マリオカート8 デラックス』、『ARMS』、『スプラトゥーン2』と発売され、『スーパーマリオ オデッセイ』が2017年10月27日に続くと。各作品の質の高さはプレイすればわかるし、発売前の『スーパーマリオ オデッセイ』はE3の"Game Critics Awards Best of E3 2017"でBest of Show(最優秀賞)を獲得。世界の舞台で価値を認められています。内製ではないだろうけれど、『いっしょにチョキッと スニッパーズ』などもよかった。Switchというハード自体のことを置いておいても、**ソフトメーカーとしての任天堂の総合開発力、仕様などの判断が的確で、ほぼ外しません**。

音楽のクオリティーも高いです。どういう指示を出すとこのような曲が生まれるのか、いまひとつわかりません。放任でうまくいっているのかな？ グラフィックだって、それぞれで十分かつ多彩な個性を発揮していますよね。そのうえ、冒頭で挙げたような、ゲームのおもしろさなどを裏で支える技術も高いです。インクは一例ですが、同じようなことはいっぱいあって、楽しみを上げています。

任天堂は、ほかのメーカーと比べて開発に時間をかけているなどと言われがちですが、わたしが知りうる限り、そうでもないです。おもしろくならな

ほかの連載陣
ファミ通でコラムを持っている人たち。当コラムはほかのコラムより締切が早いため、雑誌の発売日のおよそ3週間前の話題になってしまう。

『スプラトゥーン2』

↑『スーパーマリオサンシャイン』で培った技術が活きているのかな……？

Think about the Video Games

かったソフトが発表されないまま閉じられることもあるのだけど、十分に練り込める時間があるかというと、そうではないことが多いです。もっと工数がかかっているソフトはたくさんあるし、現場はいつも締め切りに追われていて、たいへんそう。

ゲームの仕組み自体は、そう巨大なものでもないのですよね。最大級のスケールである『ゼルダ』も、基本的には各地にあるタワーと祠を巡ることがメインで、どんでん返しがある長い人間ドラマが展開されるわけでもないです。『マリオカート』も『ARMS』も『スプラトゥーン2』も対戦がメインであり、ひとり用モードでさまざまな映像、場所、シナリオなどが見られるわけではなし。**だけど、好みや遊びかたのスタイルが合えば確実な充足感を与えて**くれる安定性。しかもファミリー層にバッチリという。

もちろん、全部が全部無条件によいとは言わないけれど、少なくとも**Switchソフトの展開**はほかに類を見ません。正直、脱帽です。

Switchソフトの展開

こういった支えもあり、『スマブラSP』の1000万本達成は、任天堂の据え置きゲーム機のソフトで歴代最速となった。

『スーパーマリオ オデッセイ』

↑マリオとリアル映像を合わせるなんて！これを平気でやってのける大胆さも。

2017年発売のNintendo Switch 任天堂ソフトラインアップ

3月3日発売
ゼルダの伝説 ブレス オブ ザ ワイルド
1-2-Switch（ワンツースイッチ）
いっしょにチョキッと スニッパーズ

4月28日発売
マリオカート8 デラックス

6月16日発売
ARMS

7月21日発売
スプラトゥーン2

10月27日発売
スーパーマリオ オデッセイ

11月10日発売
いっしょにチョキッと スニッパーズ プラス

12月1日発売
ゼノブレイド2

12月6日発売
カラオケJOYSOUND for Nintendo Switch

『スーパーマリオ オデッセイ』

『ゼノブレイド2』

ふり返って思うこと

桜井 決して自分が所属しているプラットフォームを褒めよう、ということではないです。客観的に見て、相当すごいなと思ったという、それだけです。
——クオリティーが高いですよね。『ゼルダ』と『マリオ オデッセイ』が同じ年に出ているのはすごい。
桜井 『ゼルダ』と『ゼノブレイド2』が同じ年だというのほうが尋常じゃないですよ。モノリスソフトの開発って、いったいどうなっているのか……。
——オープンワールドの制作のノウハウを、うまく分け合っているんでしょうね。
桜井 それもそうですが、そんなにホイホイ作れるもの？　という。シンジラレナイ。

🌐 そのころゲーム業界では
2017年8月5日："ドラゴンクエスト夏祭り2017"開催。『ドラクエ』生誕30周年の集大成的イベント。

ファンが築く場の力

2017.8.31
VOL. 537

去る2017年8月2日、わたしの誕生日の前日。アトラスさんから『PERSONA SUPER LIVE P-SOUND BOMB!!!! 2017』にご招待いただきました。これはぜひ観たい!! ありがたく会場に向かいました。横浜アリーナで、観客動員数は10000名超え! 巡業はしない、1回こっきりのスーパーライブです。

控えめに言っても最高だった!! 海外を含むゲーム音楽の演奏会は何度も観に行っているし、自分自身で主催したこともあるわけですが、**それらの中でも抜きん出てすばらしいものでした**。あの感動は、あの場にいた人のもの。筆舌に尽くしがたい。**文章で伝わるわけもない**のですが、"そう感じるに至るには何が必要か"という手掛かりにすべく、様子や仕掛けなどについて書いてみます。

まず、観客には**ペンライト(フリフラ)**が配られました。これは無線で七色の光を発するように制御できるもの。観客の位置に対応したペンライトを光らせることで、自由な色に置き換えたり、細かいフラッシュで明滅させたり、客席をネオンに見立てたようにウェーブを走らせたりすることができます。……ここまでは、もしかしたらどこかのライブでも使われているかも。だけど今回のライブを象徴するのは、曲に対する色分けです。

- 『P3』のテーマカラーは青。
- 『P4』のテーマカラーは黄。
- 『P5』のテーマカラーは赤。

ファンでなくてもご存じですね。

どのシリーズの曲が流れているかによって、テーマカラーがペンライトに反映されます。曲のなかには、『P3』→『P4』→『P5』→『P3』……とリレーのようにメドレーする曲もあり、その都度、観客席全体のベースカラーが変化します。

客席の一部は、P3・4席、P5席として販売していた様子。どのシリーズのフォロワーになるか、なんてのも盛り上がりそうです。

ライブではテンポよくシリーズ曲が演奏されました。思い出深い英語ボーカル曲が歌われ、シリーズ準拠の登場キャラを模したダンサーが踊り、たまに登場キャラの声優さんのナレーションが入るという。たとえば最初の場内アナウンスは『P4』の菜々子。ペンライトは黄色ベースになっていました。

自分の席は全体を俯瞰できる高いところでした。たった1回の公演のために、山ほど積み上げてきたであろう演奏やダンスの数々。それはゲーム中、何度も聴いたあの曲やこの曲。それを、多くのファンが刻むテーマカラーのリズムが彩る。感極まり、思わず涙が出そうになったこともしばしばです。

文章で伝わるわけもない

……から、この話題をコラムで書くかどうか、当時悩んだ。結果的に書いてしまった。

← 会場全景。双眼鏡がいるほど遠かったけど、客席の動きが俯瞰でき、最高です。

いや、これは"わたしの知らない世界"かもしれませんよ？　初音ミクのコンサートだって、同様の盛り上がりがあるのかもしれない。だけど、"シリーズ3作、配色あり"というこのバランスがすばらしい！　2でも4でもなくて、**3というのがベスト**だと思いますね。しかも、それぞれのシリーズに個人的にも思い入れがあるし。**ここにいる人は、ほぼ全員『ペルソナ』シリーズが大好きだ。**イントロを聴くだけで、何の曲かわかってしまう。愛も深いことでしょう。そういう人たちが一体となって、場を築くことができるこの仕掛け。そしてキャラクターは、スターだった。声が出るだけでも、姿を現すだけでも大歓声。シリーズ作品が3つ重なることで、違う時代の記憶が混ざる感触がありました。これはなかなか味わえませんね。

作品を好きな人って、とても大事。**好きな人の数や熱量が大きくなって、初めて生み出せる場もあるのだと感じます。**だから臆さず胸を張って、"好きなものは好き！"であってほしいと思います。

3というのがベスト

2だと紅白戦になってしまう。4だと多い。『P6』があったら、イメージカラーは何だろう？

➡『P5』のカロリーヌとジュスティーヌが、『P4』のジュネスのテーマを歌う！　タイトルをまたいだ合わせワザも光ってます。

● PERSONA SUPER LIVE P-SOUND BOMB !!!! 2017 ～港の犯行を目撃せよ！～

2017年8月2日に横浜アリーナで開催された『ペルソナ』シリーズの音楽イベント。2年ぶりとなる大規模会場にはツインステージが組まれ、歌はもちろん、管弦楽からバレエまで、さまざまな演奏や演出で名曲の数々を綴った。

● FreFlow（フリフラ）

ソニーエンジニアリングが開発したペンライトシステム。観客のLEDライトを無線で一斉制御できる。2012年にイギリスのバンド、コールドプレイが初めて使用。紅白歌合戦やアイドルのライブなどでも活用されている。

ふり返って思うこと

桜井　このときには、まだジョーカーの参戦は決まっていませんよね？　念のため（笑）。

——自分も、人生で一度はフリフラを振るようなライブに行ってみたいです。

桜井　行ったらいいじゃないですか（笑）。しかし、こんなに派手やかで圧倒されるゲーム音楽のイベントは、ほかに見たことがないですね。

——Blu-rayで、観たことはあります。

桜井　映像鑑賞も悪くないですが、会場にいてこそ判ることはいっぱいあると思いますよ。

——『スマブラ』もやったらいいのに……。

桜井　権利問題が―（笑）。いろいろ事情があって、『命の灯火』をカラオケで歌うことすら難しくて。

——それでもやったらいいのに……！

そのころゲーム業界では

2017年8月22日：ドイツのゲームショウgamescom 2017開催。『モンスターハンター：ワールド』が世界初の試遊出展。

トゲゾーこうらに見るパーティー性

2017.9.14
VOL. 538

『マリオカート』シリーズには、"トゲゾーこうら"があります。このアイテム、皆さんは好きでしょうか？ キライでしょうか？ ゲームを遊ぶわたし自身は、正直あんまり好きではないですね。だけど、『マリオカート』の方向性には不可欠なアイテムなので、受け入れています。こういうもんだと。これがいいのだろうと。

トゲゾーこうらは、低順位のプレイヤーがゲットできるアイテムのひとつ。レース中、**トップを走る相手に対して自動追従し、ほぼ確実にヒットする攻撃手段です**。それを回避できる方法はかなり限定されているため、狙われたが最後。おおむね何もできません。

トゲゾーこうらを使われると、トップを走る人がそれまでがんばった意味を薄くしてしまいます。ゴール付近まで2位以降になっていたほうがよいことにもなりかねないかも。また、アイテムをただ使うだけで何も労せず、受ける側は回避もできず必中となると、テクニックも何もありません。しかし、このアイテムが『マリオカート』のパーティー性をよく表していると思います。

レースゲームは、本来シビアに実力差が出るゲームジャンルです。同時の競争なら、うまくプレイしたことによるアドバンテージより、ミスをしたことによるペナルティーのほうが勝敗を分けるもの。もしも順位によるハンデなどまったくナシで、真面目にレースゲームを作った場合。とくに中級者以上においては、**先行車がミスをしない限りは距離が詰まることがない状態になりかねません**。いかにミスをしないかという、綱渡りのような展開になってしまいます。**こういう遊び**は、**タイムアタックには向くものの、競争には意外に向かないと思います。相手の位置やテクニックに対する駆け引きがほぼ生じないからです**。

そこで制作側は、順位が低い場合のマシン性能を高めて逆転しやすくしていくわけですが、単なるマシン性能アップでは不十分。速度が増し、かえってミスを誘発することもありますね。そこで『マリオカート』では、低順位のときにアイテムを優遇されまくります。つまり、**トップの足を引っ張りまくる‼** その最大の要素が、トゲゾーこうらです。

こうしたアイテムは、実力が拮抗する人どうしのガチ勝負には向きません。が、パーティー性を高めるには、大きく貢献することと思います。

パーティー系ゲームの代表作に『桃太郎電鉄』があります。これまた、プレイヤーにとんでもなくひどい災難が起こり得るゲームですね。が、これに

こういう遊び

レースゲームが競争に向かないというのは、矛盾しているようで掘り下げ甲斐がある現象のように思える。

『マリオカート8 デラックス』

↑悪名高きトゲゾーこうら。トップの相手の足を引っ張りまくり、場を荒らすぜ‼

も意図があります。たとえば**4人のうちひとりがひどい目に遭っても、残りの3人が楽しくなるからよい**、ということのようです。なるほど、確かに。ならば**甘んじて喰らいましょうか**。

わたしが小さい子どもやゲーム初心者と何らかのゲームで遊ぶ際は、それなりに手加減しますよ。楽しく遊んでもらうことが何よりだし。**勝ったり負けたりしてほしい**。そうしてゲームのおもしろさを知ってもらうのがベストです。でも、オンラインゲームには向いていないかもしれませんね。知らない人には、ふつうは手加減する必要はないでしょうから。ガチガチのガチに作られた、腕前をシビアに判定する作品のほうがフェアではあります。だけど、ちょっとしたランダム性、ギャンブル性もありながらワハハと笑えるソフトだって、存在意義は大きい。

腕の差が大きくても対戦できる作品は、貴重だと思います。

> **甘んじて**
> **喰らいましょうか**
> 悔しさはあるけど、遊び遊び。少し引いたほうが、本質を見い出しやすい。

『桃太郎電鉄WORLD』(下画面)

↑悪いことをしていないプレイヤーに災難が！でもこういうものです。運命です。

●トゲゾーこうら

シリーズ2作目の『マリオカート64』で初登場。ほかのプレイヤーを巻き込む危険をはらみながら1位のプレイヤーを追撃していたが、4作目の『マリオカート ダブルダッシュ!!』以降は、空中を飛んで1位のみを追撃する。

「マリオカート64」

●『桃太郎電鉄』シリーズ

鉄道会社の社長となり、日本各地を巡りながら物件や名物を購入し、収益金を競うボードゲーム。道中数々のハプニングが起きる中で凶悪なのは、"キングボンビー"と呼ばれる貧乏神。取りついた者に災難を振りまく。

『桃太郎電鉄2017 たちあがれ日本!!』

ふり返って思うこと

桜井 『マリオカート』の対戦では、自分はトップを走っていることが多いんですよね。そうすると、ひたすら足を引っ張られるゲームになるわけです。
――ストレスがすごそう(笑)。
桜井 アレ来て、コレ来て、最後にトゲゾーこうら！
――スピンしているうちに、ごぼう抜き(笑)。

桜井 まあ、そのぶん誰かが楽しめているというゲームなのだからいいんですけど……。
――『スマブラSP』のトゲゾーこうらも、1位の人を狙いにいきますね。憎いほどきちんとしてる。
桜井 まかわせますけどね。ストック制のルールだと、より効果を感じられますね。

🌐 そのころゲーム業界では
2017年9月14日：スマホアプリ『アズールレーン』が正式配信され、ブレイク。『艦これ』初期を思わせる勢い。

考えるのは一瞬、切るのは"なるはや"で

2017.9.28 VOL.539

ゲーム制作における"企画"という職種は何なのか。あんまり職種っぽくない言葉ではありますよね。企画職とは。思いっきり噛み砕けば、**アイデアと、実装されるプログラムをつなぐ職業**と言えます。制作の順番は、アイデア出し→企画書作り→仕様書作り→モデルやプログラムを作る→パラメーターを調整する、となります。

例を挙げますと……。

■**アイデア**："美食家のカバが、宇宙を世直ししながら漫遊するRPG"とか。これを発案するのは**誰でも**。

■**企画書**：ゲームのルールを伝え、カバがどうすることでおもしろくなり、製品を売ることができるのかをまとめたもの。これを作るのは**ディレクターやプロデューサー**。

■**仕様書**：カバが移動するとき、スティックの深度や地形判定がどのように反映されるのか、ゲームメニューの構成はどうなっているのかなどを具体的にまとめたもの。これを書くのが企画。

■**モデルやプログラム**：仕様書などに則った要素。これを作るのは**アーティストやプログラマー**。

■**パラメーター調整**：カバが歩く速度やイベントの難易度など、ゲームバランスを取るデータ調整を行う。この担当も**企画**。

要するに、企画は仕様的、ゲームバランス的なおもしろさを担う人々。もとのアイデアを、融通の利かないゲーム機を使って動かすためには、それなりの準備やまとめが必要というわけです。なお、ディレクター(監督)も、カテゴリーは企画ということになります。

各種の細かいルールや仕様の策定は企画の仕事。わたしのまわりでは、多くの人は真面目だし、資料には図もふんだんに使われていて丁寧でキレイです。年々そういう傾向が増している印象すらあります。が、そうした現場でありがちなことがあるのです……。

たとえば、**案を絞らないうちに仕様書制作を広げ、資料作りに山ほど時間をかけてしまう**こと。絞り切れないときはいち早くディレクターに相談してくれれば、その場でバッと決めてしまえるのに!!

考えること自体はカンタンで、すぐにできます。が、それを人に伝えるための資料を作ることは、その何十倍もの時間がかかります。NGだからと、その作業をバッと切ってしまうのはもったいないと思うのですよね。個人的には、罪悪感すらあります。最初のラフ案はカンタンなまとめでいいし、絞り込めなければ人に相談すればいい。だけど、なぜか真面目に作り込み、考えすぎてしまう。何度も話を重ねてもなかなか素直にいかず、仕事の難しさを感じます。

もっとそれぞれに早期に首を突っ込めればよかった、というディレクター的

NGだからと、その作業をバッと切ってしまう
いかに力が入った仕様書ができても、遊びやシステムが破綻していたらボツになる。『スマブラ』では、当然筆者がすべてチェックする。

『コール オブ デューティ ワールドウォーⅡ』
→ゲーム作りに必要な、プログラムの専門家、絵の、音の、そしてゲームの専門家。

Think about the Video Games

な反省もあります。だけど、仕事の途中であれこれ言うのは、**悪魔の管制塔**になりかねません。進捗や調子は制作者にしかわからないから、それこそ相談してくれなければわかりませんしね。

"ブレインストーミング"という発想方法は、とにかくアイデアを出しまくることですよね。だけどその後、有効なものを選ぶために抜粋する作業が大事です。何においてもそうですが、**考えることと同等以上に、切ることが大事!!** 企画もディレクターも**"おもしろさという曖昧なものを見据え、人に仕事を伝える仕事"**ということになります。それには、行きすぎず冗長になりすぎず、要点を押さえることが必要だと思います。

まだ仕様書段階で済めばいいほうなのだけど、実制作に入ってからのカットは、多くの人の作業に影響があるから絶対避けたいものです。切るなら、極力根元に近いほうがいいに決まっているので、考えたときから切ることも不可欠ですね。

悪魔の管制塔
ディレクターやリーダー等がいい加減なことを言い、現場の方向性を混乱させること。

『スプラトゥーン2』
➡ どんな機能がどれだけあって、どう格納されるのか。まとめるだけでも大きな作業。

🔵 ブレインストーミング

物事を話し合う場合に質より量を重視し、全員で自由にアイデアを出し合う方法。新しいアイデアをざっくばらんに出し合い、参加者のアイデアに便乗して思考を発展させる。集団発想法、課題抽出とも呼ばれる。

◀ ふり返って思うこと

桜井 仕様書って、書いた本人以外が読み解くのはなかなか難しいものなんですね。でも、ゲームの設計図ですから、必ずなくてはならないんです。その仕様書をわたしに見せるとき、萎縮しちゃうのか、考えすぎてしまうことがすごくよくあるんですよね。

──その気持ち、ちょっとわかるなぁ……。

桜井 細かく書き込むほど、要点がぼけてしまう弊害があるので、大事なことをできるだけ端的に示して、細かい調整は、各作業担当に任せるとうまくいく場合が多いと思うんです。だけど、そのバランスがいまひとつとれない人が多いようです。

──考え込む前にディレクターに相談してくださいね、ということでしょうか。これは制作現場の人や、業界を目指す人の指針になる回だと思います。

🌐 **そのころゲーム業界では**
2017年9月21日：東京ゲームショウ2017開催。最新情報は世界へ向けてライブ配信されることが主流に。

ゲームにおける"独創性"とは

2017.10.12 VOL.540

オーソドックス
正統的。独創的とは反対に感じるが、どこに独創性を備えているのかがポイント。

日本ゲーム大賞にて、"独創性"を最大の評点にした"ゲームデザイナーズ大賞"が発表されました。2017年は『INSIDE』でした!!

この賞は、各審査員が10点ずつ持ち、対象期間内に発売されたゲームタイトルに対して自由に振り分けることで検討されます。審査員どうしの面談、会議や打ち合わせはナシ。ここまでが第一次選考です。第二次選考は、審査員が挙げたタイトルを全員が知り、再評価する機会を作るため、高得点獲得タイトルを明かし、投票修正期間を設けます。もちろん、最初の選考から変えなくてもオーケー。そのうえで最高得点を獲得したタイトルが大賞になる、という仕組みです。

なんとなくインディー系が受賞しがちなイメージがあるゲームデザイナーズ大賞ですが、決してマイナータイトルから選別しようという意図はありません。現に今年度の選考では、優秀賞などに入り、一般的にもしっかり評価されているタイトルも多くの得点を集めました。『ゼルダの伝説　ブレス オブ ザ ワイルド』、『人喰いの大鷲トリコ』、『ポケモンGO』などなど……。いずれも独創性、新規性として申し分ない出来映えです。

逆に、今回最大得点を得て受賞した『INSIDE』は、**非常にオーソドックスなゲームでした**。左右に歩く、ジャンプする、物をつかむ、それだけ。ゲームシステムとしては、とても基本に忠実。武器も2段ジャンプも、必殺ワザや念力やガケ上りすらありません。ただ、プレイしたことがある方ならご存じだと思うのですが、**細やかな描写で表現されるその世界は極めて謎が多く、描写が心に残り、独特の印象を与えます**。システムの新規性だけを重視するなら、選択されないだろうとも感じます。しかし、ほかにない要素が十分に突出しての受賞ですね。

今回の審査を経て、独創性に対してもっと深掘りした定義が必要であるように思えました。とりあえず書いてしまいますが、ゲームにおける独創性とは、**"ほかのタイトルでは遊べない要素を備えている"**ということだと思います。そういう意味では、『ゼルダ』も『トリコ』も『ポケモンGO』も納得。代わりになりえるゲームがありませんから。仮にシリーズタイトルであっても、その中で特異な要素が十分にあれば、独創性は大きく発揮できていると言えると思います。

『INSIDE』は、ゲームシステム的にはオーソドックスでいて、世界や描写は明らかにほかのタイトルでは楽しむことができません。これはむしろ凄みを感じるべきことなのかなと。数多のゲームタイトルがある中で、おなじみ

↑『INSIDE』。お話は短くてお値段も手ごろなので、まずは遊んでみてください。

のシステムを使いながら比肩するタイトルがないというのは、スゴいことです。強いて言うなら『LIMBO』を彷彿させるのですが、これは制作者が同じであるから。**ほかにないことが、独創性**。システム、ストーリー、見せかたなど、どの要素で抜きん出るのも自由でしょうね。

ところで。ゲームデザイナーズ大賞に挙がる作品は、毎年わたしがビデオに撮って編集したり、実機プレイをして実演しています。これは授賞式でのお楽しみのひとつになっており、好評をいただいています。が、わたしは50歳になっても60歳になっても、同じことをし続けるのだろうか……？できれば誰かに**バトンタッチ**したほうがいいと思っています。でも、代役が見つかりません。

ゲームをよりおもしろくしたいわたしの活動には合っているのでしょう。しかし、何か手を打たなければ……とも考えています。

↑はるばるデンマークから来ていただきました。とっても緊張されていたようです。

> **バトンタッチ**
> 『スマブラ』制作もそうなのだけど、後継者が見つからない……!!

ゲームデザイナーズ大賞2017審査員 (氏名・所属・肩書き・代表作　※50音順・敬称略)

飯田和敏／立命館大学 映像学部教授
『アクアノートの休日』、『アナグラのうた -消えた博士と残された装置-』

イシイジロウ／株式会社ストーリーテリング代表
『428 〜封鎖された渋谷で〜』、『3年B組金八先生 伝説の教壇に立て！』

上田文人／ゲームデザイナー
『ICO』、『ワンダと巨像』、『人喰いの大鷲トリコ』

小川陽二郎／エヌ・シー・ジャパン株式会社開発統括本部長、LIONSHIP STUDIO代表
『ソニックと秘密のリング』、『クロヒョウ』シリーズ

神谷英樹／プラチナゲームズ株式会社取締役、ゲームデザイナー
『大神』、『BAYONETTA（ベヨネッタ）』シリーズ

小高和剛／ゲームデザイナー、シナリオライター
『ダンガンロンパ』シリーズ

桜井政博／有限会社ソラ代表
『星のカービィ』シリーズ、『大乱闘スマッシュブラザーズ』シリーズ

巧 舟／株式会社カプコン
『逆転裁判』シリーズ、『ゴーストトリック』

外山圭一郎／株式会社ソニー・インタラクティブエンタテインメント
『SIREN』シリーズ、『GRAVITY DAZE』シリーズ

藤澤 仁／ゲームクリエイター
『ドラゴンクエストIX 星空の守り人』、『ドラゴンクエストX 目覚めし五つの種族 オンライン』

三上真司／ゼニマックス・アジア株式会社、Tango Gameworks
『バイオハザード』シリーズ、『ゴッドハンド』、『サイコブレイク』シリーズ

宮崎英高／株式会社フロム・ソフトウェア
『デモンズソウル』、『ダークソウル』シリーズ、『ブラッドボーン』

ふり返って思うこと

── 受賞式のために来日された海外スタジオの方とは、その後お話したりするんでしょうか？

桜井　話しますが、バタバタしているのでご挨拶程度です。式自体も、30分前に集合して、打ち合わせをして本番という慌ただしさで。自分には、受賞作品のプレゼンという難関もあったりします。

── それが楽しみで授賞式を観ています（笑）。ゲームデザイナーズ大賞は審査員の得票数で決められていますが、毎年候補はバラつきが出るのでは？

桜井　基本的にはそうですね。でも、皆さん本当にいろいろなタイトルについてご存知ですよ。

── さすがトップクリエイターの皆さんですね。

桜井　独創性という言葉も解釈はまちまち、ということを、そこでいつも思い知るんですよね。

 そのころゲーム業界では
2017年10月5日：ニンテンドークラシックミニ スーパーファミコン発売。『F-ZERO』など21作品を収録。

2017.10.26

VOL. 541

ソンさせないのが今風だけど

『Cuphead』が発売されました。待ってた！ どんな作品か知らない方は、この写真を見てください!!

「Cuphead」

1930年代
かの『蒸気船ウィリー』が、1927年。さまざまなディズニー初期作品と、そのライバルが生まれた時代。

魅力は動きを見てこそですが、**1930年代**のカートゥーンテイストで構成されたグラフィックは本当にステキだし、音楽も高レベル。が、ゲームの内容は、『ロックマン』や『魂斗羅』めいた、硬派なアクションシューティングです。ルールもクラシックで、ステージ最後でミスしても、スタート地点まで戻されてしまいます。これは最近のゲームの感覚では、かなり長く戻されて面倒だと思う人も少なくないでしょう。

横スクロールステージでミスして戻ったら、**プレイヤーが直接得られる利益は何もない**のですよね。パワーアップ用のコインはステージクリアーしなければ手に入らないし、経験値などによって強さが増すわけでもない。プレイを重ねることで有利になる要素が自身のスキル以外にはないので、**自分は一生クリアーできないかも？ と思ってしまう人もいるかも**。こういった昔風の仕様を好まない層がいることも、理解できます。

ユーザーが行った行為が、ムダになりすぎないように気を配るのが今風のゲームデザインというものです。たとえば『ファイアーエムブレム無双』では、ゲームオーバーになっても経験値はそのまま引き継がれることが都度明示されます。

でも、もちろん最初まで戻されることによって生まれる楽しみも確実にあります。**遊び手が「なにくそ!!」とがんばれるようにできるか否かが、ゲーム性の分かれ道になります**。個人差が非常に大きい部分だとも言えますが、その気持ちに導かれるかが大事ですね。『Cuphead』の場合、ボスと短く戦うだけのステージが多かったり、ゲームオーバー時に進捗が表示されるなどの仕様で補っています。しかし何より、グラフィックの魅力が最大のご褒美になっていますね。**先を見たい気持ちが原動力。同じ仕様でも、グラフィックなどが違えば、あるいはみずからの興味が違えば、がんばり度もかなり変わるハズ!!**

クラシック関連で、もうひとつうれしいものが発売されました。"ニンテンドークラシックミニ スーパーファミコン"。わたしは収録タイトルのひ

Think about the Video Games

とつを手掛けています。が、個人的には予約に失敗し、入手できていなかったりして……。いいのいいの。作った人が買えないことなんて、昔もいまもよくあることですしね。

こちらは、タイトルごとにいつでも中断セーブできます。それどころか、プレイ時間を巻き戻して楽しむことも。ゲームそのものはもちろん昔の仕様。昔、楽しんでオチを知っているゲームを懐かしむことが主体なので、大胆な中断セーブ機能が採用されたとも言えますが、何より、**いまから楽しむ人には、逐一セーブポイントなどまで戻されたりするのは合わないのでしょう**。とくに、『**超魔界村**』などに代表される高難度アクションゲームはそう。

『星のカービィ スーパーデラックス』
（ニンテンドークラシックミニ スーパーファミコンの画面）

➡どこでもセーブ、巻き戻して再開。キーデータでリプレイ保存しているのかな。

中間地点の道のりは、当時も手を焼きました。

何でも親切にしようと思うと失われるものもあるし、すでに失われたために戻れないものもあるし。個人的には定石に染まらず、さまざまな仕様のものが混ざり合う状況がいちばんうれしいです。唯一の方法なんてありません。いろいろな狙いがあるのがベストですね。

【超魔界村】
『魔界村』シリーズでは原則的に、リスタートポイントはコース中盤にひとつだけしかない。とても苦労する。

『Cuphead』
Xbox One、PC、Nintendo Switch/Studio MDHR/配信中

手描きのセル画を使用した表現力豊かなビジュアルや、難度の高いボスバトルをメインにした硬派なアクション性で注目を集めるインディーゲーム。現在は英語版のみだが、Nintendo Switch版配信に併せアップデートで日本語にも対応予定とのこと。

収録タイトルのひとつ

ニンテンドークラシックミニ スーパーファミコンには、桜井氏が手掛けた『星のカービィ スーパーデラックス』が収録されている。ストーリーや遊びかたが異なる9つのゲームが用意され、ふたり協力プレイも楽しめる。

➡任天堂公式サイトでは、制作時のエピソードも。

ふり返って思うこと

桜井 『Cuphead』の画面写真は、ほかのゲームとは一線を画していますね。すばらしい！

——クラシックなテイストと、ミニスーパーファミコンの話題を結びつけるとは（笑）。しかも予約に失敗されたとか。桜井さんの手掛けた『カービィ』が収録されているのに、もらえないものなんですか？

桜井 必ずしももらえるとは限らないですよ。任天堂さんにしても、キリがないでしょう？　でも、このときはけっきょくいただけましたし、そのうえ、アメリカの任天堂の方のお土産で、海外版のミニスーパーファミコンもいただきました。収録ソフトが一部違うのでうれしかったという。『MOTHER2』などは海外版だけですからね。

——なあんだ、よかったです（笑）。

🌐 そのころゲーム業界では
2017年10月27日：Nintendo Switch用ソフト『スーパーマリオ オデッセイ』発売。

コンプライアンスと労力と

2017.11.9　VOL.542

ゲーム業界と言えば、残業はいっぱいあるし、徹夜もするし、休日出勤は当たり前‼　……という常識もいまや昔のハナシ。ここ数年でガラリと変わったのです。実際、どこかの会社に出向して働いているわたし自身も、22時には帰宅します。というより、**閉め出される**感じ？　10時出勤だから、労働時間は11時間ぐらい。昔は深夜1時、2時になるようなことも少なからずありましたが、いまはそれに比べればラクなものです。

なぜなのかというと、**コンプライアンス、つまり会社が法令遵守を重視しているからです‼**　きょうび多くのゲーム会社がそうなっていることは、間違いないです。

社員、契約社員等は、月45時間の残業量を超えないようにコントロールされているところがほとんどだと思います。"36協定"と言われていますね。仮に、本人が仕事したくて時間を費やしていたとしても、一定の労働時間を超えると、労働基準法違反で監査が入ることがあります。そんなことになると企業のイメージとしてよくありません。仕事は早く終わることを推奨されますし、守れないと逆に罰則が適用されかねません。

わたしはフリーのため残業等の決まりはなく、時間の管理はされていませんが、オフィスが閉まる時間には退散することになります。

仕事のしかたとしては合理的ですよね。無理な労働はないほうがいい、1日の労働時間が減るぶんは、ほかの人の作業量に置き換えればよい。割高になる残業代を支払うより、人を増員すればよい。その方が、同じコストでたくさんの人月が得られる。まあ、理屈ではそうです。ふつうの仕事ならば。**だけど、ゲーム制作って"技術職"なので、代わりが利かないことがかなり多いのです。**

たとえば、優れた、あるいは個性的なAさんの仕事は、ふつうのBさんがいくらがんばってもマネできません。主力となる人、つまりキーマンの仕事やアイデアは、プロジェクトを牽引したり、ゲームの個性を生むために大きな役割を果たしています。そのセンスや力量を元にした仕事をほかの人に振ることは、長い目で見ればゲームを平凡、平均的にしていくこともあることでしょう。つまり、**製品としてのゲームは作れても、作品としてのゲームは作れない‼**

キーマンの力を存分に入れ込んだまま制作を続けたいなら、純粋に納期を延ばしていくことになります。すると今度は鮮度が落ちます。旬を逃したり、発表までに似たものが出るリスクが上がったり、開発費やモチベーションが続かず、頓挫することもありえます。

閉め出される

22時になるとオフィスが消灯される。ただ、筆者は社員ではないので、労働の規則もないし、開発中盤や終盤は、22時では済ませられなかった。

←日本での話なので、現状のまま海外の大作と渡り合う必要もあると思います。

基本的には、法令遵守は絶対でしょう。そこは変えてはいけないところだから考えなくてよいと思います。**問題は、そのうえでクオリティーが高いものを作るにはどうすればいいのか**。もちろん、カンタンにできることはどこもやっているでしょう。なおかつ優れた人材の有無に頼るわけでもなく、少人数で進める仕事でもないのなら、環境や全員の力を底上げするくらいしか思いつきませんね。ひと言で言えば、効率を上げること。

だけどそれがまた難しい！ とくに実力の根源となる、自己啓発がらみはまちまちですから。たとえば、勤務時間中に最新ゲームを見る機会はほぼなくなったな、と思います。昔の会社では、**コアタイム**が終われば新作をみんなで見ていたこともあったのですが、いまの時代ではもうないですね。作業ではないことに振る時間も減っていますし。現在のゲームの水準は、帰宅してからそれぞれの人が個々に見ることが基本になります。

趣味の時間を大切にし、いいものを作る糧にするのがベストだと思うのですが、いかがでしょう？

> **コアタイム**
> 社員が必ずいなければならない時間帯。フレックスタイム制に適用される。

➡ わたしはいまも、帰ったらエアロバイクを漕ぎつつゲームをしています。運動大事。
※画像はイメージです。

36(サブロク)協定

労働基準法第36条に基づいた"時間外、休日労働に関する協定届け"の通称。週40時間以上の労働、つまり残業や休日出勤などが発生する場合でも、上限(原則1ヵ月45時間)を超えてはダメ、という決まりになっている。

桜井氏が本稿執筆前の1週間に遊んだおもなゲーム

- 『シャドウ・オブ・ウォー』(最後までクリアー)
- 『巨影都市』(クリアー)
- 『サイコブレイク2』(クリアー)
- 『V！勇者のくせになまいきだR』
- 『グランツーリスモSPORT』
- 『いただきストリート ドラゴンクエスト&ファイナルファンタジー 30th ANNIVERSARY』
- ミニMZ-80C
- アーケードアーカイブス数本
- インディーゲーム
- PCゲーム
- etc……

ふり返って思うこと

——労働時間を守ったうえで、いい作品を作るにはどうしたらいいのかという話は、よく聞きますね。
桜井 もちろん、仕事量を増やせばおもしろくなるわけではないけど、ある程度は絶対必要ですし。
——そして、1週間に遊んだゲームの量がけっこうヤバイ(笑)。1週間って7日しかないですよ？
桜井 この人、バカなんじゃないの？（笑）
——それで睡眠6時間ですよね？ 計算が合わない。
桜井 まあ、やるだけだったらすぐできますしね。けっこう重たいものもありますけど、インディーゲームの軽いものもありますので。
——"etc…"が、無限の深みに見えます……。

そのころゲーム業界では
2017年11月7日：Xbox One X発売。Xbox One、Xbox One Sと完全互換し、Xbox One Sの約4倍の処理能力を備える。

そのレーティングは誰のため？

2017.11.22 VOL.543

ピクサー映画くらいのもの
流血表現、過度な暴力表現、実在の武器表現、ケガ表現など、一般的に子供に推奨されないようなものはない、という意味で例として挙げた。

『スーパーマリオ オデッセイ』をプレイしました。こりゃあとってもよく出来ている!! いろいろなところに遊びが詰め込まれていながら、クリアするだけならやさしく、やり込みたい人にはさらなる遊びとチャレンジを返すという。理想的なバランスの作品だと思うし、3D『マリオ』の中でも、『スーパーマリオ64』と双璧を成す出来映えでは、と思っています。『ゼルダ』といい、『マリオ』といい、ホントにスゴいなと。恐れいりました。

ところで、ゲーム内容とは関係なく、どうしても納得できないことがあります。それは、**CEROによる年齢区分がBだったこと**。Bというのは、12歳以上が対象です。どうして……？ どう考えても、『スーパーマリオ オデッセイ』は子どもにも推奨したい優良ソフトですよ。いまもっともプッシュしていいと思えるぐらい。だけど、ルールに沿えばそれはできないということになります。

なぜ本作がCERO：Bなのか。具体的なことは何もわかりません。ふつうに想像すると、ニュードンク・シティに代表される、リアルキャラクター、リアル世界に対する暴力（？）、干渉でしょうか。理由がわからないので、ふわっとした言い回しになり、スミマセンが。今回の『マリオ』は、ある程度のリアル表現が行われており、それがおもしろみを生んでいます。ただ、その幅は**ピクサー映画くらいのもの**で、コミカルな表現に溢れています。ほかの映像作品やゲームと比較しても、子どもに許容できない範囲とは思えませんでした。

ではこのレーティングは、誰がトクするのでしょうね。子どものため？ いや、それはまずないでしょう。結果的に、優良なソフトを楽しめる機会を奪っているわけだし。親のためでもないよなあ。売り手のためでも、任天堂のためでも、業界のためでもないですし。

ユーザーにしてみれば、CERO：Z以外はあくまで推奨区分ということなので、そんなに厳密にしなくてよいものです。年齢区分マークに関係なくソフトを買っている子ども、買い与えている親御さんも多いことでしょう。『モンスターハンター』シリーズは、おおむねCERO：C。つまり15歳以上対象だけど、あまり気に掛けられていませんよね。自己判断でよしとされているので、よいのですけれど。

だけど年齢区分は、意外とあなどれないのです。たとえばCERO：A、つまり全年齢推奨でないと、**子ども向け番組や雑誌に対する販促をしにくくなります**。『おはスタ』でCMが流せなかったり、『コロコロコミック』に記事を載せにくくなったりするわけですね。

よって**ゲームを作る側は、CERO審査に対応するべく、いろいろと手を打**

←これ、12歳以上しか遊んじゃダメ！？……そうは思えませんけれども。

『スーパーマリオ オデッセイ』

つことも多々あります。わたしも経験していますが、あれこれマイルドにせざるを得ないのですね。とくに、バイオレンスとセクシャルな表現についてはきびしく調整します。ゲームのおもしろみがなくなることもありますが、そうしたものを世界に向けるソフトの表現限界にしなければならないのがつらいのです。

他国にもレーティング機構はあって、ドイツなどは銃火器にわりときびしめな印象があるなど、引っかかる箇所はまちまちです。つまり、最低ラインに合わせざるを得ないのですが、話が長くなりそうなのでまたいつか……。

『スーパーマリオ オデッセイ』がCERO：Bなのは、どう考えてもユーザー側から見た感覚と合いません。ただ決まりだからと言って、届けたい層にソフトが届かないのは残念なことだと思います。

↑『スマブラ for』版女カムイの内股も、わかりやすくマイルド表現にしました。

●『スーパーマリオ オデッセイ』
Nintendo Switch/任天堂/2017年10月27日発売

ゲームキューブで発売された『スーパーマリオサンシャイン』以来、15年ぶりとなる3D箱庭探索型の『スーパーマリオ』シリーズ最新作。クッパにさらわれたピーチ姫を助けるべく、マリオがさまざまな世界を冒険する。

●CERO

"特定非営利活動法人コンピュータエンターテインメントレーティング機構"の略称。この機構で家庭用ゲームソフトに含まれる性表現、暴力表現などが審査されたのち、A、B、C、D、Zと5種類の年齢区分に分けられる。

CEROの対象年齢区分
※A～Zまでの対象年齢は"推奨"

ふり返って思うこと

桜井 『スマブラSP』がCERO：Aでよかった……。
―― 『スマブラ for』のときにもCEROのお話は聞きましたが、今回はどんなことがありましたか？
桜井 そうですね……。けっきょくリオレウスの尻尾切断は叶いませんでした。切断がダメでも、ダメージ表現でなんとかならないかと、何テイクも審査に出しましたが、全部通りませんでした。
―― えー、そんなことがあったんですか。
桜井 審査側は、あるかないかでしか判断できないですから。海外作品で人体の欠損などがありますが、Z区分でもNGで、わざわざ作り直されたりします。
―― いろいろな事情を乗り越えて、いまの形に落ち着いている作品ばかりなのでしょうね。そう考えると、ますますA判定ってキビシイ……！

🌐 そのころゲーム業界では
2017年11月21日：スマホアプリ『どうぶつの森 ポケットキャンプ』配信。SNSがプレイの話題で持ち切り。

2017.12.7
VOL. 544

ギャンブルで競争を有利にすること

課金要素

マイクロトランザクションなどと言う。開発費が膨大な大型タイトルに少額課金要素を折り込む手法は、いまや一般的になっている。

『スター・ウォーズ バトルフロント Ⅱ』の通常版を始めたら、**ある課金要素が中止されていました**。発売直後にユーザーからの批判を受け、サービスを一時停止したとのこと。今後見直しを検討しているようですが、この対応はのちのさまざまなタイトルに影響を与えるであろう英断だと思います。

このゲームには、"クレート"というガチャのようなものがあり、マルチプレイで使えるパワーアップなどのカードが出てきます。これはゲーム内で稼いだ通貨か、リアルマネーを使って引けるもの。ヒーローや兵種ごとに対応カードがあり、武器や特性、強さを変えることができます。こういった要素は"ルートボックス"などと呼ばれており、海外の大型タイトルではもはやスタンダード。非常に多くのタイトルで目にすることができます。

ゲームの開発は、すでに恐竜化しています。その進化は、自重を支えることすら難しい程度に。これだけゲームの水準が向上し、制作に工数がかかるグラフィックとボリューム。ユーザー数が爆増したわけでもないのに、昔と変わらぬ**10000円未満でリリースされるのは、やはり勘定が合いません**。そこで、より多く支払ってもいいと思うファンに支えてもらうというのは、個人的には理解できます。

しかし！ 売買というのは売る側と買う側が納得して行われるのが原則。**フルプライスを支払ったうえ、追加で支払うものの中身がわからないというのはたまったもんじゃないですよね**。1本買うのにはわりと高くつく娯楽。心ゆくまで遊びたいけど、不確定要素が不信感を生んでしまいかねません。

念のため切り分けておきますが、発売後に作るDLCは、それを制作するための開発費用がかかるので、例外を除けば別のハナシ。また、MMORPGなどの月会費も、運営するのに必要な資金なので、これまた別。ひとくくりにできません。

で、正面から遊ぶという意味では、さまざまな大型タイトルも、十分な遊び場を提供していると思います。本作では、キャンペーンモードが楽しかったですよ。リプレイ性にはやや欠けますが、『スター・ウォーズ』の外伝的なお話として、よくできています。が、対戦など、競争する性質のタイトルで、**お金を払えば有利にしてあげるというのはアンフェアですよね**。恩恵を受けない人はあまりおもしろくないはず。

一般的にも、Pay to Win、つまり課金の要素が試合に有利に働くか否かが是非の判断基準になっていると思います。服や顔モデルが変わるくらいならアリでしょう。だけど、マルチプレ

『スター・ウォーズ バトルフロント Ⅱ』 ※ゲーム画面はすべて連載当時のものです。

↑クレートには、ランダムでカードが。ゲーム内通貨で買う場合はやや高め。

イや対戦で、性能に影響を与えるのはよくないですね。ごくわずかな差でも、結果に疑惑が湧くでしょうから。

また、**ガチャであることは必要かどうか**。お金を払う側も、受ける側も、ギャンブルによるフィーバーを期待しているかのようで、あまりよい印象はありませんよね。ゲーム内通貨などを使ってギャンブルをするのは、それ自体がアレア（運や偶然）の遊びなのでよいと思います。が、**実費を払うなら好きに選ばせていただくのが真っ当ではないかなあ**と思ったりします。コンビニの一番くじなどを引くのも、たまの遊びなら楽しいと思います。が、コンビニの品揃えがすべてガチャだったら、困ってしまいますよね。主力ではなく、たまの遊びの範囲であってほしい。

収益という観点では、とくに経営サイドはいろいろなことを考えざるを得ない昨今です。しかし、ユーザーを楽しませるのが最大の目的であることは踏まえてほしいと考えています。

ガチャ

ランダムで景品が排出されるもの。ガチャガチャ、ガチャポン、ガシャポン、ガシャなど多くの呼びかたがあるが、一部は商標。

『スター・ウォーズ バトルフロント Ⅱ』

↑帝国軍だった主人公が中盤から反乱軍に。両軍の機体が楽しめるナイスシナリオ!!

『スター・ウォーズ バトルフロント Ⅱ』

プレイステーション4、Xbox One、PC/エレクトロニック・アーツ/2017年11月17日発売

映画『スター・ウォーズ』を題材にしたFPS・TPSシリーズの新作。映画の全時代を網羅し、ルークやダース・ベイダー、レイでプレイ可能。前作にはなかったキャンペーンモードでは、知られざる帝国のエピソードが語られる。

ルートボックス

リアルマネーまたはゲーム内通貨を支払うことで、ランダムでアイテムなどを入手できる仕組みのこと。"ルートボックスがギャンブル（賭博）に該当するかどうか"は、現状では国や自治体ごとに異なる見解が示されている。

※画像はイメージです。

ふり返って思うこと

——この件は、約5ヵ月後のアップデートで、かなり改善されたアイテム課金が再スタートしています。

桜井 こういう話は世界的に激化する傾向にありましたから、もしかしたら日本のガチャ文化にも、見直しの機会がやってくるかもしれませんね。

——スマホの運営型ゲームのいいところは、気に入ったゲームにいっぱいお金を払えるところだと思っています。コンシューマーだと、何百時間も楽しませてもらったのに、最初に払った金額以降はお金が払えないもどかしさを感じることもあります。

桜井 それはありますね。現状は、最初にデラックス版を買うか否かくらいですもんね。自分も、期待値が高い作品はデラックス版を選びます。

——良作には、感謝と応援の気持ちを伝えたいです。

そのころゲーム業界では

2017年12月上旬："どうぶつ"の検索ワードにより、スマホアプリ『どうぶつタワーバトル』が異例の大ブレイク。

改善策は縄のごとく

2017.12.21　VOL. 545

わたしを取り上げていただきました

とにかく、この本の表紙を見てください！　田中圭一先生、どうもありがとうございました。

ゲーム制作側にもたいへん興味深い記事を載せているWebサイト"電ファミニコゲーマー"で、**『若ゲのいたり』というクリエイターマンガが連載されており、そこでわたしを取り上げていただきました。**わーお。なぜだかハズカシイ!!　さらにそこに、**昔行っていた"ゲームのおもしろさ"を生み出すための講演が全文掲載されています。**マンガと関連性があっての骨太企画になりましたが、詳しくは検索して読んでやってください!!

今回のコラムは、その内容、つまり"ゲームのおもしろさ"について考えていたころのこと。久々に昔話をしようと思います。

30年ほど前。わたしは学生で、ゲーム業界を目指してひたすらゲームをやり込んでいました。バイトでお金を稼ぎ、いろいろなソフトを買い、プレイしまくり身につけるという。ゲームのおもしろさはどこから生まれるのかを探っていた時期で、このときの経験はいまも深く根付いています。

そのとき遊んでいたファミコンゲームの一例を挙げます。横スクロールのアクションゲームで、剣を突き出して敵を倒すもの。ジャンプあり。楊枝のような剣を1パターンの絵でビュッと出して攻撃。相手はサインカーブを描きながら飛んで来たりして、攻撃がなかなか当たらないからストレスがたまる。こういうタイプのゲーム、当時はたくさんありました。これをより楽しくしようとするならば、まずは攻撃の絵を縦斬りなどにし、攻撃判定を大きくするのがてっとり早い、と感じました。見た目にもわかりやすいし。楊枝のような剣が当時の限界とまでは思えず、なぜ決して少なくない数のゲームがこうしてしまうのかと理由を考えたりもしました。まあ時代でしょう。参考作品も少なかったときですし……。

ほかにも、

- 斬ったら敵が吹っ飛ぶ
- ジャンプを操作しやすくする
- 制限のある飛び道具を導入
- 敵の攻撃判定サイズを絞る

など、当時から見てもできることはいっぱいありそうに思えました。

でも、上記の調整例は、**全部プレイヤーが有利になることばかり**なのですよね。自分の不利益に文句をつけるのはカンタンだ。難しいなりにもエンディングまでいけるゲームなのだから、敵の強さを変えずにマイキャラ性能だけ上げるというわけにはいきません。難易度を同程度に保って気持ちよくするには、さらに敵も強化しなければなりません。でも、やりすぎると別の理不尽さが生まれてしまう。プレイヤー視点で見れば、**自分が優遇されたいの**

は当然のことですが、敵となる相手も含めて考えていかないと、ゲームたり得ないのだろうなあとなんとなく考えていました。

相反しますが、結果的にわたしがゲーム業界に入ったときに作った『星のカービィ』はラフで、ミスに対してわりと寛容だと思います。この理由も講演内にありますが、わかってそう作っているものです。

一方、敵がコンピューターではない対戦系のゲームは、**同じキャラや勢力をお互いのプレイヤーが同等に選べる限りは、システム的にまったく公平なのですよね**。それ以外になりようがない。だけど、ストレスは配置された敵と戦うひとりプレイよりも強く感じま

→過去のコラムにも載せた講演ですが、少し改訂・刷新しての掲載となりました。

した。感じかたにも個性があるけれど、そういうものなのでしょう。

多くの人が遊ぶゲームをまとめるのは難しい。基準は自分ではない。当時から、おぼろげにそんなことを思っておりました。おわり。

おっと、今年最後の掲載でした。よいお年を!! わたしはこれからも、もっとゲームをしていきます。

勢力
たとえば戦略シミュレーションの場合。同等の戦力を駆使して勝つのが、駆け引きそのものになる。

『若ゲのいたり』

『うつヌケ』などの代表作を持つマンガ家、田中圭一氏が綴るゲーム業界リポートマンガ。Webサイト・電ファミニコゲーマーにて連載中で、『MOTHER』の糸井重里氏や『FF』の坂口博信氏らも取り上げられている。

『若ゲのいたり』桜井氏編

本文中で語られている回は、田中氏による通常のリポートマンガと、桜井氏が作成した講演資料を自身が解説する記事の2本があり、対で読むとより深い理解が得られる。

→この話は、好評発売中『若ゲのいたり ゲームクリエイターの青春』(発売:KADOKAWA)に収録されています。

ふり返って思うこと

—— 田中先生にお会いになって、いかがでしたか?
桜井 イラストとのイメージとは違いました(笑)。
—— 桜井さんも、マンガではまるで少年です(笑)。
桜井 『若ゲのいたり』以前に、手塚治虫先生のタッチやジブリのタッチを模したマンガを拝見していた

ので、もちろん存じ上げていましたよ。
—— 『神罰1.1』などですね(笑)。
桜井 「訴えないでください!」なんて(笑)。
—— ここで語られている講演は、ゲーム好きな人や作り手を目指す人にぜひ読んでいただきたいです。

そのころゲーム業界では
2017年12月8日:『ゼルダの伝説 ブレス オブ ザ ワイルド』が"Game of the Year"を含む3冠に輝く。日本作品初の快挙。

2018.1.11　VOL. 546

楽しみの延長戦

あけましておめでとうございます‼ と、新年のあいさつから始まりましたが、書いているのは、『ロックマン』や『ファイナルファンタジー』が30周年を迎えたころ。2018年は『ドラゴンクエストIII』、『スナッチャー』などが30周年、『ゼルダの伝説 時のオカリナ』や『ゼノギアス』が20周年ですと。時が過ぎゆくのはとても早い……。

年末商戦にあたり、ゲームはいろいろプレイしましたが、その中でも以前のゲームを引っ張り出して遊ぶことも多かったです。いや、懐古主義でクラシックゲームを遊んだわけではなく、**DLCです‼**

たとえば『Horizon Zero Dawn』、『ゼルダの伝説 ブレス オブ ザ ワイルド』、『バイオハザード7』、『ファイナルファンタジー』などのシナリオ追加型DLCですね。『仁王』のコンプリートエディションでもDLCぶんを追加。アイテム型ではない、**イベントやシナリオ追加型のDLCは、いまや大型タイトルでは主流になっています。**

シナリオ追加型のDLCは、ゲームを

DLC
ダウンロードコンテンツ。ダウンロードキャラクターである場合も。ゲームの拡張要素を後から購入できる仕組み。

↑『FFXV』。"エピソード イグニス"も遊んだけれど、『アサシン クリード』とのコラボイベントもスゴかった。

より深く楽しみたいときにはうれしいです。ただ、以前クリアーしたときから長いブランクを空けて戻ってくるときは、**操作を思い出すところからスタートなのですよね。**これがなかなかきびしい。とくに『Horizon』と『ゼルダ』は時期も近く、発売当時の感覚が再来。やることが似ていて混乱する‼ とくに前者は、DLC冒頭の相手が強いので、ちょっと苦戦しました。DLCはクリアーした人向けに難度が上がっている場合も多く、拍車をかけてキツくなりがちです。

DLCについての賛否は、もちろんあると思うのですよ。発売当時に入れておいてくれればもっと楽しめたのに‼ とか。ごもっともです。でも、**丁寧に作っているところほど、本編発売日とDLC発売日は離れる傾向にある**と思います。

DLC発売までどうして期間が空くのか？ もちろん、ゲーム制作にかなりの時間を要するということですよね。**まともな3Dゲームで、新シナリオや新エリア、新たな敵が出るようなものなら、開発に1年以上かかっても不思議ではありません。**メインスタッフがフルで残っているケースは少ないですし、デバッグだって必要です。新アイテムが追加されるようなものなら、そのアイテムがゲーム世界のすべてで不具合を起こさないか確認していかなければなりません。DLCをイチから作るようなものは、リリースまでに時間がかかるのはしかたがないことなのです。

そして時間がかかれば、開発コスト

もかかります。ソフトを買った人のうち、限られた人数だけが購入する、**狭い市場**での商売です。**とくに開発が長期に及ぶものは、思うよりもリスクが大きい商品形態ではあるのですよね。**そんな背景があるので、よい作品のDLCは、出してくれるだけでとてもありがたい!! 1本で終わるのはもったいないですし、気にいらなければ買わないという選択肢もありますから、問題なしです。

しかし、いちユーザーとして、シーズンパスという商品形態はどうかなあと思っています。中身がわからないのにお金を先払い。それはちょっとコワいですよね。

ただ、わたしは前述のタイトルはほとんどシーズンパスなどを買っています。おもしろいゲームへの期待に対する投資と思えばよいのかなと、あまり深く考えないまま楽しんでいますね。よいものを好きなだけ、より掘り下げて楽しめるのは、幸せなことです。

狭い市場
そんなにたくさん売れるものでもなく、スタッフを確保するのが難しい。つぎの開発に進んだほうがよい場合もある。

『Fallout4 VR』

↑DLCじゃないけど『Fallout 4 VR』もプレイ。パワーアーマーがでかい!!

● シーズンパス
今後配信が予定されている追加コンテンツの使用権を事前に一括購入するシステム。各コンテンツを個別に買うよりも価格が割安になるよう設定されていることが多いので、「余さず遊びたい!」と考えている人にはお得。

ふり返って思うこと

桜井 最近はとくに、デラックス版などで最初からDLCが利用できることを前提にした商品形態が多いですね。自分はわりと払っちゃうほうですが。
——同じく、払っちゃうほうです。
桜井 こういう大型タイトルが、昔と同じ値段なのはおかしいと思うので、少しでも還元できればと。
——制作に莫大な労力がかかっていますからね。ちなみにシーズンパスについて書かれていますが……。
桜井 それについては申し訳なかったです! まだこのときは『スマブラSP』のシーズンパスどころか、DLCを作ることすら決まっていませんでした。こういうものって、制作側の意思とは関係なく企画されるものですから……。
——もちろん購入してお待ちしていますよ!

🌐 そのころゲーム業界では
2017年12月29日：Steamにおける『PLAYERUNKNOWN'S BATTLEGROUNDS』の同時接続者数が300万人を突破。

腰を据えて

正月休みに『ゼノブレイド2』をクリアーしました。時間の覚悟が必要でしたが想像を上回るすさまじい物量!! Nintendo Switchでは、『ゼルダの伝説 ブレス オブ ザ ワイルド』をしのぎ、いちばんのボリュームでしょうね。

巨神獣や亜種生命体"ブレイド"を主軸とした世界とストーリーは、ほかでは見られない独創性があると思いました。ビジュアルシーンはバンバン出てくるし、そのアクションは力強く、見栄えがする。生演奏をふんだんに取り入れた音楽は超リッチ。**ブレイドはガチャ排出**で、得られるかどうかわからないのに、デザインや設定が個性的なうえ、個々に寸劇入りイベントが作られている。高低を活かし、地方に特色があるマップは、オープンワールド作品としてとてもよくできています。ついでに、ロードが早くて助かります。

お客さんから見ると、どこがどうスゴいのかあまりわからないかもしれません。むしろ、操作やシステムで不便な点のほうが目につくこともあるのかも。だけど**作る側から見たら相当です**よ。どれだけサービス旺盛に作ったらこれだけのものができるのか……。『ゼノブレイド クロス』の発売が2015年4月末であることを考えると、開発期間が長大ということもなさそう。モノリスソフトはその間にも『ゼルダの伝説 ブレス オブ ザ ワイルド』の開発にも携わっているため、単に"コストをかけた"では説明できないです。オープンワールド系のノウハウがガツンと溜まったのかもしれませんね。

正直、プレイは時間がかかってたいへんでした。メインストーリーだけズバッと進めればいいのかもしれないけれど、それだと苦戦必至なこともあり、寄り道したくなります。イベント達成やブレイド育成で、とにかく方々をさまよい歩いていた印象がありますね。

しかしこれは、オープンワールドとしてとても正しい!! **もしもストーリー1本で、地形をまっすぐに一度しか通らないのであれば、オープンワールドでなくてもよいです。自由気ままに、順不同で進める寄り道が、仲間との冒険感を醸し出すのに必要なエッセンスになっているのだと思います。**このゲームデザインは、現代のスピード感とは合いにくいかもしれません。いまはどのコンテンツでも早食いで、猛烈な速度で消費され続けるので。費やす時間は、そのままほかの作品を楽しむための時間でもありますから。

マンガなどでは現在、スポーツ根性ものは展開しにくいと言われています。スポーツものをやるにせよ、主人公は最初から強い、あるいは才能を持っている人が多い。最初は弱くて、鍛錬の

ブレイドはガチャ排出
ブレイドと呼ばれるキャラクターたちは、クリスタルを消費し、ランダムで召還する。最上位のレア種は20種類いる。

『ゼノブレイド2』

↑戦闘などが複雑で難しかった。でも、コツを覚えてしまえばおもしろいです。

末に勝ち上がるようなものは、カタルシスを得る展開になる前に、お客さんが読むのをやめてしまうのだとか。

だけど、いろいろな作品がある中で、そうした作品も必要です。**寄り道や長い道のりがあるからこそ、成長や展開が映えることもあります。**こうした作品があって、選べる自由があるというのは、とてもよいと思います。

作り手の自分ではやらなさそうなことを、いっぱい詰め込んでいるのですよね。多くのブレイドをとっかえひっかえしながら障害をクリアーするとか。ひとつひとつ、異なる育成方法を取るとか。会話ごとのスキップに制限があるとか。みんな、遊ぶ側の時間がかかることです。**しかし、バンバン飛**ばすと得られないものもあります。じっくりと進めれば、より深い愛着が湧くこともあるでしょう。めったに出ないタイプの作品なので、遊ぶなら腰を据えて臨みたいですね。

『地球防衛軍5』

↑ちなみに、その前は『地球防衛軍5』のボリュームをこなすのに必死でした。

『ゼノブレイド2』
Nintendo Switch／任天堂／2017年12月1日発売

超巨大生物"巨神獣(アルス)"が行き交う世界"アルスト"を舞台に、豊穣の理想郷"楽園"を目指すRPG。『ゼノギアス』(1998年スクウェア発売のRPG)開発スタッフ、高橋哲哉氏らを中心に設立されたモノリスソフトが開発。

ブレイド

主要キャラクター"ドライバー"たちの武器でもあり、運命を共有するパートナーでもある亜種生命体のこと。『ゼノブレイド2』では、ドライバーはブレイドの生み出した武器を使い、サポートを受けつつ戦うことになる。

ふり返って思うこと

桜井 いやあ、ものすごいボリュームでした！
──本当に、時間ドロボーですよね！
桜井 クリアーに何百時間もかかるものは、どう考えてもデバッグ期間と割が合わないと思えるんです。ゲストとなるブレイドに対してひとつずつイベントが発生して、セリフもあって、演技もあって……。

──モノリスソフトさんは、昔から長大なRPGを制作されているから、ノウハウは培われているのかも。
桜井 たしかに、サクッとライトなイメージはありませんね。じつは『スマブラX』にもモノリスさんのスタッフが3人くらい参加していました。
──ほー！ そうだったんですね。

そのころゲーム業界では
2018年1月26日：『モンスターハンター：ワールド』発売。発売後3日で135万本を発売(DL版を除く)。

牧場ヤバい

2018.2.8 VOL. 548

Nintendo Switchの**日本と海外の2017年ダウンロード販売ランキング**が発表されていました。海外のランキング第1位は『スーパーマリオ オデッセイ』や『マリオカート8 デラックス』……ではなく。『Minecraft』……でもなく。なんと！**『Stardew Valley』でした!!** 日本で1位になった『Minecraft』は2位。何が起こっているのだろう。信じがたい。

『Stardew Valley』は、牧場系インディーゲームです。おおむね『牧場物語』に近いと見てよいでしょう。Switchのインディーゲームは、PCでのリリースなどと比べてもかなり売れているという話があり、その中での1位なので、爆発的にヒットしているのでしょう。

わたしはかなり前、Steamで**日本語訳もされていない**『Stardew Valley』を購入していました。当時は正直、序盤でやめてしまっていたのですね。ハマりそうな予感はありましたが、遅めの速度で進み、スタミナ制で思う存分働けず、苦労した後の儲けも少なかった。そのときにわたし自身が忙しかったのも一因でしたが、遊びかたを間違えていることを疑いつつも保留状態だったのです。

で、Switch版を改めて購入し、プレイしてみたところ……。PC版で感じた難点は"仕様"でした。べつに遊びかたは間違えていなかった。しかし、**不自由が転じて見事にハマってしまいました。**これはやめどきが難しい!! Switchと合わせた手軽感も相性がよく、ちくちく遊んでしまいます。

スマートメディアで遊ぶような牧場ゲームは、手軽さとスピード感が求められるし、それに見合った仕様になっていると思います。水やりや肥料の手間を要さなかったり、フリック入力でスパスパスパーンと刈り入れできるような。遅めの移動速度で、毎日の水やりを1コマずつ細々と行ったり、すぐにスタミナ切れになったり、木の伐採に斧をゆっくりと15回も入れる『Stardew Valley』のスピード感は、今風ではないのは確かです。

だけどそのぶん、**パワーアップしたときの開放感がありますね。**なんとか馬小屋を買って馬に乗れば、いままで感じなかった移動の気持ちよさが得られます。スプリンクラーで水やりをしたり、道具の加工をして能率を高めたり。**もとから便利だと、こういったときの快感も減るのですよね。**

もともと素材を育てたり集めたりして、組み合わせや工夫をする作品。マニュアルもなく、手探りのスタートは非常にシビアなのですが、波に乗れたらやめられません。つぎからつぎへと、やりたいことが出てきます。

牧場系ゲームは、そりゃあおもしろいよ!! だからプレイするのがコワい

日本語訳もされていない

家庭用ではそうでもないのだけど、Steamで遊ぶ場合、日本語未対応であるソフトも多い。場合によっては、日本の有志が翻訳する。

『Stardew Valley』

← 季節は30日単位。育てる作物がガラリと変わるので、計画立てが必要。

んだよ!! 『モンスターハンター：ワールド』が来週発売（執筆時）なのに、ハマっている場合じゃないよ!! 初めて遊んだ牧場系ゲームは『大地くんクライシス』だったと思うのだけれど、そのときから"牧場ヤバい"と感じていました。**エンジンがかかるのに時間を要するけれど、かかったらそのラグが長いほど突っ走ってしまう……**。これが、牧場系作品や育成系要素の真骨頂だと思います。

寝れば1日が終わる。ということは、畑に水だけやって寝れば、すぐにでも作物が育っていくわけで、待ち時間はありません。が、多くのプレイヤーはそうはせず、**時間とスタミナが許す限り、1日のタスクを詰め込むことでしょう**。のんびりのようで、タイムアタックのような密度感があると思います。『Stardew Valley』は、そのバランスがよいのでしょうね。それにしても、牧場ヤバい。

> **エンジンがかかるのに**
> スロースターターとか逃げ切り型といった比喩をされるように、楽しみの曲線もまちまち。

→ じつは洞窟探索や戦闘などもあります。何をしてもいいし、何もしなくてもいい。

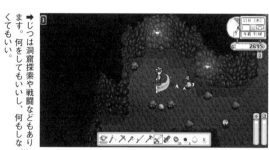

『Stardew Valley』

Switchはインディーゲームが売れやすい？

ダウンロードタイトルの販売本数は本来メーカー以外知る由もないが、この時期、開発者本人のツイートやメディアの取材などから、「Switch版はほかのプラットフォームよりも大幅に売れている」という報告・証言が相次いでいた。

← 『オーシャンホーン — 未知の海にひそむかい物』のパブリッシャーFDG Entertainmentのツイートより。意訳「Switch版は、ほかの全ハード版の販売合計よりも売れました」。

Nintendo Switch 2017年 年間ダウンロードランキング

	順位	タイトル	メーカー
日本	1位	Minecraft: Nintendo Switch Edition	Mojang
	2位	いっしょにチョキッとスニッパーズ	任天堂
	3位	シノビリフレ -SENRAN KAGURA-	マーベラス
	4位	神巫女 -カミコ-	フライハイワークス
	5位	アケアカNEOGEO メタルスラッグ3	ハムスター

	順位	タイトル	メーカー
海外	1位	Stardew Valley	Chucklefish
	2位	Minecraft: Nintendo Switch Edition	Mojang
	3位	ソニックマニア	セガゲームス
	4位	ロケットリーグ	Psyonix
	5位	いっしょにチョキッとスニッパーズ	任天堂

※任天堂サイトより上位5位までを抜粋。

ふり返って思うこと

桜井 またゲームの話。なんか遊んでばっかですね。
—— 人知れず『スマブラSP』を作っていたはず。
桜井 そんなことは明かせないので、遊んだゲームの話題を書くしかなかったという。で、牧場がヤバいんですよ。……これ、いいタイトルですね(笑)。
—— 『Stardew Valley』はいまだに売れていますね。やっぱりSwitchが牽引しているのかな。
桜井 Switch版のインディーゲームは、場合によってほかのプラットフォームの8〜10倍売れるのだそうです。
—— AAAもAAもスマホもインディーゲームも、ますます横並びの時代になったと感じます。

そのころゲーム業界では
2018年2月8日：PS4用ソフト『真・三國無双8』発売。シリーズ初のオープンワールド。

あっさり協力オンライン

2018.2.22 VOL.549

途中参加してきたひとりのハンターが、いままで我々が削っていたディアブロスと顔を合わせるなり、コロリと倒れた。イヤな予感がしたが、彼はモンスターと対峙するたびにあっさりやられ、3落ち。結果クエストは失敗となった。紙か。紙装甲なのか。食事も秘薬も使わないのか。こういうことがあると怒る人もいるかと思う。だけどわたしは不思議と腹が立たなかった。そういうこともあるよねと。つぎがんばればいいやと。**栽培**していたマンドラゴラは増えているかなと。こういった楽天的な感情は、**ゲームの仕様が招いている、見事な軽さだと思う……**。

『モンスターハンター：ワールド』の出来映えは、本当にスゴい!! このところゲームに感心することが続いているけれど、本作はまた半端ない進化だなと。**このレベルが当たり前のように感じられると、とても困る**。どこが進化し、どこがおもしろいのかについては、いろいろなところで語られているでしょうから、ここでは割愛しようと思いますが……。

いちばん画期的なところをひとつ挙げるとしたら、やはり**オンラインにおける障壁の低さ**に尽きるのではないでしょうか。プレイした人にはびっくりですよね。

まず、クエストに出るのに**パーティーを組む必要はありません**。ひとりで出発し、仲間が欲しいと思ったら"救難信号"を出す。逆に途中参加したければ、救難信号が出されている一覧からその人を助けに行く。信号を出しているのだから、**入るのに躊躇はいらないわけです**。クエスト中なのだから、「よろしくお願いしまーす」などのあいさつは抜きでスタート。無事達成したら、全員に報酬が得られてみんなトク!! こんなにいいことはないですよねー。ただし、報酬金は折半になりますが。

こういった仕様を実現するには**"途中参加"のシステムが不可欠なのですが、これが技術的に極めてハードルが高い**。ユーザーの皆さんにはなかなか理解されないかもしれませんが、難しいのですよ!! わたしも自分の企画で過去何度も検討したけれど、いずれも実現しませんでした。"思いつくけど出せないゲーム"のひとつです。

そこで、"3落ちした人がいたようなときにどう感じるのか"という冒頭のエピソードに戻ります。『モンスターハンター』は、昔からヒリつくようなギリギリの狩猟が醍醐味だったと思います。これが、仲間のありがたさを思わせるわけで、必要不可欠な辛さです。

『モンスターハンター：ワールド』は、序盤は比較的やさしい印象ですが、ハンターランクが上位の上のほうにもなると、やっぱり即力尽きることもあり

栽培
植生研究所にお願いすれば、クエストへ行くたびに素材を増やしてくれる。ありがたい。

[『モンスターハンター：ワールド』]

↑武器はいままで使ってなかった操虫棍に。広域化で仲間を回復することを重視。

ます。ゆっくり防具を固めていけばよいのですが、それをするためには強い相手を狩らなければならず。

ミスをするのも、明日は我が身なのですよね。見知らぬ人に突然迷惑をかけてしまうこともある。このあたりはお互いさま。あんまり深く考えないくらいがちょうどよいと思います。

この仕様は、淡泊に感じられるところもあるかもしれませんし、メリットしかない、というわけではないと感じます。が、遊ぶ人のパーソナリティーが極力発揮されないようにしたのはすばらしいです。あいさつ程度のやり取りもほぼなく、**たまたまいっしょになった一期一会の存在**、という希薄なコミュニケーションが、気構えをラクな

ほうに流してくれています。

まあ**仲間うちで、ボイスチャット**しながらプレイするのがいちばん楽しいのは間違いないですけどね!! しかし、忙しい人々がそんなに時間を合わせられるわけもなし。理想的な仕様だと思いました。

> **仲間うちで、ボイスチャット**
> けっきょく『モンハン：ワールド』で、これをしたことはなかった……。

↑合流が楽。解散も楽。ゆえに懇意の仲間は見つけにくいが、それもまた味です。

『モンスターハンター：ワールド』

◉『モンスターハンター：ワールド』
プレイステーション4／カプコン／2018年1月26日発売

最大4人パーティーで広大な森や荒地に棲むモンスターを狩る、人気シリーズの最新作。シリーズの伝統は踏襲しつつも、基本システムやアクションに大幅な改修が加えられ、ひとりでも多人数でも遊びやすくなっている。

◉『モンスターハンター：ワールド』のオンラインマルチプレイ

本文中にもあるが、誰かが遊んでいるクエストへの"途中参加"と、オンラインプレイ中の誰かに助けを求める"救難信号"が大きな特徴。もちろんフレンドといっしょに遊んだり、仲間を集めてサークルを作ることも可能。

ふり返って思うこと

桜井 このときは初期の『モンハン：ワールド』について感じたことですね。その後のアップデートでかなり難しいクエストが発生するようになっているので、そのころよりはギスギスしているのかもしれないなと。「誰が足引っ張った？」などと言われるかも。
——自分のせいで落としてしまうと、心底申し訳ないという気持ちにはなります……。

桜井 オンラインゲームは、突き詰めればどうしてもシビアな方向に進まざるを得ませんから。でも、このへんの解決策は、自分でもまったく思いつかないですね。高い刺激を求めているわけですから、それに応えなくてはいけないでしょうけど、その常識にばかり囚われていていいものか……。
——それは悩ましいですね。

そのころゲーム業界では
2018年3月8日：『Fortnite（フォートナイト）』が日本向けに配信。クラフト要素のあるバトルロイヤルTPSでロングヒット。

ゲームセンターCXのはなし

2018.3.8 VOL.550

家に荷物が届いた。いそいそと開けると、『ゲームセンターCX』のDVDセットが!! 有野課長の直筆サインも書かれており……。

パッケージの右脇に、**「コラムにかいて下さい」**と記されています。なんと!! じゃあ書きますとも。書かせていただきましょうとも!!

『ゲームセンターCX』は、毎回欠かさず観ています。あんまりテレビを観るほうではないので、わたしとしては珍しい習慣ですね。おもに、休日に家で食事するときにのんびり観戦(視聴)しています。

シーズンが始まると、2週間に1回の新作放送。このコラムを書いているときには、『バーチャファイター2』が最新回でした。格闘ゲーム系は、スタッフとの5番勝負がお約束。ひとつ前の放送では『バザールでござーるのゲームでござーる』が! ゲームフリークの名作。当時から希少なプレミアソフト。こればかりは視聴者プレゼントがなかったので、借り物なのでしょうかね。なお、個人的に印象に残った回は『忍者龍剣伝』などです。

番組にこっそり出演させていただい

たこともあります。映画『ゲームセンターCX』への出演依頼もありましたが、それは恥ずかしさのあまり断ってしまいました。美術の先生をやってほしいというハナシでしたが、遠藤雅伸さんや名越稔洋さんは出演されていましたね。

『ゲームセンターCX』は元祖ゲーム実況だと言う人もいます。しかし、それとは明らかに異なる。とくに大きな差は、**ちゃんと編集されているところ、かつ、ワンマンではないところ**ですね。ナレーションでの適切なツッコミがおもしろいですね。手描きマップや相関図など、スタッフのサポートもよいブレイクになっていると思います。当然、有野課長のトークもおもしろいのだけど、ボケもツッコミも双方あってこそ。

有野課長は、山ほどゲームにつまずきます。なんてことはないところでも、ミスを連発するのが日常茶飯事。だから有野課長はゲームがあんまりうまくない……と思っていたら、とんでもなかった。

人はうまくいったところだけ都合よく覚えているものです。クリアーしたという事実を前に、昔のミスなど忘れてしまう。何より、**わたしも当時はやめてしまっているソフトを、どんどんクリアーしていますよ**。最近放映のソフトでは、『メソポタミア』、PCエンジン版『メルヘンメイズ』、『アースワームジム』などは、最後までプレイしていないと思います。番組のためであれば意地も目的も変わろうとは思いますが、昔のゲームってツライですよー。

しかし、すでに254回の放送。セガ

『忍者龍剣伝』
もともと難しいゲームだが、最終ステージはコンティニューでかなり戻されてしまう。**「おのれ邪鬼王!」**。

サターンや初代プレイステーションなどを扱うことも解禁になっており、多くの人を巻き込んだ、有名なソフトもそろそろ少なくなってきている印象です。番組構成にはロケハン、つまり事前にテストしてクリアーすることも必須のようで、ネタが苦しいところもあるに違いない……。

ただ、**黎明期の作品**であるか否かは関係ないのかな、とも感じています。いずれの作品も知らない若いファンも多いことだし、かえって新鮮に楽しんでいるのだろうと思います。放送枠がCSではなく民放なら、もっと多くの支持もあることだと思います。これからも続けていってほしいですね。

個人的にやってほしいソフトは何か

なー。『サンダーフォースⅢ』あたりで地獄を見てもらうとか。あ、意外にも『星のカービィ スーパーデラックス』の本編は扱っていないようだから、コレはいかがでしょう？ 最後は"刹那の見斬り"5番勝負でどうですか？

黎明期の作品
最初はファミコンなどが主体だったが、最近ではプレイステーションやサターンなど、幅広い機種の挑戦になっている。

←毎回観ているということは、DVDの内容もだいたい知っていますけどね!!

●『ゲームセンターCX』

2003年からスタートしたゲーム番組。よゐこ・有野晋哉がお題のゲームソフトのクリアーを目指す"有野の挑戦"が看板コーナー。フジテレビONE（CS放送）をメインに、不定期ながら地上波で特別番組が放映されることもある。

●『サンダーフォースⅢ』

メガドライブ／テクノソフト／1990年6月8日発売

3つのボタンを駆使して全8ステージを戦う、硬派な横スクロールシューティング。初見プレイでのクリアーこそ難しいが、反復練習してパターンさえ覚えれば攻略しやすくなる、絶妙なバランス調整が施されている。

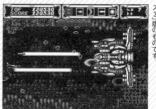

※画像はセガ3D復刻アーカイブス3版のものです。

ふり返って思うこと

桜井 2018年10月に幕張メッセで、"有野の生挑戦 リベンジ七番勝負"と称したイベントがありまして。いままで苦戦していたゲームを、ライブでプレイされていました。来場者数は10000人だとか！

――『よゐこの〇〇で〇〇生活』も、『ゲームセンターCX』のスタッフの方が制作しているんですよね？

桜井 そうです。ガスコイン・カンパニーさん。し

いて言うなら、菅プロデューサーがナレーションをしないぐらいの違いしかないですね。

――有野課長とはもう、かなり仲よしなのでは？

桜井 （笑）。そういうイメージがありますよね。有野課長は『灯火の星』をすごく遊んでくれているようで、100時間を超えたセーブデータを見たような。

――100時間はいろいろすごすぎ……。

そのころゲーム業界では
2018年3月9日：Nintendo Direct 2018.3.9にて、Nintendo Switch用ソフト新作『スマブラ』の映像を公開。

インディーだって、プロである

2018.3.22 VOL.551

このコラムが世に出るころ、なんらかのタイトルを発表した後だと思いますが、まだタイトルを出しただけ。いまは静かに制作を進めています。

わたしはインディーゲームもよくプレイします。事前情報をまったく聞かず、よさげだと思ったものを買い、手をつけていきます。もともとあの数ですからね。網羅はできないけれど、最近プレイしたものを紹介しますと……。

ハマったのは『Vostok Inc.』。気軽に**全方位シューター**をやろうと思ったら、惑星経営にハマってしまった。時間があれば『Yonder 青と大地と雲の物語』などでまったりするのもいいかも。雰囲気ゲーなら、『ABZÛ』がいいですね。『Guns, Gore & Cannoli』は、購入、プレイしたところで『2』が配信スタートしていた……。『スチームワールドディグ2』、『アイコノクラスツ』、『イモータル・レッドネック』、『Dandara』も最近のものですね。『RUINER』はPCでやろうとして、ボタン設定に困ってしまった。『Firewatch』は、PC版が日本語対応されたのでやろう。VRでは『Airtone』、『Archangel』、『Mortal Blitz』などをプレイ。アイデア賞にはやはり『Battle Chef Brigade』を推したい。『料理の鉄人』のように時間内に料理を作るゲームだけど、食材は調理場の横の大地で狩りをしての現地調達！ 料理はそれらを混ぜて大玉を作るパズルゲーム。グラフィックのセンスも操作感もよいです。

……けっこう遊んでいますよね。**わたしの仕事上、ゲームを知ることはそのまま自分の武器になる**ので、積極的に手をつけます。

わたしがインディーゲームを遊ぶのは、スマートメディア系を除けば、おもにPC（Steam）、PS4、Nintendo Switchのいずれか。Steamはいち早くリリースされるし、レビューも真面目で参考になるのでよいのですが、できればリビングのテレビで、エアロバイクを漕ぎながらプレイしたい。Nintendo Switchはプレビューもしっかり見られて親切だけど、記憶メディアがカードだけなので、すぐいっぱいになってしまいます。だからPS4がベストなのですが、PS Storeでは紹介ムービーどころかプレビュー画面も見られないという。何のソフトかわからないのに、買えませんよね。それで、わざわざPCで調べたりもします。

わたし自身、**インディーゲームにある程度の妥協を持って接しているところがあります。**同じ要素のくり返しや使い回しは、ボリュームを作れないから仕方がない。値段が安いのだから仕方がない。それでも苦労は察するに余りあるし、いろいろな世界を見せてく

全方位シューター
左スティックで移動し、右スティックを傾けた方向に射撃する。歴史は深く、1982年の『ロボトロン2084』などが初期作品。

↑『Battle Chef Brigade』。料理と狩りとパズルを合わせた、まったく新しいゲーム。

れるのはありがたいしうれしいです。でも、お客さんにとってはそうではないですよね。**お金で買っていただくという意味では、大手が作ったソフトと同じ。インディーだって、プロなのです。**

　インディーとそうでないソフトの境目も、極めて曖昧になってきました。たとえば『ロケットリーグ』や『Ark: Survival Evolved』は、どっちになるのか？『PLAYERUNKNOWN'S BATTLEGROUNDS』、『Minecraft』なども、もともとインディー的な位置づけでしたよね。**費用に対して満足が得られるのか否か**、シビアに見られるのは仕方がないと思います。また、生き残りがとてもきびしいとも思われます。昨年Steamで販売されたソフトは6000本を超えるとか。とんでもないレッドオーシャンですね。

　でも、応援したい。自由な立場でなるべく好き勝手にゲーム作りをしてほしい。**好きなものを作って好きな人が遊ぶという、当然のことがもっともしやすい位置づけなので、趣味を貫いてほしいです。**

『UNDERTALE』

←最近の大ヒットは『UNDERTALE』か。わたしはだいぶ前にPCで遊びました。

昨年Steamで販売されたソフト
2018年は9300本のソフトがリリースされたとのこと。恐ろしい!!

インディーゲーム

インディペンデントゲームの略で、個人、小規模のチームによって開発されたビデオゲームを指す。販売会社の流通に乗せて販売するケースは少なく、ダウンロード販売されることが多い。インディーズゲームともいう。

※写真は東京ゲームショウ2017でのインディーゲームコーナーの様子。

『Battle Chef Brigade』
Nintendo Switch, PC/ Adult Swim Games /2017年11月9日配信

往年の人気テレビ番組『料理の鉄人』を彷彿させるアクションパズルゲーム。ライバルと対決して一流の"バトルシェフ"を目指す物語が楽しめるメインモードのほか、パズルパートをとことん遊べるモードも収録している。

※プレイステーション4/2018年12月21日配信

ふり返って思うこと

――冒頭は、Nintendo Direct 2018 3.9で『スマブラSP』の映像が初公開されたお話ですね。
桜井　『スプラトゥーン』かと思いきや、インクリングの瞳にあのマークが映り込むという。
――世界が震撼しました(笑)。
桜井　とはいえコラムでは、いつもと変わらずほかのゲームの話をするわけです。だって、公式発表の後でなければ、何も言えませんから。
――インディーゲームは、制作側が好き勝手作っている感じがして、おもしろいと思います。
桜井　そうなんですが、それだけではメジャーにはなれないもので。お客さんが手に取りやすくなったいま、きちんと売れるものを作るという点では、プロと線引きされるものではないと思っています。

そのころゲーム業界では
2018年3月19日：GDC 2018開催。Game of the Yearは『ゼルダの伝説　ブレス オブ ザ ワイルド』。

フレームを計れるようになれ!!

2018.4.5 VOL.552

ゲーム作りをしていると、ゲーム内の時間の単位について話をするのが不可欠。つまり、**"フレーム(F)"** ですね。家庭用ゲームなら、だいたい**1フレーム=1/60秒**です。時間がわかれば速度がわかりますし、移動距離もわかります。カットシーンの間だって、画面を切り換える演出だって、すべての動作はフレームに支配されています。だから、**その長さを知ることはとっても大事!!** 必須事項。でも、フレームで計れるストップウォッチがあるわけでもありません。

たとえば。現場で何らかの監修をしているときに、わたしが担当者に質問したのですが……。

桜井「この演出が始まるまで、何フレームにしていますか?」

担当「20フレームです」

桜井「いや? そこまで長くないでしょう?」

担当「でも、パラメーターでそう設定していますから……」

桜井「絶対にもっと短いから、要因を含めて調べてみてください」

具体的な数値を設定したからと言って、実際に動いているものと一致するとは限りません。その前に何らかの予備動作が入っている場合もあるし、処理負荷が大きくなって遅れている場合も、別の挙動と合わさることで予定通りに動いていない場合もあります。

ゲーム作りにおいて、**「このぐらいの長さが何フレーム」**と、**感覚で目途を立てられることは重要**です。例に挙げた問題などは見ればすぐにわかるし、事前に直しておけます。逆に、20フレームがどのぐらいのタイミングなのかがわからなければ、すぐ問題に気がつけなかったり、**放置**することになったりと、いいことがありません。

そこで、比較的カンタンに、おおまかなフレームを計れる方法をお伝えしたいと思います。いろいろなことに応用が利きますよ!!

まず、**"秒"をなるべく正確に思い浮かべるようにします**。その際、「1、2、3……」とカウントするのがふつうだと思いますが、それを少し変えまして。**「1・と・2・と・3・と……」と、あいだに1拍入れます**。つまり0.5秒刻みでカウントする。すると、正確さがグッと増します!!

0.5秒は30フレーム。「1・と」と計れる時間だと考えると、けっこう長いでしょう? その半分が15フレームです。「1・と」のあいだには、15フレームがふたつある。15フレームというのは、『スマブラ』で言うとおおむねスマッシュ攻撃を入力してから攻撃が出るまで。『鉄拳』などではふつうのパンチやキックがこのぐらい。『ストリートファイターⅡ』などはこの半分

放置
ゲームの制作現場では、後から直るだろうと高をくくり、そのまま直らないでいることが本当によくある。積極的な協力が求められる。

『星のカービィ スーパーデラックス』

← 右看板のカウントが1Fそのもの。よりモニターに遅延がありますけど。当然

Think about the Video Games

ぐらい。もちろんキャラやワザによってまちまちですが。で、20フレームというのは、15フレーム強です。**0フレームと30フレームの真ん中から少し遅れていればそのぐらい。** どのぐらい遅れているかを意識することによって、ある程度の目途が立てられます。

頭の中で時間を計れば、おおまかな速度を知ることもできます。たとえばキャラを**10メートル**歩かせて、到達するまでのフレームを計るとか。"画面の隅から隅まで"という計りかたはめっきりなくなり、いまは距離が測れる開発用ステージを用意することが多いです。フレームは、開発中ならデバッグ機能などで確認することもできます。だけど、すぐに間違いに気がつく

ためには、感覚でわかるようにもしたい。そこで頭の中で唱える、「1・と・2・と・3・と」。これ、けっこう使えますよ。

それとは別に、動体視力などもあったほうがよいのですが、これは理屈ではどうにもなりませんね。

> **10メートル**
> ゲームの中での長さの単位。3Dゲームの場合、実在する単位を仮定して制作することがほとんど。

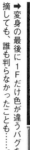

『星のカービィ スーパーデラックス』
➡ 変身の最後に1Fだけ色が違うバグを指摘しても、誰も判らなかったことも……。

● フレーム

ゲームにおける時間を表す最小単位のこと（F＝Frame）。1秒あたり何回画面を描き換えるかをフレームレート（FPS＝Frame per Second）と言う。格闘ゲームなどでは、技の情報をフレーム数で明示してくれることも。

『ストリートファイターV アーケードエディション』トレーニングモード（フレーム数表示状態）

● 動体視力

動いているものを正確に把握する身体機能のこと。スポーツ選手やレーサー、ゲーマーなどは、動体視力が優れていると有利。眼球を動かす筋肉を鍛えたりと、日々の訓練である程度は機能を向上させることができる。

ふり返って思うこと

——フレームの間合いを体感で覚える……。これはふだん、スタッフの方に説明されているんですか？
桜井 ノウハウをレクチャーすることはないです。あくまで制作中の間違いを指摘するくらいですね。1フレームのキャラ化などは、よく指摘しました。
——それは動体視力がモノを言う話ですね。しかし、これは教えてもらってもできなくて（笑）。

桜井（指でリズムをとりながら）これが30フレーム。それをさらに半分に刻むと、15フレーム。こういう感覚がわかるようになると、本当に役立ちますよ！
——絶対音感ならぬ、"絶対フレーム感"（笑）。
桜井 いやいや、厳密には少しずれていると思いますが（笑）。でも、だいたいは合っているはず。
——天性の才能なんじゃないかな……。

そのころゲーム業界では
2018年4月以降：中国のNetEase社が開発した『荒野行動』がスマホ版『PUBG』と呼ばれ、日本で爆発的な人気を博す。

2018.4.19 VOL.553

お国の税収、後ろ髪を引く

ターン制バトル
自分の攻撃、相手の攻撃……とくり返す戦闘。その境界線が曖昧な作品もある。

『二ノ国Ⅱ レヴァナントキングダム』では、**税収で国づくりができる。国を拡張するほど税収が上がり、それを使ってさらに機能を増していく。**どうしよう。これ、絶対におもしろいやつだ‼

今回の『二ノ国Ⅱ』は、とくによいです。RPGにおいて大胆にも**ターン制バトル**をやめ、アクションバトルになりました。攻防バランスからくる展開はスピーディーで、戦闘開始や終了も素早く、サクサクと進められます。会話なども、長話を極力省いてパッと進められる配慮が見て取れます。全体的にテンポ感がよく、誰にでもオススメできる良作だと思いました。

その中に、"キングダムモード"という国づくりのモードがあります。国と言っても、実質は独立した街のような感じですね。税収をもとに施設を建築し、クエストにより各地で人材をスカウトし、自分の街に招き入れ、得意とする分野で働いてもらうという。スカウトする人材は見た目や職業、性格に個性があります。武器や防具、魔法の作成はもちろん、農場や漁業、討伐隊などで素材を集めたり、冒険や進軍、

『二ノ国Ⅱ レヴァナントキングダム』
↑キングダムモード。建物の位置は固定だけど、やることが多くて目移りする‼

街の機能拡張に役立つスキルを作ったり。何かを開発するたびに国力が上がり、そのまま資本力、つまり税収の大きさになります。なお、スカウトできる人材は100人規模。国に参加するイベントなどが各人に設定されていて、かなりボリュームがあります。

『二ノ国Ⅱ』の広告、宣伝などを見ると、声優さんやキャラクター、世界設定がいちばん推されており、国づくりの影が薄いように感じます。が、個人的には**このキングダムモードこそ前面に出るべきモードのように思えました。**

『二ノ国Ⅱ』の訴求点が、仮に"スタジオジブリのような絵と豪華声優で、壮大なRPGが楽しめる"だとしたら、少しパンチが弱いように感じます。それなら映画を観たほうがよいということになりかねないし、前作との相違が出ませんから。**ゲームは、「〇〇をしたい‼」という明快な欲求と衝動があってこそ。**『モンスターハンター』などはこれが極めて強いですよね。

で、キングダムモードには、**ストレートに欲を突きつけられ、ホンキでユーザーを乗せていく仕組みがあります。**国を広げるためにお金が欲しい。施設ができるとそこで働く人材が欲しい。人材をスカウトするとより適切な配備をしたいし、経験を積んで育ってほしい。特殊なスキルを持つ人材が欲しい。冒険に役立つ開発をしたい。……と、マルチタスクで展開するさまざまな欲求が、それを満たすための税収と、それにつながる国づくりをより楽しいものにします。

税収はリアルタイムで入るため、ゲ

ームを放置してお金が貯まるのを待っていてもいいわけです。こういった仕組みは、スマホや携帯ゲーム機にこそ向いている側面がありますが、据え置き機でやると、それはそれで独特の楽しみがあります。お金や資材は満杯になるまでの上限があるので、出かけているあいだずっと放置、というわけにもいきません。ちょっとした合間にPS4を立ち上げておき、何かしながら収入を貯める。そしてたまに受け取る。これはなかなか気を惹かれますよ。

山ほどあるクエストを可能な限りこなしてから街に帰ると、資金箱や資材箱が上限**いっぱいになっている**。しまった‼ とあわてて受け取り、街の拡張に励み、資金が底を突いたらまた冒険に出る。こちらもとてもよい流れです。

単純に"冒険に出る"、"イベントをこなす"で終わらず、**より大きな満足を乗せたい場合、相互関係が大事。**高いボリュームを支える仕組みが活きていますね。

『ニノ国Ⅱ レヴァナントキングダム』

↑本国を追われた主人公が、イチから国を作る。『ニノ国』の名にもピッタリです。

いっぱいになっている
つねに箱にゆとりを持たせていないと、満杯である時間分ソンをする。うまい時間制限。

『ニノ国Ⅱ レヴァナントキングダム』
プレイステーション4、PC/レベルファイブ/2018年3月23日発売

ファンタジーRPG『ニノ国』シリーズの最新作。幼くして国を追われた主人公が、仲間と協力して国を築き、偉大な王を目指す姿が描かれる。バトルでは、武器や魔法に加えて"フニャ"と呼ばれる精霊たちと連携する。

『ニノ国Ⅱ』のバトルシステム

本作の戦闘は、ボタンの組み合わせで通常攻撃やスキルをくり出し、直感的に戦えるアクションバトルとなっている。キングダムモードで武器工房などを拡張して、装備や魔法を強化すれば、より有利に戦えるようになる。

ふり返って思うこと

――『スマブラSP』も、探索に出したメンツがそろそろ帰ってくるかな？ と、後ろ髪を引かれます。

桜井 自分の手持ちのスピリッツは、レジェンド級が軒並みLv.99になっていますよ(笑)。道場に預けておくだけだから、やっておいてソンはないです。

――道場もう1軒欲しいなあ(笑)。

桜井 調子のいいものを預けると、通常より早くレベルアップします。調子が悪いと長引きますが。

――それは気づいていましたよ！

桜井 探索は、攻撃、防御、投げ、その他属性をセットにすると、おみやげの結果がよくなります。Lv.99のレジェンド級だとなおよいです。

――ちょっぴりでも経験値が入るから、Lv.99は避けていましたが(笑)。さっそくそうします。

そのころゲーム業界では
2018年4月20日：Nintendo Switch用ソフト『Nintendo Labo』、PS4用ソフト『ゴッド・オブ・ウォー』発売。

2018.5.10 ◆VOL.554◆ 読者の手紙から

おたよりにお答えするコーナーが、通算50回になりました。週に換算すれば1年ぶんですね。では始めます！

✉ 埼玉県　みんみなさん

　ハードの性能がひと昔前と比べて格段に上がり、映像の美しさには息を飲むほどです。ただ、幼少期よりファミコンで育ってきた私（35歳）としては3D酔いに悩まされ、**"ゲームはしたいのに体がついていかない"**状況が続いています。また、**最近は同じ画面を使い回したと思われるクエストが多い**ように思います。正直、語られないところは自分で考えたいので、クエスト形式のサブストーリーはいらないから、メインストーリーをやり応えのあるものに、と思ってしまうのですが……。

　Re: 話題をふたつに分けます。スペックをフルに使う必要性と、サブクエストの必要性について。まずスペックについて。**ぜひ最上限ではない作品で遊んでください!!** とくにインディー界隈では、クラシック表現のものもいっぱいありますから。大手が作る大作ばかりがゲームでなし。好みに合わせて遊んでもらえれば、作り手も遊び手も幸せになれます。つぎにサブクエストについて。**ゲームは、同じ遊びをくり返すことが大前提になります。**何を制作するにも莫大なコストが掛かる中、さまざまな工夫で単調に感じさせないようにしています。

　一方、ゲームを遊ぶ時間は個人差が大きいものです。100時間も200時間も遊べても、「ボリュームが少ない」と言う人はいます。しかしいつまでもエンディングを迎えられないのも問題です。なるべく多くの人に満足してもらおうとしたら、**同じ仕組みで遊んでも遊ばなくてもよい要素を増やすのが最良の手。**サブクエストのようなものは、**いちいち挑まなくてもよい**と考えれば、気持ちがラクになるのではないでしょうか。

『ファイナルファンタジーXV』

←とはいえ、つい遊んでしまうのがサブクエスト。好きにするのがよいでしょう。

◉ サブクエスト
ゲームクリアーには必須ではないが、提示された特定の条件を満たすことで、報酬が得られたり、物語を補足するエピソードが見られたりするもの。ゲームによって"サブストーリー"、"サイドクエスト"など呼称が異なる。

『ウィッチャー3 ワイルドハント』

Think about the Video Games

 長野県　村田中納言さん

"ひと味ちょい足ししたら、劇的におもしろくなった"というゲームがまれにありますが、私は『ボンバーマン』がその最たるものだと感じています。『ボンバーマン'93』で"爆弾を蹴る"という要素を足した途端、戦略性が格段にアップしました。その後もちょい足しは続きますが、不動の人気作になったのはこのときだと言っても過言ではないと思います。**そのゲームに合ったアイデアの追加は、こんなにも魅力を引き出してくれるんだと感動した**のをいまでも覚えています。新作が楽しみです。

Re: 『ボンバーマン』はもともと『爆弾男』というPCゲームでした。1983年作。このときからすでにおもしろいゲームでしたが、爆破範囲は2ブロックで固定されていました。その後1985年、ファミコン版で現在の外観、爆風の範囲や置けるブロックをアイテム化する仕組みができたので、これすらも"ちょい足し"と言えるのでしょう。

『ボンバーマン』だけ見ても、かなりの要素追加がくり返されています。多人数プレイ、リモコン爆弾、パンチ、キック、持ち上げ、ルーイ、病気、みそボンなどはまだメジャーなほう。定番シリーズだって、変化や進化が必要なので、いろいろな工夫がなされます。でも、俯瞰した比較ってあまり意味がないのですよね。**どこがツボにはまるのかは、その人の好みや経験や年代や対戦環境次第。**誰かがうまいことそれらの要素を使ったとき、思わず爆笑が巻き起こるとか。そういった経験が、思い出につながっていきます。

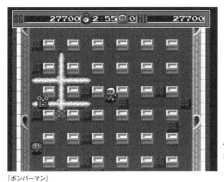

『ボンバーマン』

←何も足さない『ボンバーマン』がよいという人も多いでしょう。そこは設定でご自由に。

今回はどちらも、**みずからの好きなものをつかもう**、という話かもしれませんね。ではまた次回!!

●『ボンバーマン』とは

格子状の壁を爆弾で壊し、パワーアップパネルで爆弾の数や爆発範囲などを増やしながら、出口を見つけて先へ進むステージクリアー型のアクションパズルゲーム。対戦モードでは、生き残りを懸けた爆破合戦が楽しめる。

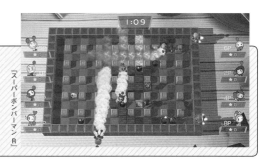

スーパーボンバーマンR

そのころゲーム業界では

2018年5月2日：Oculus VRの新たなVRヘッドマウントディスプレイ"Oculus Go"発売。

思うに任せぬ小さきもの

2018.5.24 VOL.555

さすがに最近は忙し過ぎて、ゲームを触りにくいです。毎日フル活動し、帰ったらぐったり。でも、触るべきものには触ってますよ!! ゴールデンウイークを挟んだために間が空いてしまった話題ですが、4月にスゴいソフトがふたつ出ましたよね！ わたしは両方とも、ひっくり返りましたよ。

『ゴッド・オブ・ウォー』と、『Nintendo Labo』です。前者はゲームの表現を究極まで突き詰め、後者はゲームとはまったく異なるアプローチを持っています。**完全に真逆。だけど、それぞれで頂点を極めていると思います。**

『ゴッド・オブ・ウォー』はシリーズものですが、趣やゲーム性をガラリと変えてきました。エンディングまで途中のローディング画面を挟まないこだわり、映像や音楽の技術力などが光ります。しかし、それ以上に**ドラマがとてもリアル。不器用な親と息子の旅を描く作品はいくらかありますが、その中でも群を抜いています。**ゲーム中、ふつうに歩いているときに何気なく会話をするのですが、その節々からも、お話運びに合わせた関係性の推移がよく見えます。息子はみずからを過信し、失敗を反省し、何でも否定する親に不満と疑念を持ち、血筋を知って増長し、言うことを聞かなくなり、道程で成すべきことを見直し……。このふたりのやりとりが、身につまされる人もいるのではないかなあと。過去作では**ゼウス**討伐などもしており、もっとも超人的な戦闘力を持つであろうクレイトスが、これほど人間味のあるドラマを見せるとは思いませんでした。

『Nintendo Labo』ですが、これは見てわかるとおり、いままでのゲームとは一線を画す、と言うより大幅に異なるものです。これを"任天堂らしい"と称する人も多いだろうけど、任天堂においても異質中の異質だと思います。適合した年齢のお子さんには、ぜひ一度は遊ばせてみるべきでしょう。実際にダンボールで工作をし始めると、紙の加工が丁寧で、ガイドがとても凝っています。誰にも失敗させない気概を感じました。だけど、**ある一定のところからは、作る側の自由度に思い切りゆだねられます。**そのカベを越えられるかどうかはともかく、機会を与えられることがスゴいなと。

『Labo』には"Toy-Conガレージ"という、入力と出力を組み合わせて遊ぶ要素があります。これはコンピューターや計算機の基本にほど近く、ひとつひとつは単純。だけど山ほど組み合わせると、かなりのことができてしまうという。

単純なものを組み合わせて遊ぶのは、純粋に楽しいです。わたしも学生のころ、友だちから借りたポケコンを

ゼウス
全知全能の最高神。『ゴッド・オブ・ウォー』では、クレイトスの父神。親子関係が大違い。

『ゴッド・オブ・ウォー』

↑こんなに贅沢なものが楽しめて幸せだ。ゲームはもっと進化するのだろうか？

Think about the Video Games

授業中に内職して、ゲームを作ったりしたことを思い出します。**16進数**でドット絵を描いたりしましたが、わかってしまえばカンタン。**プログラムやデータって、外から見ると複雑だけど、ひとつひとつは単純です**。その理解にはとても役立つかも？

両作ともゲーム史に残る作品だと思っています。で、**キーワードは、はからずも"親子"**だと感じました。ゲーム制作者が人の親になり、その経験が作品に活きる……というのはありえるかもしれません。少なくとも、**自分ではない、もっと思うようにならないものを意識したゲーム制作**。わたしも現場では、子どものことはよく考えます。「ここはわかりやすくしよう」なんて話はほぼ毎日しています。オトナ基準にはしないのです。

わたしに子どもはいませんが、親にとって子どもこそが主役になるのはよーく理解できる……つもりですが、これ、説得力ない？

> **16進数**
> 16で1くり上がる数字の表しかた。割り切れる数が多く、コンピューターにはとても都合がいい。

『Nintendo Labo』

↑Twitterで、#ラボ作品をつけて検索すれば、超絶工作が山ほど！

『ゴッド・オブ・ウォー』
プレイステーション4/ソニー・インタラクティブエンタテインメント/2018年4月20日発売

傑作アクションアドベンチャーシリーズの最新作。これまで神に怒りを向けてきた主人公が、北欧の地で自分を取り戻す物語が描かれる。つねに寄り添う息子と連携して敵を討ったり、謎解きや探索を重ねて冒険を続ける。

『Nintendo Labo』
Nintendo Switch/任天堂/2018年4月20日発売

同梱されたダンボールシートとNintendo Switchを組み合わせ、多彩な遊びが体験できる。手順通りに組み立てた後には、科学工作のように仕組みを利用した応用ができるため、遊び手の自由に工夫する楽しみが広がる。

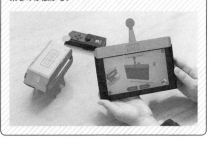

ふり返って思うこと

——まさかの着目点(笑)。

桜井 こじつけではないですよ(笑)。両作ともその年を代表していて、対照的で。『Nintendo Labo』は組み立てて遊んだだけなので、時間があったらこの写真のような工夫もしてみたいんですけどね。

——これは"おうち"に苔を生やしているところです。『Nintendo Labo』のあの説明は秀逸でした。

桜井 個人的には読み飛ばしたい項目もありましたが、子ども向けの配慮が抜群でしたね。実際、みんなよろこんで遊んでいましたし。その点、『ゴッド・オブ・ウォー』は子どもにオススメはできない(笑)。

——CERO:Zですよ。完全に大人のゲームです(笑)。

🌐 **そのころゲーム業界では**
2018年5月30日：ポケモン新作発表会にて『ポケットモンスター Let's GO！ピカチュウ・Let's GO！イーブイ』の詳細を発表。

偶発性は、よいものだ

2018.6.7　VOL.556

このコラムを書いているいま、Nintendo Switch版『スマブラ』の制作で、火を噴くほど忙しい！ E3での発表を1ヵ月先に控えていて、めちゃくちゃ多くの案件をこなしています。しかし、どんなときでも**原稿締切はやってくる！**

原稿締切はやってくる！
そう、それがマスターアップ前でも。週刊連載のマンガ家さんとか、スゴいなあ……。

『**共闘ことばRPG コトダマン**』というアプリをプレイしました。話題になったので、知っている人も多いかと思います。とても良質なゲームデザインを見た気分です。これは、1文字のひらがなを持つキャラクター12人でチームを組んで、7文字までの虫食いを埋めるゲーム。出てきたキャラクターを直接虫食いに配置し、**結果的にできた言葉の数が、そのまま敵に対する攻撃のコンボになります。**

たとえば、"ことだま"と並べることができたら、単に"言霊"という言葉が完成する……だけではありません。"こと(琴)"、"とだ(戸田)"、"だま"という言葉も組み上がり、合計4コンボになるのです。文字を適当に組むと、想像していなかった言葉ができ、思った以上の攻撃になる。これは落ちものパズルに近い快感がある、と感じました。どんどんつながる。

ゲームは、初心者をいかに楽しませるのかも大事だと思います。導入として、最初に何らかの楽しさを知ってもらいたい。その中でも、落ちものパズル系の偶発性は、独特のうるおいがあるなあと感じていたのです。思いもよらぬ大連鎖が起き、**「やった！ スゴい!!」と思わせられるゲームジャンル**って、そんなに多くはないです。

ふつうに考えると、ゲームはルールに則ります。というより、ゲームとはルールそのもの。仮に当ててもいない攻撃を"当てた"としてしまうのは、フェアではないでしょう。競技性の高いゲームならなおさらのことだと言えます。偶然性の高いゲームはいろいろあるのですよ。麻雀やトランプ、パチスロなど、ギャンブルに近いものはその比率が多めですが、それでも多くのテクニックやノウハウがありますよね。

何らかのテクニックをほぼ要さず、誰もが知っていて、バリエーションが極めて多い"言葉"をベースに遊ぶ。文字は数が多いけど、一度に使える文字を4文字に絞ることで容易にしている。キャラクターはその名前の頭文字が担当文字で、集めがいがある。属性の存在によって、1文字を持っていればそれでいいというわけではない……

← 自動的に組み上がるさまざまな言葉。これをいつも正確に思い起こせる人はほとんどいないことでしょうね。

『共闘ことばRPG コトダマン』

Think about the Video Games

など。これはなかなか、高いデザイン完成度のゲームが出たなと思いました。応援課金しちゃおうかなあ。ゲームルールの都合上、海外では出せないでしょうしね。

話を戻しまして、**偶発性は、よいものです。**実装できるのがうらやましいと思うぐらい。残念ながらルール上、それを演出できないゲームはいっぱいあります。とくにeスポーツに上がりそうな対人戦などは、極端にフェアで対等であることを求められますよね。

だけどゲームを制作する自分としては、**初心者にはトクをさせたい。ラクにさせたい。細かいことを気にせず、スッキリさせたい！**ゲーム制作側はプレイヤーに障害を与えるもの、と思

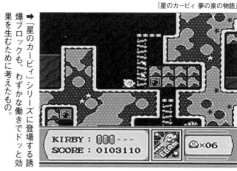

『星のカービィ 夢の泉の物語』

→『星のカービィ』シリーズに登場する誘爆ブロックも、わずかな働きでドッと効果を生むために考えたもの。

われるかもしれないけど、そうじゃないのですよ。プレイヤーが操作するマイキャラを作るのも制作側ですし。偶発性に限らず、「やったぜ！」と思わせられるなら、ぜひそうすべき。ルールも大事だけど、人を楽しませるためのゲームですから。

> **初心者には～させたい**
> が、序盤でサービスしすぎると攻略の意味がなくなってしまい、ゲームがつまらなくなる。難しい。

『共闘ことばRPG コトダマン』
iOS, Android／セガゲームス／配信中

文字の精霊"コトダマン"が持つひらがな1文字を組み合わせ、言葉でバトルするRPG。シングルプレイのほかに、最大4人でのマルチプレイも楽しめる。基本プレイ無料（アイテム課金制）。

E3 2018

E3はElectronic Entertainment Expoの略称で、アメリカで開催される世界最大規模のゲームの見本市。2018年は日本時間6月13日～15日に開催。Nintendo Switch用『大乱闘スマッシュブラザーズ』（当時の呼称）については、新情報の公開とゲーム大会の開催が予告された。

※2018年E3 任天堂ブースの様子

ふり返って思うこと

桜井 競技を求めるゲームは、腕前で勝負がつくことが美徳なので、偶発性を嫌う傾向にあります。ですが、そればかりではゲームはかなり窮屈なものになると感じています。カジュアルなゲームであるほど、偶発性をうまく利用できないといけないんですね。仮に『スマブラ』が、対戦相手を攻撃するたびに、ランダムで威力が変わったらイヤですよね？

――それはイヤですね。理不尽だと思います。

桜井 ファイター性能はおおむね安定させるけど、偶然アイテムが落ちてくるなどの仕様は公平さがあるアクシデントで、バラエティー感がありますね。

――『スマブラ』の偶発性は楽しくて好きですよ。

桜井 仮に偶発性が高いゲームでも、突き詰めれば競技になりえるんですけどね。

そのころゲーム業界では
2018年6月12日：E3 2018開催。もっともtweetされたのは『スマブラSP』の発売日発表の瞬間とTwitter社が発表。

『スマブラ』は特別 SPECIAL

去る6月13日、**『大乱闘スマッシュブラザーズ SPECIAL』**の情報を大々的に公開しました。今年発売？　本当にできるの？　制作現場では非常にきびしい思いをしていますが、今回はひたすら黙して作ってきました。最初の企画書が完成したのは2015年12月。まだ前作のDLCを制作していたころで、スタッフを集めての制作開始は、もっと後になります。

すでに多くの方がご存じかと思いますが、本作のコンセプトは"全員登場"です!! **いままでの『スマブラ』シリーズに参戦したファイターを、いろいろパワーアップさせたうえで、全員もれなく使えます。**本作は、どう考えてもおトクです！

全員参戦という最高の贅沢は、いまやらねば二度とそのチャンスは訪れないだろうと考え、無理を通しました。任天堂も制作リスクがあるなかで同意してくれました。その話は後編でしっかりするとして、今回は本作の一部要素を、企画意図を交えてお話します。

まず最初に、ゲームシステムを**ガラリと別のものにするか、いままでの延長線上にするか**を考えましたが、結果的には後者を選んでいます。でないと、ファイター数は3分の1程度になっていたでしょうね。「前作のほうがよかった」と思われることもあるでしょう。いずれ向き合うべき課題ですが、いまはその時ではないと考えました。

ただ、ゲームプレイは、不慣れな方でも許容できる範囲内で少しテンポアップしました。Wiiのときほどゲームに慣れていない人が増えたわけでもないし、ニンテンドー3DSほど**画面内の動き**がよく見えないわけではないので。

一例として、"ふっとびの速度が上がった"という要素があります。同じ距離を飛ぶ場合も、ビュンと飛んで急減速します。拘束される時間は短いほうがいいので、流れがよりよくなっています。これは前のシリーズなどでもやりたかったのだけど、とくに3DSで自分の位置を見失う機会が多くなるのであきらめていました。ほかにもジャンプの初速が速かったり、着地のスキを軽減するなど、マニア向けになりすぎない範囲でゲーム全体のスピードを上げています。

さらに**1on1では、相手に与えるダメージ量を多くしています。**4人乱闘と1on1ではダメージの機会の多さが異なるので、分けたほうがよいと思っていま

画面内の動き
企画段階では、据え置き、携帯モード時に色合いやレンダリングを個別に変えることも考えていたが、Switch本体の画面表示が良好だったので、あまり変えていない。

『大乱闘スマッシュブラザーズ SPECIAL』

↑『ゼルダ』組はシリーズを分けてみました。ゼルダは『神々のトライフォース』ベースですが、かわいくなったでしょう？

した。これにより、1on1での試合展開が少しスピーディーになります。

最初から使えるファイターの数は初代64版並みに絞ろうと考えています。
これでアンロックを楽しみのひとつにしましたが、格闘ゲームのように最初から公平に条件を与えられているという点では、多少面倒な仕様だとも言えます。個人感ですが、わたしが**格闘ゲームをプレイするときは、多くのキャラクターがいるのに、全員触る前にやめてしまうことがほとんどです。**キャラが多いほど触られない傾向が増し、駆け引きも見えづらくなるので、単にキャラを増やすのはよいことではないと感じていました。反面、『スマブラ』は半ばキャラクターゲームですから、自分が好きなファイターの参戦を心待ちにしている方がいっぱいいます。これは、全員登場を目指すうえで考えるべき課題でした。

たとえばクルマのゲームの場合。全車種がいきなり使えるものより、賞金を稼いだりしながら少しずつ手に入るほうが、わたしの経験上ゲーム的なおもしろみを感じていました。このタイプのゲームは、手に入るクルマに対する愛着も沸きやすいです。そこで『スマブラ』にも、それぞれのファイターを手に入れる課程を設けました。クルマのゲームは全車種そろえるのは夢のまた夢、というきびしさがあるものが多いですが、もちろんそこまではしません。ファイター入手には、複数の方法を用意

し、比較的ラクにしようと思います。
　そのほかの話題も少々……。

■ **開始時、ファイターより先に**
　ステージを選ぶことにしました。
これで相性が考えられますし、"敗者がえらぶ"ルールにすれば、より公平に戦えるでしょう。

■ **ステージは、すべて"戦場"、**
　"終点"にできます。
広さと形状は同じなので、これらを使うルールなら好きな音楽、絵柄のステージを選んで楽しめます。

■ **ステージ数、音楽数、アイテム数**
　なども過去最高です。
言うまでもない？　ステージやアイテムはすべて作り直して、ガッチリ改良されています。

＊　　＊　　＊

もう少し制作背景寄りの話をしたいと思います。開発は前作と同じくバンダイナムコスタジオが請け負っています。わたしは出向で、毎日通勤。チームは前作の人材をベースに、新たに多くの人を加えて力技で作っています。膨大な素材を作るため、数百人規模の人が関わっています。

> **"戦場"、"終点"**
> それぞれ基本的な地形と真っ平らな地形。不確定要素が入りにくいので、ガチ対戦時に好まれる。地形の作り直しが必要で、工数はふつうに考えるよりかなり大きい。

大乱闘スマッシュブラザーズ　ディレクター
桜井 政博

↑特別プレゼン映像を制作しました。任天堂公式サイトやNintendo Switchのニュース画面から見られます。

次ページへ続く

そのころゲーム業界では
2018年7月1日：第33回 2018年サンリオキャラクター大賞 コラボ部門の1位に『スプラトゥーン2』が輝く。

VOL. 557-558 『スマブラ』は特別(SPECIAL)

ハル研究所
筆者が昔勤めていた会社。『スマブラ』にはいまもクレジットされているが、開発に関わっているわけではない。

　ハル研究所で作っていた初代『スマブラ』→『スマブラDX』以外の過去シリーズは、**会社やチームの構築などをイチから始めていました。**つまり、その準備時間もかかってしまうという。**でも今回は引き継ぎなので、アドバンテージがありました。**これも、"全員登場"に踏み込めた理由のひとつです。

　諸説あるようなので、わたしの立場から、現在の見解をハッキリさせておきたいと思います。『スマブラ』は任天堂のとくに大きな看板タイトルのひとつです。amiibo以外のグッズはほぼ出せないけれど、さまざまなコンテンツの応援、宣伝になるという特別な側面もあります。また、コラボ企画としての大きさから、ほかのコンテンツに対する影響も大きいです。なので次回作が出る可能性は、つねにありえます。もちろん、将来的にはわたしが関わらない『スマブラ』タイトルが発売されることだってあるかもしれません。

　だけど、**「いままでのファイターが全員出る」というのはさすがに最後だと思います。**未来はどんな可能性もあるから言い切れませんが、こればかりはないのではないかと。

　ゲーム制作のコストは上がる一方です。同じことをやろうとするだけでも、多くの期間、人材、コストがかかります。単なる移植に見えても、その裏ではとんでもない工数がつぎ込まれています。さらに『スマブラ』の場合、ただ作ればよいだけではなく、各版元の監修を受け、了承を得る必要があります。本作のコンセプトと版元の要求が異なる場合、どんなに時間やコストがかかろうともうまくまとめる必要があります。実際に契約などの調整も難しく、制作は困難を極めます。事実、全ファイターの許諾はギリギリで、実現が危ういところもありました。

　でもわかっています。**ユーザーにとって、ファイターが増えるのは当たり前**であることを。制作事情などはまったく関係なく、前に出たファイターは今回もいるのが当然だと考えるのがふつうです。まして、ほかにもスゴいゲームがいっぱいある世の中。制作を知る自分から見たら、どうやればこんなに凄まじいものができるんだろう!?と驚嘆する作品が、昔とあまり変わらない値段でふつうに売られています。**理想と現実の差は大きいですが、現実で物を作る我々が、夢のようなことをするには条件や勝機が必要です。**

　開発会社が同じで前作のノウハウがリセットされない。携帯機と据え置き機のように、アーキテクチャーを変えて作る必要もない。前作の資産がある。好機でもある。思い切り手を伸ばせば、夢

※画面は連載当時のものです。

↑公式Webサイトです。ファイターを一巡するだけでも、相当なボリューム。

Think about the Video Games

の"全員参戦"が叶えられるかもしれない。これを実現可能性があるとしたら"いま"だけだ!!……と考え、今回の企画に至っています。

誰の夢? それはもちろん、お客さんですよ。いろいろなファンがいます。いつもそうですが、なるべく多くの人の期待に応えたい。

わたしのもとにはときどき、『スマブラ』以外のものも思いっきり作ってほしい」という声が届きます。それは何らかの個性あるゲームを作れるであろうと評価していただいているということであり、ありがたいと思っています。

が、**まず『スマブラ』の制作を決めるのは任天堂です。そして、もしわたしに『スマブラ』制作の依頼が来たら、後を考えず、最優先で取り組むべきだと思っています。**

現場では、おぞましいほど広範囲の仕事をディレクションしています。こんなにすり減るプロジェクトもそうそうないと思います。しかし、『スマブラ』があることって、当たり前ではないです。

同じシリーズにずっと携わり、マンネリではないのかと言うと、そうでもないです。これはこれで、無理のあるキャラクターをゲームに落とし込むにはどうすればいいのかなど、とんちのようなところもありますし。尊敬すべき作品を預かることになりますしね。

おもしろいゲーム、新しいゲームはほかにいっぱいあるけれど、『スマブラ』は唯一無二のものですから。ふつうに続編を作るのとは明らかに異なります。多くの人の協力と合意によって道が開かれたときだけ作ることができる企画。『スマブラ』は"特別"なのです。

> **誰の夢?**
> 確実な完成を目指すなら、全員参戦などやるべきではない。

←新規参戦、インクリングとリドリー。国内外でとくに希望が高いファイターです。

『大乱闘スマッシュブラザーズ SPECIAL』

ふり返って思うこと

桜井 『スマブラSP』の制作スケジュールの兼ね合いもありつつ書きましたが、それにしても、誌面から伝わることはごく一部に限られるのだなと。

——桜井さんご本人が、E3での発表内容をまとめてくださっているのはもちろんですが。コラム後半からの制作意図や、桜井さんの覚悟などは、読み返すといても胸がジーンと熱くなります。

桜井 こういうことを補足していけたのも、わたしがコラムを書かせていただいているからで、制作者としては珍しいことだと思います。このときはけっきょく、海外メディアのインタビューしか受けませんでしたから……。

——「『スマブラ』は"特別"なのです」。くぅー!

桜井 いまでも心底特別だと思っていますよ(笑)。

そのころゲーム業界では

2016年7月7日:週刊少年ジャンプ創刊50周年を記念し、関連タイトルを20作収めた特別仕様のミニファミコン発売。

後よりもいま

2018.7.19 VOL.559

ムービー
ファイター参戦ムービー、Nintendo Direct用のムービーなどがあり、CGパート、ゲームパート、広報パートなどでスタッフ構成が大きく異なる。

　前回は、『スマブラSP』の話題を取り上げました。これらはE3 2018の公開前にあらかじめ書いていたもの。その結果を受けてから初めてのコラムということになりますね。

　とにかく『スマブラSP』の反響はすごかった……!!　ゲームのプロモーションにおいて、これだけの凄まじい反応は初めて見たと思うほどです。多くの人が興奮し、歓喜の声を上げていました。励みになるどころの騒ぎではありません。

　発表時のわたしはと言うと、発表のNintendo Direct直後から、Tree House Liveという生放送に出演せねばならず。その準備をしていたため、放送をしっかり観られませんでした。だけど放送中、遠くの任天堂関係者が詰めるブースから、プレゼンの要所で怒号のような歓声が上がるのですよね。これは気持ちよかったです。

　本音を言えば、本当にリークがなくてよかった……。**もしも事前に情報が漏れていれば、もしも"全員参戦"であることを視聴者がわかっていれば、ここまでの反響は得られなかったでしょうから。**

　わたしやスタッフにとっては、何年もかけて仕込んでいるものです。来るべき日のために、周到に、また地道に計画を立てています。**ムービー**を含めたプレゼン制作なども、かなりがんばっているつもり。それを誰かのちょっとした自慢のために潰されるのは、本当に避けたいことでした。本作は巨大だし、版元などプロジェクト外で情報を知る関係者も多いですから、情報規制については慎重に慎重を重ねました。ブース展示も、印刷物などは避け、大型スクリーンを用意し、当日まで何も映さない体制にしていました。

　何しろ"全員参戦"という言葉が、誰かから出るだけでもアウトですからね。先ほどの任天堂関係者からの歓声も、スタッフにさえ放送内容を秘密にしていたから上がったわけで。制作中、任天堂内でも内容を知らない人が多い、極秘のプロジェクトだったのです。だから、放送してしまったら気持ちがスッキリしましたよ。心配のタネがひとつ減ったので。

　話は変わりまして。たとえばアイスクライマーやポケモントレーナー、ウルフの参戦発表があったとき、ひと際大きな歓声が上がりました。しかしこれは**キャラクター人気そのものより、前作などで出ていなかったからこそなのですよね。**

　次回作はどうするの？　という疑問を持つ人もいます。どう考えてもファイターは減る傾向だし、全員出るのなら「お待たせ！」で再登場するものはないですし。ふつうに考えると、"全員

← 超巨大モニター。これを印刷物にしたら、準備段階で漏洩しまくるわけです。

参戦"はその時点で大きな反響を持って迎え入れられるのだけど、今後のシリーズの可能性を潰すパンドラの箱なのかもしれません。

率直に言って、つぎのことなど考えていません！ これまでもそうでしたが、いま可能である最大限の満足を提供しようとがんばるだけです。正直わたしももう若くありません。いつまでもこの密度で仕事ができるとは思いません。が、**大事なのは、後のことよりもいま！** やれること、やるべきことをしっかり進めたいと思います。

ところで、久々に映像プレゼンなどを行い、よく耳にしたのは「痩せた？」、「やつれた？」、「お大事にしてください」という声。たしかに6キロほど体重が減ったのですが、これはやつれたというより**絞った**だけです。ご心配なく……。

開発はまだしばらく続きます。忙しくてゲームをする余裕もないですが、日々がんばっています。

> **絞った**
> わがままボディをなんとかしたいため……。現在172cm、56kgぐらい。

※画像はE3 2018任天堂ブースの模様。

↑E3段階のROMを使った試遊イベントは続きます。日本でも何回か催されました。

◉ Tree House Live

E3会場から任天堂が配信したインターネット番組"Nintendo Treehouse: Live E3 2018"のこと。開発者たちがゲスト出演し、実機でプレイしながら新作を解説した。『スマブラSP』の映像は公式サイトから視聴可能。

※画像はNintendo Treehouse: Live E3 2018よりキャプチャーしたもの。

◉ 体験イベント

連載当時『スマブラSP』を試遊できるイベントには、完全招待制の"ジャンプビクトリーカーニバル2018"(東京、大阪で開催されたイベント)があった。

※画像は次世代ワールドホビーフェア '18 summerの模様。

ふり返って思うこと

――締切が早い当コラムも、この時期は限界まで締切を伸ばして速報性を失わないようにしていました。

桜井 写真を1枚送るのにも、気を遣いましたよね。

――極秘すぎて、気が気じゃありませんでした。

桜井 ちょっとでも漏洩したらエライことになりますからね。しかし、このTree House Liveのことなど、この年のE3は深く印象に残っています。

――制作は相当きびしいものだったと想像しますが、このときの歓声やファンの反響は、スタッフの方のモチベーションになったのではないでしょうか。

桜井 それはもちろん！ 会場にいた自分は、いちばんそれを感じることができたと思っています。

🌐 そのころゲーム業界では
2018年7月14日："艦これ"鎮守府"氷"祭り"が千葉で開催。伊藤みどり氏らアイススケーターがリンクを舞った。

2018.8.2 VOL.560 かけ算、テンポ、そして興味

参戦ムービー
『スマブラfor』から制作。『スマブラX』のCGムービーがすぐにアップロードされ、ファンのご褒美にならなかったので、拡散されてより楽しめる方向に振った。

今回の主題は、**プレゼンテーション**について。自分が考えたイメージは、相手に伝えなければ企画にならない。でも、テレパシーや脳に直結するケーブルなんてない。難しいですよね。だから、プレゼンをして理解してもらうわけです。

たとえば『スマブラ』は、とくに『for』から**発売前にかなり濃密なプレゼンテーションを行っています**。E3 2018時に公開した20分あまりの紹介映像の説明は、もちろんわたしが書き下ろしたもの。制作手順に特別なことはしておらず、

❶紹介する要素を箇条書きにする
❷それぞれを細分化する
❸文章を書く
❹目処を立てながら編集する

という流れで台本を書きます。つまり大から小へ組み立てていくわけですね。そこからはチーム制作で、ゲーム映像を京都、東京の各チームで分担して撮ったり、実写部分の収録をし、任天堂で編集を入れてもらったりします。

『スマブラ』の場合はそれだけではなく、**参戦ムービー**も作ります。これもユーザーの楽しみだし、力を入れたいところです。CG部分は、デジタル・フロンティアというCG会社で制作しています。が、もちろん丸投げで完成できるわけもなく、最初のプロットは自分で書きますし、日ごろから細かくチェックをしていきます。

プレゼンには手がかかるのですよ。かなり。ゲームディレクターとして、相当に多いタスクを持っている最中にこなす仕事としては、かなり重たい。半分はプロデューサー的な役割だと言えます。だけど、**プレゼンはとても重要です**。本来、こういった要素は広報チームに任せるべきで、人にゆだねる検討を進めたこともありました。だけど、いちばんうまくできる方法として、いまの制作体制になっています。ゲームって、作るだけでよいわけではありません。**ゲーム内容と広報はかけ算の関係。よいゲームでも、知られることがなければゼロであるのと同じです。**

そしてプレゼンは、何よりテンポですね。ダラダラしてはいけない。だけど、テンポはスピードではない。じつは時間がかかったらダメというわけでもありません。

プレゼン中、**いかに退屈しないで、興味を持って観られるか**。そのさじ加減だと思います。観ていておもしろければ長くてよいし、そうでないのならば短くてもダメ。

『スマブラSP』の場合、要素の多さはネタの多さ。苦労して作っただけに、たっぷり

※大乱闘スマッシュブラザーズ SPECIAL [E3 2018]より
こっそり声も演じ分けている

↑放送時間が短くても、膨大な準備が必要。しかし、伝えることは重要。超重要。

紹介したいことなど山ほどあるのですが、ズバズバとハサミを入れます。実際、ひとりのファイターにかけた工数などは計り知れないし、思い入れもある。が、紹介では数秒で終わったりして。観る側の興味を考慮し、バランスをとり続けています。

たとえばゲームの企画書を書くとき、なるべくページを少なく、簡潔に書けなんてよく言われますよね。それは大事。だけど、文章量を少なくすることが目的なのではなく、**けっきょくのところ楽しく読めるだけの内容、展開があるかどうかだったりします。**

『スマブラSP』の企画書って、じつは200ページ以上あります。ここだけ見ると、やたらとブ厚いと思いますよね。だけど、文章は各ページ見出しのひと言だけです。絵や写真重視で、パパッと見て終わり。プレゼンするときにカンタンな説明を加えますが、たとえば各ファイターについて掘り下げることなどしません。制作中にすればいい指示は後でにすることを前提に、誰でもペロッと目を通せるようにはしています。

プレゼンはかけ算!! テンポ!! そして興味!! これらを頭に描ければ、おのずとムダは省かれていくかと。何らかのプレゼンが必要になったら、ぜひチェックを!!

『大乱闘スマッシュブラザーズ SPECIAL』

↑CGは外部、ゲームパートは内部で制作。どちらもかなりがんばっています!!

> **楽しく読める**
> 企画書だってプレゼンだって、楽しくなければ始まらない。

株式会社 デジタル・フロンティア

CG、VFX制作、モーションキャプチャーなどを専門とし、映像全般の企画制作を行っている。おもな制作作品に、『GANTZ』シリーズ、『いぬやしき』、『サマーウォーズ』、『ヱヴァンゲリヲン新劇場版：序』などがある。

『大乱闘スマッシュブラザーズ SPECIAL』
※画面は開発中のものです。

ふり返って思うこと

桜井 どうやったらそういうプレゼンができるのかと聞かれたので書いた回です。一般的には、ディレクターがNintendo Directなどを含めたプレゼンに深く関わることはあまりないそうなので。

——たしかに、ユーザーへの情報公開は、プロデューサーや広報が取り組む仕事のイメージがあります。桜井さんはプレゼン能力がとても高い方ですが、プレゼンは訓練すればうまくなるものですか？

桜井 なりますね。1回しかしたことのない人より、5回した人のほうがうまいと思います。大勢の前でわかりやすく物事を伝える術は、場数を踏むことで身につくものかと。自分が話し手にも聞き手にもなり、それぞれの立場の反省を踏まえてつぎにつなげれば、プレゼン能力はどんどん高まると思います。

そのころゲーム業界では
2018年7月24日：アーケード筐体風の形状をしたNEOGEO mini発売。ブランド40周年を記念した40タイトルを収録。

『スマブラSP』ダイレクトの補足

2018.8.23 VOL.561

2018年8月8日、『スマブラSP』の2回目のプレゼンを行いました。このコラムを書いているのは、その直前なのですけどね……。皆さんからの反応などが楽しみです。内容についてお話できることはそれぞれ山ほどありますが、全部は書き切れません。ですので、今回は制作背景を交えつつ、要素を絞ってお話したいと思います!!

ダッシュファイター
海外では、"エコーファイター"と呼ばれている。日本で言う「゜」が通じなかったので、苦労しながら決められた。

■『悪魔城ドラキュラ』参戦

『スマブラ』において他社シリーズがひとつ増えるというのは、そりゃあもう山のようなハードルがあるもの。だけど、やり過ぎなほどがんばったつもりです。**シモンとリヒター。ムチの物理挙動。ドラキュラ城にボス敵ゲスト。第二形態もあるドラキュラ伯爵。アルカード。34曲もの楽曲。**参戦ムービーだって、キャラが増えるというただそれだけのために、かなり気合を入れて作っています。「リヒターって誰？」なんて人も多いだろうなあ。『スマブラSP』でなじんでもらえれば幸いです。

※大乱闘スマッシュブラザーズ SPECIAL [Direct] 2018.8.8より

↑『悪魔城ドラキュラ』で遊んでいた1986年当時、まさか自分がシモンを作れる将来があるとは思わなかったなあ。

■ダッシュファイター

『ファイアーエムブレム』シリーズからクロム、『メトロイド』シリーズからダークサムスの参戦です。クロムはとくに日本、ダークサムスはとくに海外で参戦要望が高かったファイターです。**ダッシュファイター**は、単なるガワ替えではないのですよ。アピールや勝利ポーズはまず変えますし、必要であれば性能も変えます。見逃されがちなのはアートワーク。これはキャラクターの立ち絵のことですが、何度も細かく調整して1枚完成させるうえ、8種類のカラーバリエーションを作る必要があります。一枚絵として真面目にカラーが切り換わるゲーム、ほかにあまりないのではないかなあ。

■ステージ数は100

戦場、大戦場、終点を入れると103。トレーニングステージを入れて104。戦場化、終点化を入れると300以上!!本当に、とんでもない。セレクト画面に並んでいると、お目当てのステージを探すのもひと苦労です。ああ見えて、ステージ制作はとくに工数がかさむもののひとつです。移植を主とするとは言え、グラフィックスの向上などから仕事量は多く、**制作に1年以上かかったステージも数知れず**。戦場化、終点化もそんなにカンタンではないのですよ。人材リソースに苦しみながら100の大台に乗せることを命題にした、ステージの数々をお楽しみください。

■圧倒的楽曲数

ステージで流せる楽曲の数は、なんと800!!　正味部分だけで27時間以上!!　いままでの蓄積もあるけれど、

とんでもない物量。ギネスを狙えるかもしれないなあ。ところで、今作は音楽に限らず明らかに多くの要素が詰まっていますよね。ここで裏話ですが、音楽に関しては、圧縮技術の向上により音質は同じで前作の1/4ぐらいの容量に収まっています。魔法か!!

■**団体戦**

無数にくり広げられるお家での対戦をより楽しくすべく、**5on5、トーナメント、全員バトル**など、複数ファイターを使って遊ぶ方法をいくつか用意しました。団体戦は3on3、もしくは5on5で遊べるのですが、**"勝ち抜き"にすることも"○本先取"にすることもできます**。前者は勝者がそのままつぎの相手と戦う方式、後者は柔道や剣道などに見られる方式です。じつは"先鋒"、"中堅"、"副将"などの翻訳に困りました。

■**チャージ切りふだ**

時間で溜まる"チャージ切りふだ"という仕組みをオンにできます(デフォルトはオフ)。格闘ゲームって、何らかのゲージが溜まると超必殺ワザやスーパーコンボが使えるのが主流ですよね。それに似た遊びができます。**さらに派手派手な展開になる**ので、ガチプレイよりパーティープレイに向きます。

■**キングクルール参戦**

参戦ファイターを決める際は前作のアンケートなども参考にしていますが、『ドンキーコング』シリーズのキングクルールは**とくに要望が高かったファイターのひとりです**。ワザや特徴などの解説はしていませんが、想像する余地を残しておいたほうがよいかなあと。キングクルールらしくあるためには、"まっすぐ直立"を基本にしなければなりません。しかし身長の制限に引っかかるので、いくぶんか小さいことはご容赦を。まあ、もともとノンスケールですし。

開発では、ずっと追い込みのような忙しさが続いています。わたしも毎日、密度高く仕事しています。発売できるその日まで、さらにがんばっていく所存です!

勝ち抜き
連載当時は確証が持てなかったので書いていなかったが、つぎつぎにファイターが入れ替わる"おかわり"も選べる。

『大乱闘スマッシュブラザーズ SPECIAL』

↑カービィの身長は本来20センチ。それでもこれだけの身長差を埋めて、対戦を成立させるのはたいへんです。

ふり返って思うこと

——発表時にいろいろ驚かされた情報は、『スマブラSP』の一部でしかなかったという……。

桜井 ネタが多いんですよね(笑)。ここで書いた団体戦も、映像での紹介は数秒でした。チャージ切りふだは超重要なシステムなのに、コラムでは8行。

——チャージ切りふだで連載1回いけそうです。

桜井 いろいろな組み合わせで、いろいろなデバッグがあって……。制作時の話は山ほどありますよ。

——自分はチャージ切りふだ"あり"派です。まあ、うまい人に、スマッシュボールをいつもとられてしまいがちだからでもありますが(笑)。

桜井 (笑)。よりパーティー性も高まりますからね。

そのころゲーム業界では
2018年8月22日:CEDEC 2018開催。初日に任天堂取締役フェロー・宮本茂氏が基調講演を行い、自身の10年をふり返った。

2018.9.6 VOL.562 名作に音が悪いものなし

全体ではおよそ900
UI系やファンファーレ、副次的に使われる曲などを含んだ場合。ほとんどの開発者が踏み込んだことのない領域と思われる。

　『スマブラSP』では、**ステージで流せる楽曲がおよそ800、全体ではおよそ900あります。**いまも調整中なので変動する可能性はありますが、とんでもない数！　ひとつのステージに多くの曲を織り込める"オレ曲セレクト"を搭載し、シリーズ作品のさまざまな楽曲を贅沢に楽しめます。曲数はシリーズによってまちまちですが、それなりの事情があります。

　権利を他社に委託しているなどの理由で、楽曲使用のたびに多くのお金がかかるシリーズ。世界規模の権利のクリアが難しく、そもそも選択肢がないシリーズ。これらは収録楽曲も少なくなりますね。そんな制限下で、『スマブラ』は相当にがんばっていると思います。権利の消化にかかる労力は、並のソフトの数十倍とも言われます。

　そして、今回も多くの音楽家さんに参加いただいていますが、今回は知られざるその制作手順について書いてみようと思います。

　まず、**各音楽家さんにメールを送りました。**それがいまから1年半ほど前のこと。その時点で『スマブラ』を作っているとは言いにくいけど、信頼してストレートに伝えました。メールの多くはわたしが直接送りましたが、新しく参加いただく方などはサウンドスタッフの伝手を介することもありました。

　オーケーをいただいた方に**4～6人ずつお集まりいただき、企画のプレゼンを行いました。**任天堂開発本部やセガさんなど他社所属の方はこちらから赴き、企画や音楽の制作の注意点や狙いなどをお話しました。今回はいつも以上に、"対戦を盛り上げるテンション"を重視していただいています。前作『スマブラ for』の大会決勝で、最大に盛り上がってほしい中、『純喫茶 ハトの巣』がたおやかに流れたことがあったのですよね。低確率でも、選ばれるときは選ばれる。いい曲ならばと入れたけど、シーンに合わないものはほどほどにしようと思った次第です。

　音楽家さんに対して秘密保持契約締結と説明が終わったら、すぐに選曲に入ります。あらかじめ数千の曲を並べた音楽候補のデータベースを作り、「これ聴いてみたい」とリクエストがあったものをその場で流し、何の曲をアレンジするのかを割り当てていきます。たくさんの曲を即断即決する人、決めかねて持ち帰りにする人、好きなシリーズを挙げる人など、音楽家さんそれぞれの個性がありました。**音楽家さんの要望優先なので、偏ったりかぶりが出ることもありましたが、好きな曲をやってもらうのがいちばんです。**今回の選曲では『悪魔城ドラキュラ』と『ロックマン』がとくに人気だったので、新アレンジが多め。『ファイアーエムブレム』も予想外にがんばった方がひ

※画面はすべて連載当時のものです。

←一部は公式サイトで試聴可。製品版では比較にならない量の楽曲を楽しめます。

とりいて、増えました。

選曲後は、個々の音楽家さんからの仮組みを待ち、OK後に完成に進めます。直接のやりとりは音楽担当者が行いますが、わたしもその都度チェックを行い、調整すべきことがあればお願いしました。やはり原曲あってのものですし、ゲームに合うことも大事ですから、かなり細かい指摘を入れることもあります。そして、**リストに挙がったけれど選ばれなかった曲のうち、いくらかは原曲のままで実装されます。**思ったよりも対戦感に合わない原曲もあるので、取捨の考えどころです。

こうして実装曲が固まってくるのですが……。それにしても、歴史ある曲の数々を調整していると圧巻です。"**名作に音が悪いものなし**"であることを思い知らされます。ゲームのおもしろさは好みとしか言えなくとも、音は絶対的な強さを持っていると思うのです。

同じ曲のアレンジが
立て続けにできることもあるので…

↑音楽家さんへのプレゼンの1ページ。勝手に作られてかぶること、あるのですよ‼

『スマブラSP』はサントラにもなる

名作ゲームの音の歴史とも言える収録曲の数々は、"サウンドテスト"でより堪能できる。シリーズごとにまとめられたリストから、好みのプレイリストを作成。画面をオフにしつつ再生する"携帯モード"も搭載されている。あまりにも豪華な仕様だ。

※画像は"大乱闘スマッシュブラザーズ SPECIAL Direct 2018.8.8"より

純喫茶 ハトの巣

『スマブラ for 3DS / Wii U』に収録された『どうぶつの森』シリーズの一曲。ハトのマスターが営む純喫茶"ハトの巣"のBGMで、ほろ苦いコーヒーによく似合うピアノの調べと心落ち着く優雅なアルペジオが印象的。

ふり返って思うこと

桜井 『スマブラX』から大勢の音楽家さんたちに関わっていただいていますので、すでにこのルールをご理解いただいている方が増えました。
——もしや『純喫茶 ハトの巣』は入ってないのではと思いましたが、入っていてうれしかったです。しかも、作曲者の戸高一生さんの手でドラマチックにアレンジされて。上質なセミ・クラッシックのような。

桜井 やっぱり、いろいろな曲があったほうがいいんですよ。でも、新しい曲を入れるなら、対戦が盛り上がらない曲はナシという前提でお願いしました。"名作に音が悪いものはなし"ですが、たとえ音楽がない作品でも効果音が心に残るものです。『ダンジョンマスター』で、ミイラが遠くで歩いている足音とか。
——たしかに、音とともに心に刻まれていますね。

そのころゲーム業界では
2018年9月7日：PS4用ソフト『Marvel's Spider-Man（スパイダーマン）』発売。売り切れ店続出の人気ぶり。

2018.9.27 VOL.563

幅は広く、でも高く

1週お休みしてスミマセン。北海道胆振東部地震の影響でNintendo Directが延期になり、用意していた原稿の公開を保留せざるを得なかったのです。

そうです。『スマブラSP』における**"しずえさん戦"**を発表しました!! 何よりムービーの動きを見れば、かわいらしさを実感していただけるのではないかと思います。やはり動いてなんぼの世界です。……でも、『スマブラ』発売まで新規参戦ネタが続くというのは間違いですから。ちょっと連発しすぎましたので、これからは遠慮して生きていきます。

『スマブラSP』では、"しずえ"と呼称しており、"さん"がありません。デデデもクッパも"大王"を抜くし、ピーチもゼルダも"姫"はない。送りを抜き、そのファイターの名前だけを抽出する決まりです。もちろん、誰かが単体で「しずえさん」と呼ぶのは自由ですし、むしろ推奨しますけどね。

しずえはむらびとをベースにしており、アイテムを拾ったり、風船ブランコで空を飛ぶことが可能です。だけど、むらびとのダッシュファイターではありません。そもそも、**しずえとむらびととは体型や性質が大きく異なるので、ダッシュファイターとして作れません。**モーションもすべて異なり、同じものはひとつもありません。

しずえが初登場した2012年作品『とびだせ どうぶつの森』では、人間キャラクターも含めて頭身が少し上がり、スリムな体型になりました。本作のしずえは、おおむねそれに準拠した体型です。しかしむらびとは、それよりは幾分ずんぐりむっくり。

前作『スマブラ for』を制作する際、新規参戦するむらびとの体型を『とびだせ』のスリム体系に合わせるかどうか議論があったのですが、ボリューム感があるものにしています。理由はふたつあり、ひとつはマリオよりもスリムになってしまうので、キャラクター性として合わないであろうと感じたため。もうひとつ、『どうぶつの森』は俯瞰画面のゲームであり、ゲーム中のイメージは実際よりも胴が短く感じるため。じつはむらびとも、原作チームの要望で前作から少し首回りなどを長くしています。それぞれのゲームに合うデザインがあるので正直そうしたくなかったですが、それも含めてなんとかするのが本作。

『スマブラ』は、とことんヘンなゲームです。カオス。仕事をしていると、扱うキャラクターやステージに求めるものが分単位で変わります。**カッコいいものはよりカッコよく。かわいいものはよりかわいく。でも、両者が入っている違和感は極力なくす。**しかし、おかげで退屈しません。チームの器用

しずえさん戦
後から言葉の引っかかりに気がついて、「あああ!!」となったスタッフもいた。

※Nintendo Direct 2018.9.14より

↑しずえとむらびとの体型。しずえには、手首足首すらなかったりして。

さと対応力、レンジの広さが求められますが、これほど変化に富む仕事もなかなかないですね。カッコいいとはどういうことか。かわいいとはどういうことか。体系づけて説明できることではないでしょうが、有形無形でいろいろなノウハウがあるものです。

そこで役立つのは、**やはりたくさんの作品を見て感じることではないかと考えています**。『スマブラ』のキャラクターたちには原作があり、幾分**昔の作品**である場合も多いです。しかし、昔の作品を後追いするのでは、現在にふさわしいものは作れません。**いまの水準を知ってそれに負けないように創作し、引き上げ、バランスを取る。**これは不可欠だと思います。

※Nintendo Direct 2018.9.14より

↑**各種参戦ムービーも、見せ場を計算して作っています。今回は原作ゲーム調。**

昔の作品
まったく新しいゲームシリーズが生まれなければ、『スマブラ』のファイター選出も古いシリーズのものからになる。

ごった煮である本作ですが、可能な限りの統一感を持たせつつ、現代のゲームとしてビシッと立たせるべくがんばっています。あと少しで完成する……予定!!

◉ しずえ

『とびだせ どうぶつの森』で村長としての村づくりをするプレイヤーの秘書を務める。おもに役場におり、昼夜を問わずかいがいしく仕事をしている。ちょっぴりおっちょこちょいなところもあり、健気でかわいいと人気。

『とびだせ どうぶつの森』[上画面]

◉ ダッシュファイター

『悪魔城ドラキュラ』のシモンに対するリヒターのように、基本的な体術が同じファイター。立ち絵や勝ちポーズなどが異なるほか、個性に応じて性能が変えられているものもある。ファイター番号に"'(ダッシュ)"がつく。

▶ ふり返って思うこと

桜井 リドリーとしずえがいっしょにいるゲーム。頭がおかしいのかもしれない……。

――いやいや、まあまあ(笑)。しかし、しずえのかわいさは『スマブラSP』でも健在！

桜井 かわいいですよねー。こういうキャラはパワー描写できないので、落とし込みが難しかったですよ。ドヒャーッとふっとばすわけにもいきませんし、肉食系にするわけにもいきませんから(笑)。

――ふっとばされても、かわいいんですよねー。

桜井 強いしずえはなかなかニクイですよ？ とくに釣竿はけっこうかわしづらくて。

――あー、あれはたしかに……(笑)。

桜井 自分で仕掛けようとすると、あんなに隙だらけで不安定なものはないんですけど(笑)。

🌐 **そのころゲーム業界では**
2018年9月19日：Nintendo Switch Online 開始。有料でオンラインプレイ、セーブデータ預かりなどのサービスが受けられる。

フューチャー賞はフューチャーなのか

2018.10.4
VOL. 564

今年も東京ゲームショウの時期がやってきた……！　わたし自身が展示すべき作品はないのだけど、いつも会場に行って、こっそりいろいろ動いていますよ。いかに忙しくとも、ショウは開催されるし、コラムの締切もやってきます。現に、この原稿は**ビジネスデイ**前日の晩に書いています。

ビジネスデイ
ゲームショウの初日と2日目のことで、一般の人は入れない。ただ、それでも人はうなるほど多い。

とくに、2010年から始め、わたしが審査委員長をやっている**"ゲームデザイナーズ大賞"は、毎年審査段階から取り仕切っているため、場外でもいろいろあります。授賞式の壇上でデモプレイもします。**

2018年は『**Gorogoa**』が選ばれました!!　知らなかったですか。そうですか。しかし知名度はさておき、審査員の方々は、示し合わせているわけでもないのに複数人が投票しており、得点も支持者数もトップになりました。ちゃんと見ているんだなあ。サスガだ。このゲームの独創性は、プレイすればすぐにわかります。ゲーム機はもちろん、PCやスマホでもプレイできますので、どうぞ。

ところで、日本ゲーム大賞には、**"フューチャー賞"**がありますよね。ゲームショウに展示された未発売作品の中で、ビジネスデイ初日から**一般公開日初日までの3日間、来場者からの一般投票においてとくに評価が高かったものに与えられると言われる賞です。**票数を最大の評価軸にするにしても、審査は必要です。組織票の疑いがあるとか、実際の完成度や、完成見込みはどうなのかとか。票数だけで決めてしまうと、結構納得感の薄い並びになってしまうので。

いずれのソフトも発売日前のものです。フューチャー賞と言えど、実際にプレイしたうえで決めているの？　と思う方もいるでしょう。**結論から言うと、わりとちゃんとプレイしています。ホントです。**あまり言いたくないのですが、わたしも審査にからんでいます。わたしの場合、開場前から会場入りし、下見します。開場時刻になったら、とくに見るべき作品、主要な作品などを触っていきます。

基本的には、ちゃんと行列に並んでいます。行列が長くてあきらめることもありますが、しかし、業界の知り合いや友だちが気を回してくれて、優先的に触らせてもらえることもあります。メディア用の試遊台に入れてくれることもあります。会場のPVなども、なるべく漏らさず観ていきます。

そして、**一般公開日初日の晩に審査員が集まります。**審査員には、ゲームのプロデューサー、メディア、販売など、業界に関わる人がいます。そこで、その日の日中までに集まった一般投票の集計が出るのを待ち、それを読みな

『Gorogoa』

↑『Gorogoa』。見ている人は見ている！　かく言うわたしもクリアーしていましたよ。

Think about the Video Games

がら審査します。むろん談合や忖度が入る余地は一切なく、作品の関係者がいても、**遠慮なく意見します**。

実際に触ったもの、知っているものなら、**体験をもとに意見を出します**。が、知らないものは、**正直に「わかりません」と答えます**。それでもほかの審査員が見ていたり、雑誌社の人なら担当者がどんな感想を寄せていたのかを話すことで、総合的に検討が進みます。

基本的には、投票数が勝負です。それぞれに投票した人の思いがあるので、票数をないがしろにできませんし、理解できないものを排除することもありません。しかし、**ちゃんと評価すべきものかどうかは見ています**。試遊台が出ていないのに「プレイしてみてお もしろかった」に票が集まっていた場合、どう考えるのか……とか。

まあ、あまり触れたくない話題です。**評価する側ではなく作る側なのだから、影で活動していればいいこと**。だけど審査って、透明性が高いものでもなく、勘ぐればいくらでも怪しく思えるものですからね。なので今回は少しだけ、舞台裏を書いてみました。

> **遠慮なく意見します**
> 実際、大手メーカーの社長や偉いプロデューサーも同席しているが、遠慮なくズバズバと問題点を口にしている。

日本ゲーム大賞・フューチャー賞発表受賞式

←意義などはともかく、誰かがやらねばならぬこと。なのでさやかに協力しています。

『Gorogoa』
Nintendo Switch、Xbox One、iOS、Android、PC /Annapurna Interactive/ 配信中

4分割された正方形のコマに描かれる世界の謎を解くパズルゲーム。門の絵の門扉だけを指でずらし、別の絵に重ねて新たなアクションを起こすなど、ひらめきが求められる。テキストでの説明がいっさいされないのも特徴。

ゲームデザイナーズ大賞2018審査員
(※50音順・敬称略)

飯田和敏 立命館大学 映像学部教授
イシイジロウ 株式会社ストーリーテリング代表
上田文人 ゲームデザイナー
小川陽二郎 エヌ・シー・ジャパン株式会社 開発統括本部長、LIONSHIP STUDIO代表
神谷英樹 プラチナゲームズ株式会社 取締役、ゲームデザイナー
小高和剛 ゲームデザイナー、シナリオライター
桜井政博 有限会社ソラ代表
巧 舟 株式会社カプコン
外山圭一郎 株式会社ソニー・インタラクティブエンタテインメント
宮崎英高 株式会社フロム・ソフトウェア

ふり返って思うこと

——審査員がどのように審査しているのか、初めて知りました。そして、桜井さんは非常に多くのゲームに触れている方なので、審議で見解を求められることも多いと想像します。以前はPRESS STARTも同時期に開催されていたので、毎年この時期は相当忙しくされていたのだなと再認識しました。

桜井 やっとわかっていただけましたか(笑)。でも、自分がなぜ審査員を続けているのかと考えることもあるんですよね。やっぱり、ゲームに詳しいから?

——間違いなく、信頼できる有識者です。

桜井 審査対象作品の試遊台に並ばなきゃいけないのが困りものなんですよね。並ぶ時間が長いと、ほかの作品を見る時間も減ってしまいますので。

——ビジネスデイと言えど、混んでますからね……。

そのころゲーム業界では
2018年9月20日：東京ゲームショウ2018開催。eスポーツへの意欲が見て取れるブース作りが目立った。

ワークフローと多くの手

2018.10.18 VOL. 565

　ゲームを作っているひとは、どれぐらいの数に及ぶんだ？　と思うことが最近多いです。需要と供給のバランスはともかく、「ゲームを作っている」という人は、世界中でとんでもない数にのぼるハズ。

　ちょっと前の話ですが、『Marvel's Spider-Man』をプレイしました。2018年末の大型タイトル群の先鋒とも言えますね。オープンワールドで飛び回るのが好きで、クエストも苦ではなく、Marvel系がそれなりに好きで、ワイヤーアクションが大好きなわたしにとっては、もう最の高なゲームでありまして！　作り込みが本当にスゴい。ワイヤーで飛び回っても、美しいビル街のどこにも破綻はありませんし、降りて写真を撮れば、どこを切っても絵になります。近年の『スパイダーマン』の映画はどれもワイヤーアクションが美しく爽快でしたが、それをカンタンな操作で十分プレイできてしまう。すばらしいです。

　『アサシン クリード オデッセイ』も、執筆時にあと数日で発売になるというころです。前作『アサシン クリード オリジンズ』は、相当広いマップや多くの要素を備えていましたが、それから1年しか経っていないのに、もう次回作が！　チームが複数動いていたにせよ、連発できるこの制作力たるや。ほかにも、いろいろなゲームの巨大さ、作り込みにめまいがします。それぞれ楽しみですが……。

　いちゲームデザイナーとしてわがままを言わせていただくと、**皆さんには、決してこれが当たり前だと思ってもらいたくないです!!**　この規模のゲームが連発される現状は、ありえないことですよ。

　では、大きなタイトルをどうしてこんなに作れるのか。雇われる人には技術が必要だから、闇雲にお金をかければ、その力で人材を増やせばオーケー、ということにはならないハズです。また、人が増えればどうしても管理が必要ですし。ありていに言えば、**"ワークフローがしっかりしている"** ということになるのでしょう。つまり、**業務の体系化**です。ルールや慣習や流れを決めて、ノウハウを持って効率的に進めるという。なかなか表面化されない要素ですが、これはとっても大事です。

　スーパーカーはプリウスより安い、という話があります。世界で何百万台も売れるメジャーなクルマに対して、スーパーカーは数百台。設計などは双方しっかりかかるけれど、かたや量産効果がほとんどない、カスタムメイド。費用対効果としては、数千万円の価格も当然の世界なのですよね。

　いま、多くのゲームはカスタムメイドで、ひとつひとつ手作りで設計されています。とくにUIは作り切りが多い。しかし、大手メーカーでボリュームの

ワイヤー
正確にはスパイダーウェブ。スパイダーマンが中指と薬指をよく折り曲げるのは、手のひらにあるウェブシューターのスイッチを押すため。違う解釈の作品もある。

『Marvel's Spider-Man（スパイダーマン）』

←これはいいゲームだ!! なぜか東映版のメインテーマが頭をよぎります。

大きなシリーズを連発するには、ワークフローを確立してノウハウに則って制作し、リスクを抑えて開発効率を増すことが大事です。パッケージソフトの価格帯は、だいたいいっしょ。**大きいソフトを作ったら、その分大きく売れなければ立ち行かなくなってしまいます。**そういう意味ではギャンブルですが、それにすごく多くの人が乗っているのですよね。

フリーランスのわたしは……。**ワークフローどころか同じプロダクトで制作することもあまりありませんでした。**開発環境をイチから作ることも多々あります。『スマブラ』がなんとか全員参戦を実現できたのは、前作と制作している場所が同じであることが大きいです。

だけど、七転八倒していますよ、いつもいつも。比類なきワークフローを確立したいとまでは言わないから、もっと華麗にゲーム作りをしたい今日このごろです。

↑『JUDGE EYES：死神の遺言』は、『龍が如く』チームの優れたワークフローの産物ではないでしょうか。

> フリーランス
> 筆者はどこにも所属していないが、任天堂の関係者だと思われている節もある……。

『Marvel's Spider-Man（スパイダーマン）』
プレイステーション4／ソニー・インタラクティブエンタテインメント／2018年9月7日発売

スパイダーマンとなり、細密美麗に作り込まれたニューヨークの街を、映画さながらに飛び回りながら悪と戦うハイスピードアクションゲーム。口コミなどで人気が広がり、発売直後に売り切れが続出するほどとなった。

『アサシン クリード オデッセイ』
Nintendo Switch、プレイステーション4、Xbox One、Steam／ユービーアイソフト／2018年10月5日発売

歴史の影で暗躍するアサシンを描いたRPGシリーズの最新作。古代ギリシアを舞台としたオープンワールドで、正義を貫く英雄となるもよし、悪となって暴れ回るもよしと、すべての選択がプレイヤーに委ねられている。

ふり返って思うこと

桜井 『JUDGE EYES』は、まさしくワークフローの産物だと思います。いや、ここで取り上げた作品は、いずれにおいてもすごいなあ……。

——業務の体系化と言えど、ゲームは企画によってやること様変わりするからやりづらいでしょうね。

桜井 同じ『スマブラ』でも開発会社が違ったから、ノウハウを伝えることから始めなくてはならなくて。その点、『スマブラSP』は『スマブラfor』と同じバンダイナムコスタジオさんなのでよかったです。それでも、ほかに類のないゲームですから、ワークフローが練れているとは言えませんでした。

——うーん。やっぱり、『スマブラ』は桜井さんでないとまとめられないんじゃないかな……。

桜井 それは、ずっと言っていられないことですよ。

そのころゲーム業界では
2018年10月4・5日：『ロックマン』と『モンスターハンター』が、ハリウッドで実写映画化されると立て続けに発表。

いじってはいけない

矛盾

Bを解除するにはAが必要だが、AのクリアにBが必要だとか。かなり噛み砕いて表現したが、大規模な作品では、似たようなことが頻繁に起こる。

　当方のプロジェクトは、デバッグの時期に入っています。わたしも、いろいろ仕事がある中でスキを見てテストプレイして、問題点を見つけて書き出しています。ほかの人の報告に目を通し、修正方針を示すこともありますね。**この時期になったら、調整したいことがあってもしちゃダメ!!**　バグや不具合、**矛盾**を取る以外、基本的に何もいじってはいけない。

　ここからはほかのゲームも含めた一般的なハナシ。とくにRPG系が顕著ですが、いまのゲームって、クリアーに何十時間、全要素を埋めるのに何百時間もかかるのに、よくデバッグできるなあと思います。人が1日に働ける時間なんてたかが知れているのに、いまのゲームのスケールは膨大すぎて!!

　単純にクリアーするだけならまだしも、ゲームのあらゆる要素を達成できるかどうかは必ず何度か試さなければなりません。"フルコンプチェック"とか言いますけれども。プレイステーションのゲームなら、プラチナトロフィーを取ることは、確実に保障されなければなりませんよね。早送りや強制戦闘終了などのデバッグ機能は使わず、必ず製品版の仕様で確認しなければなりませんが、その確認に何ヵ月もかけるわけにもいきません。そこで、**日本の就労時間にゲームを進め、そのセーブデータを欧州、北米と別の担当者間でリレーをして進めることもあります。**

　それ以上に、あらゆる要素を試していかなければなりません。あらゆる攻撃方法、あらゆる敵。あらゆるイベント、あらゆる状況。ただ試すだけなら問題ないけれど、組み合わせなどによって問題が起こることも多いです。

　AとBというイベントがあって、両方こなしたらCが起こる。でも、BをこなしてからAをこなすとCが発生しない。……なんて不具合ならまだ単純。しかし、その**イベントの種類が増えるだけでも、組み合わせは試しきれない数になります。**展開上いずれかのイベントの発生やクリアーが困難だったり、そこまでに至る獲得リソース（お金や経験値など）が足りなかったりすると、問題は激しく複雑化。再現が難しい場合も多くなります。

　それで冒頭の"調整したいことがあってもしちゃダメ"ということになります。**どこかを少し直してしまったら、また可能な限りの組み合わせによるデバッグをやり直すことになりかねませんから。**ある一定の時期からの変更や調整は、ほかに影響を与えないか慎重に審査されながら行われます。何かを直そうとしたら、別の問題が発生することはよくありますし。もし効果が全体に及ぶ調整があったら、フルコンプ

『レッド・デッド・リデンプション2』

↑いくら手がかかれどユーザーには関係なし。現実に向き合って制作は進みます。

やりなおし。**事実上の完成時期は、マスターアップ日よりもずっと早く来るんですね。**

前回、ワークフローの話をしましたが、同じようなシリーズ作であれば、ノウハウが溜まっていくことも考えられます。○時間遊ばせたければ、敵は何体、シナリオはこのぐらいの規模、イベントはいくつ、リソースはこのぐらいの曲線で増えることを想定する……といったことを計算できうるかもしれません。それは、よいものを作り上げつつ、ノウハウを上手につぎにつなげられたチームだけができる特権と言えますね。

だけど、**ひとつとして同じゲームはないのですよ。**どの道、独自の調整もフルコンプも、すべて新しく作っていきます。

大きなタイトルならデバッグするだけでも数百人かかるのがふつうで、組織的に行われます。開発も含め、非常に多くの手がかかるのに、いまの値段を保てているのは本当にスゴイ、と思うわけです。

> **マスターアップ**
> ゲームが完成した日。その数日前には、ノータッチデバッグという、どこも触らずにテストを通す期間がある。

『大乱闘スマッシュブラザーズ SPECIAL』

↑というわけで、おおむね完成しています。あとは無事マスターが完成すれば!!

● フルコンプリート

プラットフォーム側がやり込み条件を提示する仕組みは、いまや一般的。基本的に1本のゲームをコンプリートすると、Xboxでは"実績"を合計1000ポイント、プレイステーションでは"プラチナトロフィー"を獲得できる。

● ギリギリの調整には苦渋の判断も

ゲームのプログラムは複雑で、些細な変更が多方面に影響を及ぼすこともあり、修正には熟慮が必要。なかには格闘ゲームの"キャンセル技"のように、ゲーム性向上に寄与するバグだったため、あえて直されなかったケースも。

キャンセル波動拳(『スーパーストリートファイターⅡ ザ ニューチャレンジャーズ』より)

ふり返って思うこと

桜井 こういうことを書いたということは、この当時、いじりたいことがたくさんあったわけです。

——なるほど、そうだったんですね……。それはさぞかしもどかしかったことでしょう。

桜井 問題点をすべて調整しきれるわけではないですから、本当に辛くて悔しいです。出来上がった部分はデバックして完成させなくてはいけませんし、逆に切り捨てなければいけない部分が出ることもあります。切った結果、どこかのバランスがいびつになることもありますし、ユーザーさんに「どうしてこんなに簡単なことができないの?」と思われるようなことでも、できない理由が当然あるわけです。

そのころゲーム業界では
2018年10月31日:『UNDERTALE』開発者トビー・フォックス氏が『DELTARUNE』を突如配信。謎が謎を呼びファン騒然。

『スマブラSP』発売前ダイレクトの補足

2018年11月1日、ソフト発売前最後の『スマブラSP』ダイレクトを放送しました。また、1本のソフトに収めるには過ぎた物量でお送りしています。その内容についてはほかでも見られますから置いておいて、各要素について、"どんな企画意図があったのか"、"制作に何があったのか"という観点から、かいつまんでまとめたいと思います。

■ケン参戦

『ストリートファイター』シリーズのケンが参戦です。これ、もととなるリュウと異なるところが多すぎて、ダッシュファイターと言えるのかどうか……。いや、言った。そうした。1枠使うことに敏感な人もいることだし、**サービス多めのダッシュファイターだと思ってください。**"疾風迅雷脚"は、最後に少し上昇します。シリーズとしては新しいほうの"紅蓮旋風脚"のニュアンスを入れてみました。

■ガオガエン参戦

『スマブラSP』を最初に企画したときに、ファイターの種類はすべて決めてしまわなければなりません。なので、その後に出る新作の要素は原則的に入れられないのですが、ポケモンは1枠残しておき、『ポケットモンスターサン・ムーン』の情報を得てから検討しました。相談の結果選ばれたのが、ガオガエン。プロレスラーは一度作ってみたかった！　なお、**声は今年8月に亡くなられた、オーキド博士こと石塚運昇さんです。**この作品のために新しく収録をしています。改めて、ご冥福をお祈りします。

■amiibo全種

前作に出ていないファイターのamiiboをすべて作ることになったのですが、制作にとても時間がかかります。それは、**原型制作から始めて、1年ぐらいはかかってしまう**ほど。なので、発売までしばらくお待たせしてしまうと思いますが、ご容赦ください。

■フィギュア廃止

本作を企画する際、収集要素である**"フィギュア"の廃止は早々に決めました。**もとよりいままでの全ファイター投入という無茶を通す企画。もっとほかのところに力を割けるようにすべきだと考えました。人が思うより、ずっと手がかかっていたのです。

■スピリッツ

『スマブラSP』のもっとも大きな主題とも言える"スピリッツ"は、遊んでもらってからのほうがわかりやすいと思います。なのでいまは触れず、発売後に企画意図などをまとめます。ただこれにより**怒濤の、かつてない数のタイトルとコラボできることになりまし**

石塚運昇さん
ほかには、ミスター・サタン（二代目）、老ジョセフ・ジョースターなど。ゲームでは三島平八が有名だが、『魁!! 男塾』で、江田島平八も演じている。

↑ふたりの参戦ムービー。無茶な組み合わせを、カッコよく演出したかった!!

た!! さまざまな作り手の方に、改めて感謝します。

■マッチングのひもづけ

通信対戦のマッチングは、**"優先ルール"、"世界戦闘力"、"距離の近さ"**という3つの要素で判断します。以前、対戦ゲームにおける仕組みとして、完全同期型通信と非同期型通信があるということをコラムで取り上げましたが、本作は完全同期型通信。反応が返ってこないとゲームが止まってしまいますので、どこでも誰とでも、というわけにはいきません。**距離の近さは、最優先の判断要素です。**

■VIPマッチ

上級者のみが入れるVIPマッチ。**さまざまなメリットが考えられますね。**上級者が真の勝負を楽しめる。上級者が初心者に混ざるのを防ぐ。ここに入れると自慢できる。その人が考えるバランスに対して、信憑性があるかどうかの目安にもなるかもしれません。

■多言語対応

契約や制作の都合上、いままで多言語に対応するのは難しかったのですが、**今回はなんと11ヵ国語に対応しています!** 実際、いつでも世界に向けて開発しているのだから、これができればいちばんよいですね。

『大乱闘スマッシュブラザーズ SPECIAL』

← 早期購入特典、パックンフラワーいま作っていますので、ソフトの発売から1〜2ヵ月ほどお待ちください。

■パックンフラワー

早期購入特典として、ファイター、パックンフラワーを作っています! まだROMがマスターアップしたばかりで、パックンフラワーについては目下制作中、調整もまだまだという段階ですが、ほかにない個性を持つファイターではありますね。明らかにトクなので、早めの予約をお勧めします。

■最強最悪の敵

本作にある、アドベンチャーモードのムービーは観ていただけたでしょうか? **綺羅星のようなファイター陣が、一気に全滅するさま。**このモードのことも、機会があったら追々書きたいと思います。

やはり書き切れない! でも、発売が近づいています。ROMはすでに完成しました。あとは直接遊んでいただくのがいちばんですね。お楽しみに。

> **11ヵ国語**
> イギリス英語とアメリカ英語を区分するともう少しある。Switchは地域による差がないので、大きなタイトルは原則的に多言語対応を求められる。

ふり返って思うこと

——最後の放送と言いながら、いつもに増して内容詰め詰めだと思って……。そのうえDLCがあることが明かされましたし、トドメの『灯火の星』のムービーで心をわしづかみにされて、呆然自失でした。

桜井 そうでしたか(笑)。自分としては、最後の放送ですし、世界戦闘力の定義など、オンライン要素の説明が必須だったので、どうしても説明過多になってしまうなあと、悩みながら作っていたんですが。新規要素ばかりではなく、フィギュアを廃止すると、ネガティブなこともお伝えしているんですよね。これをお伝えしておかないと、フィギュアがあると思って買ってくれた方に怒られると思ったので。

——なるほど。実際遊んでみて、フィギュアがないことはそれほど気になりませんでした。

🌐 **そのころゲーム業界では**
2018年11月21日:ポール・W・S・アンダーソン監督によるハリウッド映画版『モンスターハンター』のオフィシャルフォトが初公開。

2018.11.29
VOL. 568

『スマブラSP』発売前のよもやま

今回のコラムが掲載されるのは、『スマブラSP』の発売直前ですね。すでに発表済みの要素について、その背景を補足します！

■大乱闘生活

『よゐこのスマブラで大乱闘生活』の収録現場に立ち会いました。『ゲームセンターCX』はもちろん『よゐこの○○で○○生活』も楽しんでいるため、取り上げてくれること自体がありがたい!! そして、内容もかなりおもしろかったです。数回に渡って放送されることでしょうから、楽しみにしていてください。

■メインテーマ

いろいろなアレンジで流していたメインテーマは、**じつは歌つきでした。**メインテーマは毎回検討するけれど、前作の勢いを越えるのは、同じ方向性では難しいだろうと考えていたのですね。なので、歌の力を借りることは初期の段階から決めていました。**歌い手は、古賀英里奈さん。なんと収録時17歳！ 新人です**。作曲を手掛けた坂本英城さんが薦めてくれたのがきっかけ。テレビ番組のコンテストで、年齢を感じさせない堂々とした歌声を聴き、即採用を決めました。今後の活躍にも期待したいところです。

■なぜカービィが生き残ったのか

『灯火の星』では**ファイターが一気に全滅**するけれど、とにかくひとりだけ生き延びさせなければ話が始まらない。そこでなぜカービィが生き残ったのか。わたしがカービィを作ったからえこひいきだ！ なんて勘ぐりがあることはもう、想定内です。だけど**企画の観点から消去法で考えれば、カービィしかいないのは明白でした。**

キーラの手から逃れるには、説得力がある絵で見せられる、相応の理由が必要です。ふつうの能力しか持っていないファイターは、無条件で除外されます。果ての星々まで巻き込んでいるので、乗り物などで物理的な速度がどんなに速くてもダメ。ちょっとしたテレポートでも不可。忘れられがちだけど、『カービィ』の1作目から描写がある、**ワープスターはワープできるという事実**。まずこれが強みになりました。

ファイターで生き残る可能性があるとしたら、カービィ以外にはベヨネッタかパルテナぐらいしかいないでしょう。が、プルガトリオ（ベヨネッタと敵が戦う煉獄。別世界）内の敵もスピリッツ化しているので、ベヨネッタは逃れられない。パルテナも、都合よく奇跡を発揮できるわけでもなく。カルドラ、ハデスなど、神に該当するほかのキャラもみんな、スピリットになっ

> **ファイターが一気に全滅**
> 発想は、『スマブラX』の『亜空の使者』からあった。全員を失い、取り戻す展開は、ゲームとしては都合がよい。

『大乱闘スマッシュブラザーズ SPECIAL』

↑最凶の敵"キーラ"。すべてを飲み込む力は、よほどの奇跡がないと乗り越えられない圧倒的なものでした。

ているので、絶対的です。

そもそも、ベヨネッタやパルテナが最初のキャラというのは、いかにも難しいです。最初のキャラは、基本的で、誰にでもやさしいものでなければなりませんから。『大乱闘生活』の呼びかけでも、最初にやるファイターとして、もっとも票を集めたのはカービィでした。まさにうってつけで、ほかに選択肢はありませんでした。

『大乱闘スマッシュブラザーズ SPECIAL』

↑最初のスピリットをもとに、ボードを回してからアドベンチャーに行くのもよし。

■逆さに読むと？

"灯火の星"を逆さまに読むと、"星のカービィ"になる……というのは、じつは偶然です。気がついてはいたけれど、カービィの物語を書きたいわけではないです。あくまで最初のひとりであるだけ。助けたファイターは、いつでも自由に切り替えてください。

■最初のスピリッツ

『スマブラ』を立ち上げると、**最初にホープ級のスピリッツが1体もらえます**。多くのキャラのうちから誰が選ばれるのかは、ささやかな楽しみになると思います。

■パッチを当ててから

発売日に最初のアップデートがあります。ダウンロード版はそのままOKですが、**パッケージ版では焦らずこれを適用してから始めてください。**リプレイがズレることも防げますし。なお、今回のリプレイは動画に変換すれば永久保存できます。ファイル容量はでかいので、ご注意ください。

もうページがない!! とりあえず発売をお楽しみにしてください!!

ホープ級

上から順に、レジェンド級、エース級、ホープ級、ノービス級がある。ホープ級は、とくに広範なゲームから選出されているクラス。

● スピリッツボード

新要素"スピリッツ"には、アドベンチャーとスピリッツボードがある。スピリッツボードは、ランダムで現れる相手と戦いをくり広げる。詳細は公式サイトの"大乱闘スマッシュブラザーズ SPECIAL 実演プレイ映像"にて。

ふり返って思うこと

──当時SNSで拡散されていた数々の考察が、ことごとくクリアーになった回だと思っています。

桜井 自分はネットの反響を追うことはしていませんので、詳しく知りませんでした。古賀英里奈さんについても、前々から書こうと思っていましたしね。

──皆さんよく気づくなあと感心していましたが、事実とこんなにも違うとは。本当に、憶測だけで物事を語ってはいけませんね……。

桜井 それもそうですが、より楽しめるようなものなら歓迎ですよ。けっこう『灯火の星』のオープニングを見てショックを受けた人は多くて、いろいろ深読みをする人がいらっしゃったようですね。結果的に、作品の世界観やキャラクターの考察、思い入れにつながっているので、**価値があったと思います。**

そのころゲーム業界では
2018年12月3日：初代プレイステーション発売から25年目となるこの日に"プレイステーション クラシック"発売。

制限から絞り出す企画

2018.12.13
VOL. 569

発売日を迎え、さまざまな人に遊んでいただけていると思います。どうもありがとうございます！　今回は**"スピリッツ"という企画を、どのように考えるに至ったのか**について書きたいと思います。

『スマブラSP』を作るにあたり、多人数での遊びは十分にボリュームがあるから、**ひとり用モードを充実させたい**と考えていました。問題点は山ほどあります。全員参戦、膨大なステージ数などの要素を作り切るため、ひとり用ゲームに割ける十分なモデル製作リソースがありません。だから、**新しくザコ敵や横スクロール地形を作るのはナシ**。この時点で、すでにほかのシリーズよりも大きな制限がかかっています。ファイター数が多すぎることもあり、『スマブラX』の『亜空の使者』のように、**やりとりめいたお話を見せるのもナシ**。それぞれのファイターの見せ場をひとつひとつ作れないし、互いに会話もできない中で構成するのは無理があります。映像がアップされ、ストーリーがご褒美にならないというのも問題です。

やりとりめいたお話
『亜空の使者』は、各ファイターが意思を持っているかのように動いていたが、70体以上のファイターにそれぞれ見せ場を作り、セリフなしでお話を構成するのは無理。

難しいことばかりですが、『スマブラSP』のみが持つこと、武器になることに目を向けると……
- **ファイターが豊富!!**
- **コラボタイトルが多い!!**
- **ステージも多彩!!**
- **音楽も盛りだくさん!!**
- **対戦時間が短くて済む!!**

などが考えられます。

ところで。ゲームは小説や映画などと異なり、**同じシステムで同じ遊びを何度もくり返すもの**です。これはほぼ例外なくそうなります。そのくり返しをいかに楽しく見せられるかが、ひとり用モードを作るポイントになります。

今回は、**とにかくコンピューターとの対戦1回を充実させる作戦**を取りました。短く1発勝負で、それをくり返すためのもの。組み合わせは豊富ですから。利点も交えて考えた結果、**ほかのゲームに登場するさまざまなキャラクターに基づくテーマ性を持たせて戦う**という発想に至りました。『スマブラ』は、いろいろなタイトルとコラボできます。古今東西のキャラクターに近しい動きや特徴をファイターに持たせ、対戦させることができれば……！

そこからは、雪玉を転がして大きくするように要素を決めました。キャラクターがファイターの特徴を持って動くのを憑依に見立て、そのイメージから"魂"にした（実際には、力を借りる表現になっています）。最強のスピリットを作って終わりではつまらないので、属性を設けて頂点を3つにした。同じく、弱いものいじめでは儲からないようにした。儲かる対象が必要だからレ

↑何らかのキャラを模した疑似対戦が"スピリッツ"。いまいくつ集まりましたか？

ベルをつけた。魂化した敵対キャラクターと連戦する仕様としてアドベンチャーマップを用意し、相手が連なるようにした。それらを束ねる設定として、"キーラ"というボスを用意した。全員を取り戻す旅を構成するため、オープニングデモのような表現を加えた……。

スピリッツ最大の特徴は、やはり**山ほどのキャラクターが登場できること**ですよね。おそらく、ゲームタイトルコラボ最多数で、この先ずっと揺るがないのでは。キャラクターに対するファンの愛情は深くて、**出てくるだけでもうれしいはず**。だから、スピリッツ班にはお題の設定などをがんばってもらいました。ふり返れば、よく作れたものだと思います。

『大乱闘スマッシュブラザーズ SPECIAL』

↑RPGみたいなことしたい！ ではなく、連戦を楽しむ仕組みとしてのマップです。

『スマブラ』に限らず、**ゲーム内の多くの仕様は、問題点から解決策を探るべく生み出されています**。『スマブラSP』のスピリッツは、極めて限られた企画制限の中、ゲーム自体の長所を活かして解決に望んだ要素だったのです。

出てくるだけでもうれしいはず

発売後、各ソフトの制作者さんからお礼を言われたことが多かった。制作者もうれしかったようだ。

◎『大乱闘スマッシュブラザーズX 亜空の使者』

2008年にWiiで発売された『スマブラ』のひとり用モード。各ファイターが世界の規律を乱す亜空軍と戦う物語が描かれる横スクロールのアクションゲームで、オリジナルキャラクターを含めた豪華な顔ぶれが競演する。

◎弱い者いじめでは儲からない

スピリッツに挑む際、自分が操るファイターのセットパワー（セットしたアタッカースピリッツの属性やレベル、サポーターのスキルなどに紐づく総合力）の差が大きいほどクリアが楽になるが、そのぶん報酬は減る。

ふり返って思うこと

桜井 『スマブラ』の次回作があったら、ひとり用モードはどうするんでしょうね？ キャラクターの運用としてはスピリッツは非常に画期的で、反面、最後の手段でもあります。スピリッツと同等の遊びを作る機会も、今後ありえるのかどうか……。
――参戦ファイター以外の作品のさまざまなキャラクターが、絶妙な紐づけで一気に登場しましたね。

桜井 アドベンチャーモードでマップを探索する企画は、じつは『スマブラDX』からあったんですよ。
――おお、そうなんですか？
桜井 いろいろあって実装できませんでしたが……。『灯火の星』のワールドマップがイラストで描き起こされているのは、いい落としどころだったと思います。とにかく、モデリングに時間がかかるんですよ。

🌐 そのころゲーム業界では
2018年12月6日：The Game Awards 2018開催。『ゴッド・オブ・ウォー』や『レッド・デッド・リデンプション2』に栄冠。

発売を迎えて

2018.12.27 VOL.570

『スマブラSP』が発売された後、初めて書くコラムになります。発売日は、ひそかに量販店を覗いてみたりしていましたよ。

発売日早々に、『ペルソナ5』の主人公、ジョーカーが『スマブラSP』に参戦することを発表しました。これはDLCの第一弾として開発しているもので、いまの時点では、まだ遊べる段階にはありません。静かに、また着実に制作中です。このコラムの読者ならご存じの通り、『P5』には個人的に高い敬意があります。そのキャラクターを手がけられるなんて、刺激が尽きない仕事だなあとつくづく思いますね。内容、仕様については改めて触れる機会があるかもしれませんが、いまは秘密。まずは発表時のことについて書きたいと思います。

最初に任天堂から、**「発売日に行われるThe Game Awards 2018において、ジョーカー制作を発表したい」**との打診がありました。『スマブラSP』の発売にひと花咲かせるタイミングとしては、悪くないですよね。ただもちろん、その時点では制作に着手していなかったので、ゲーム画面で見せられるものがなにひとつありません。そこで、アニメを使ってプレゼンすることを考えました。

Game Awardsの会場で観たとき、どうすればおもしろいだろうかと考えた末、会場に潜入して「『スマブラ』招待状をオタカラとしていただく」というネタに至っています。『P5』は理解しているので、キャラクター性をなぞったセリフ作りには苦労しなかったのですが、とにかくみんな**人気声優さん**。スケジューリングに苦労しました。現場の雰囲気は全体的に明るく、楽しく収録させていただきました。わずかなセリフで終わってしまうのがもったいない……。今後のDLCでも参戦ムービーめいたものを作るかどうかはわかりませんが、可能な範囲で楽しめるものを提供したいと考えています。

それはさておき。『スマブラSP』発売日を迎え、世界中から非常に多くの好評と「ありがとう」をいただいています。こちらこそ、ありがとうございます‼ さまざまなシーンで遊ばれているのを見るのは、制作冥利に尽きます。いただくメッセージの中には、**「ゆっくり休んで‼」**というものも多いですね。かなりのハードワークであったことは、誰が見てもわかるということでしょうか。ここで書いてしまいますが、わたしは大丈夫です。最近、土日を休めるようになったし、定時に仕事を終えることも多いです。

DLCの制作にかかると、チームの規模自体が縮小します。**いままで何百人分もの仕事を見ていたわけですが、そ**

人気声優さん
モルガナ役の大谷育江さんは、ピカチュウでおなじみ。『スマブラDX』以来の再会となった。双葉役の悠木碧さんは、昔クラスでいちばん『スマブラDX』がうまかったらしく、発売前の『スマブラSP』映像に大興奮だった。

↑ジョーカー参戦! 映像制作は『P5』のアニメパートを手掛けたドメリカさんです。

うではなくなるので、ディレクターの仕事も相対的には軽くなります。もちろん、DLCの計画はつぎのキャラ、そのつぎのキャラ……と続きますが、先んじて仕事をし、貯金を作ってきたので、いまは比較的余裕があります。

いままで隠遁生活のようになっていた節もあるので、可能な範囲で人と会っていかなければなあ、と考えていたりもします。

一方『スマブラSP』発売後、オンラインでは**マッチング**がうまくいっていないのではないか？　という疑いがあるので、調査しています。直す必要がありそうなところは、可能な範囲で調整していきたいです。このコラムが本誌に載るころには、古い話になっているのかもしれませんが、少しずつがんばっていきます。

マッチング
希望のルールと合わないなど。距離を優先するため、マッチング候補が少ない。ある程度合わないのはやむを得ないが、調整は続けている。

↑多くの方々が手に取ることや制作に協力いただいた方々に深く感謝しています。

The Game Awards 2018
世界のゲームメディアが優れたゲームを決めるイベントで、前身から含めると2003年から催されている。2018年は12月6日（現地時間）にロサンゼルスにて開催され、ゲーム・オブ・ザ・イヤーを『ゴッド・オブ・ウォー』が受賞した。

※映像は配信映像からキャプチャーしたものです。

ジョーカー
『ペルソナ5』でプレイヤーが操る主人公。ふつうの高校生だが、ゆがんだ心の認知が具現化した"パレス"では、ロングコートに身を包む心の怪盗となる。ナイフとハンドガンを武器とし、無数のペルソナを使いこなす。

ふり返って思うこと

——これも驚きました。Game Awardsですよ？　桜井さんって日本にいるはずだよね？　と。
桜井　発売前日なので、さすがに日本にいました。
——『スマブラ』と『ペルソナ』が結びつくなんて。
桜井　その後アトラスさんの動画で、いかに『ペルソナ』に詳しいかご理解いただけたのではないかと。
——観ました！　参戦決定スペシャルインタビューの動画ですよね。桜井さんがモルガナとハグをしていたのが衝撃的でした。（2019年3月現在YouTubeのアトラス公式チャンネルなどで視聴可能）
桜井　台本ナシですけどね（笑）。しかし、『スマブラ』を作っていると、いろいろなことができておもしろいですね。DLCファイターは、あと4人いますので引き続き楽しみにしていただきたいです。

そのころゲーム業界では
2018年12月13日：『JUDGE EYES：死神の遺言』発売。『龍が如く』チーム開発、主人公＝木村拓哉のリーガルサスペンス。

多くの手の中のひとつとして

2019.1.17 VOL.571

あけましておめでとうございます！ 今年もよろしくお願いします。

と、挨拶しているけれど、原稿を書いているのは年の瀬。プロジェクト後の**大きな休みを取ったり**、旅行に行けたりはしていませんが、クリスマスの三連休はまるっとお休みしました。……『ドラゴンクエストビルダーズ2 破壊神シドーとからっぽの島』に、まんまと時間を溶かされたけどな!!

ゲームは相変わらずしっかりプレイしています。『**JUDGE EYES：死神の遺言**』はクリアー済み。日本のゲームにおいて、これほどの現代ドラマを展開できたのはかなり高い価値があることですよ。それぞれの人物がビシッと立っていて、魅力的でした。

そして『ドラクエビルダーズ2』。待ってました！ しかし、これは危険だ。採掘や整地にハマってしまうと、いつまでもやり続けてしまう。寄り道せずにクリアーなんて、なかなかできるものではありません。無人島に持っていく1本になるのではないかなあ。"からっぽの島"だけに。

で、それらとは別に、『スマブラSP』も少しずつ遊んでいます。もちろん、制作中にはさんざん触ったし、いまも毎日スタッフと昼休みにプレイをしています。が、**それでも自分のSwitchにおける自宅プレイをそれなりに楽しんでいます**。スピリッツを訓練場や探索場に送り込み、レジェンド級のレベルカンストを増やす日々。最終的には、自分のROMでスピリッツを全種類集めるまでプレイし続けるつもりです。ただし、ほかのゲームがあればそちらを優先しながら、ゆっくりゆっくり。長期的に。

自分が作ったゲームは製品になると見たくないのが一般的で、わたしのように楽しく遊んでいるのはむしろ少ないケースであるようです。ちょうど1年前の鼎談でも話題に挙がりましたし、多くの開発者からも聞きます。まあ、**作っている側には無念なことも多いですからね。すべてが思い通りに仕上がったわけではありません**。わたしにも、苦い思いが蘇ること、手厚くしたくてもできないものに頭を抱えることはよくあります。が、解決できないことにいつまでもくよくよしていても仕方がない。それに、作ったゲームはちゃんと楽しく遊べていますし。

『スマブラSP』の世界の初週売り上げが、500万本を越えたと発表されました。これは、任天堂が出した据え置き機のゲームの中でも、最多の達成記録だということです。スタッフやユーザーの皆さんにも、それぞれのタイトルの制作者やファンの方にも、深く感謝しております。改めて、ありがとうございました。

大きな休みを取ったり
けっきょく暦通りに休んでいるだけ。仕事があることもあるが、キャットがいるので、やっぱり長いこと留守にしにくい。

『JUDGE EYES：死神の遺言』
↑『JUDGE EYES』。"人物"が生きています。キャラと言うのは相応しくない。

Think about the Video Games

今回の『スマブラSP』では、可能な限りを尽くしたつもりです。そのがんばりの源になるのは、やはり**ほかのゲームも相当にスゴい**、という事実を見ているからです。いまの日本の制作事情で**世界と渡り合う**には、ちょっとやそっとの努力では足りません。かなり背伸びしてやっと。人材的にも、チーム的にも、競争があるからやむを得ないですよね。前述の2作も、手が掛かっているし、実際楽しい。これはありがたいことです。

ゲームに限らず、映像作品などのさまざまな娯楽は、多くの人が手を掛けて築くもの。その魅力に子供のころから心を惹かれた人が、制作側への道に入るわけです。そのおかげで現在、非常に多くの工数がかかるゲームや映像作品が、気軽に楽しめるようになりました。わたしには制作側への感謝がつねにあり、それ故に余計ほかの作品を楽しんでいる傾向があります。せめて多くの手の中のひとつとして、いまやれることをがんばります、と抱負のように書いてみました。

> **世界と渡り合う**
> 世界での売上シェアでは、日本作品は浮上しにくい。99ページ参照。

いまやれること……は、とりあえず『スマブラSP』DLCの制作。進めています。

『大乱闘スマッシュブラザーズ SPECIAL』

◉『JUDGE EYES:死神の遺言』
プレイステーション4／セガゲームス／2018年12月13日発売

木村拓哉演じる主人公を操り、『龍が如く』シリーズでもおなじみの歓楽街・神室町で起きた連続猟奇殺人に迫るリーガルサスペンス。アドベンチャーゲームでありながら、バトルやチェイスなど派手なアクションも楽しめる。

◉戌年クリエイター鼎談
（週刊ファミ通2018年1月25日号掲載）

桜井政博氏、神谷英樹氏、上田文人氏による鼎談。作品完成後も「あそこはこうしたかった」などの思いがよぎるという点で三者の意見が一致したが、「だから完成後は見たくない」と語る神谷氏・上田氏は、「完成させた作品で楽しく遊ぶ」という桜井氏にビックリ。

ふり返って思うこと

——『スマブラSP』の特別さは、すごくゲームユーザーに伝わっていた印象があります。

桜井 しかし、ほかのゲームも相当にすごいです。少し前まで『キングダム ハーツⅢ』をやっていましたが、あれだけの規模のものをここまで作り込んだというのが本当に驚きで。『パイレーツ・オブ・カリビアン』、そっくり！ 『アナと雪の女王』、あの歌がフル尺で入ってる！ など……。この作品に、どれだけの許諾や監修があったのかと考えると、察するに余りあるところがありますね。

——制作年数もけっこうかかりましたしね……。

桜井 こういう作品と肩を並べるには、どうすればいいのかと頭を抱えますが、ユーザーにとってはうれしい悲鳴が出ることなのではないでしょうか。

🌐 そのころゲーム業界では
2019年1月25日：『キングダムハーツⅢ』発売。2005年発売の『Ⅱ』から約13年ぶりのナンバリングタイトル。

オンラインの戦績を紐解く

2019.1.31 VOL.572

『スマブラ』のような対戦ゲームをホンキで遊ぶのであれば、各ファイターの強さの順位は、どうしても気になるものですよね。

『スマブラSP』も、オンラインにおける対戦データから戦績などを割り出しています。基本的に門外不出、秘密のものだけど、任天堂から許可を得て、今回の原稿に落とし込みました。具体的な順位などは明かせませんが、世界規模の戦績の一部を垣間見ることができると思います。データは、発売からさほど時間が経っておらず、執筆時に最新である2018年12月30日〜翌1月5日の週を参照します。

まず**1on1の勝率**ですが、**すべてのファイターが4割を切ることがなく、6割以上になることもない範囲に収まっています**。

VIPマッチの1on1において、**最低勝率のファイターは43.7％。最高勝率のファイターは56.8％です**。この部分だけ比べるとある程度の差はありますが、74ファイターの頂点と最低であることを考えると、全ファイターまんべんなく僅差だったと言えます。

1on1の勝率

1対1での対戦の勝率。50％が中央となる。コラムを書いたその後、2019年3月末の戦績では、各ファイターの差がさらに縮まった。これ以上いじってはいけないと思えるぐらいになっている。

なおVIPマッチとは、オンライン対戦により世界戦闘力を高めた人が入れる部屋。とくに上手い人の戦績ということで、つまりそこまでは腕と技術でなんとかなる範囲だということになります。それ以外を合わせた1on1における総合でも、**すべてのファイターが勝率40％以上〜54％未満のあいだに収まっており、勝率45％以上のものが全体の9割を占めています**。

戦績は、**バイアスがかからない唯一のデータです**。ときおりユーザーが作った強さの評価表を目にすることがありますが、実際の戦績との乖離はかなり大きいです。そこでランクがかなり低くつけられがちなファイターが、じつは最高に近い上位ということもあります。こういった現象は、前作でもありました。けっきょくのところ、定石を出し抜き、対策を越えた人が強く、勝ち上れるのは確かなので、そういうものなのかなと思っています。

ちょっと困ったのが、キングクルールのようなファイター。ドワンゴさんのニコニコアンケートなどによると、**キングクルールは強いと目されているようです。が、実際はそうでもありませんでした。勝率は全体で51.9％。VIPマッチにおいては48.9％です**。

キングクルールが強い、という評価が出回ることで、キングクルールに負けると「ずるい！」と感じる人もいるのではないかと思います。が、戦績だけ見たら、調整する必要はなさそうです。だけどいじらずにいたら、ストレスに感じ続ける人もいるのではないかとも思いますね。まずは調整班の見解を待

『大乱闘スマッシュブラザーズ SPECIAL』

↑くれぐれも、オンライン戦績がすべてではないことをご理解ください。

っているところです。

なお、**使用率**には大きな差がつきました。最高と最低でおよそ20倍。**全体での最高はクラウドで、VIPマッチのみの最高はガノンドロフですが、ガノンドロフのVIPマッチの勝率は47.9％と、順位としては低いほうです。**

ところで。ピーチとデイジーは、ダッシュファイターの中でも性能の差がほぼないファイターです。当然、戦績はだいたい同じになりえるように思えるのですが……。VIPマッチでは、このふたりの勝率は54.4％：50.9％でした。なぜか差がついてますね!! なお、使用率は大差ありませんでした。ということは、これぐらいの幅は誤差のうち。だからこそ、調整が悩ましくもあるのです。

戦績から見れば、**どのファイターを使っても有利過ぎ、不利過ぎということはないと言えると思います。まさに腕次第。** ただ戦法にもトレンドがあるし、誤差も相性もあります。バランスをあまりガラガラと変えたくないので、慎重に様子を見ていきたいと思います。

使用率
強いと目されているファイターは、同時に対策も進むので、評価を鵜呑みにすると勝てないことも。みずからに合うファイターがいちばん。

→反撃の手に詰まることがあるのもよくわかりますが、それでも活路はあります。

「大乱闘スマッシュブラザーズ SPECIAL」

●『スマブラSP』のパッチノート

ファイターに調整がかかった際、2019年2月現在では変更点などの詳細を発表していない。これは、パラメーター等自体が複雑で多岐に及び、調整された項目を再検証、列挙するのが困難であるため。後に見直される可能性はあるとのこと。

●VIPマッチ

オンライン対戦などにおけるランキングの指針、"世界戦闘力"がプレイヤー全体の上位に入ると、VIPマッチが選択できるようになる。同じく世界戦闘力の高い人がマッチングするため、強者どうしで腕前を競い合える。

ふり返って思うこと

桜井 必ずしも戦績だけを参考にして調整を入れているわけではないですよ。便利になるからと言って、闇雲に変えるのをやめようという話も、重ね重ねしています。あまりいじってしまうと、そのファイターに対する信頼が下がりますし、いままでの練習を無にさせてしまう可能性もありますから。それに、リプレイデータもずれてしまいますし……。

——そんなところにも影響するんですね。

桜井 キーデータなので、同じ環境で再生させないと、最後までちゃんとつながってくれないんです。

——ファイターの性能のバランスについてかち込んでいる人は、たまに見かけますね。

桜井 そうですか。この回で書いたお話を、ぜひお読みいただければいいなと思います。

そのころゲーム業界では
2019年1月25日：『バイオハザード RE:2』発売。本編はもちろん豆腐のリアルさにファンの視線が集中。

親しまれてはや20年

2019.2.14 VOL.573

　『ニンテンドウオールスター！ 大乱闘スマッシュブラザーズ』は、1999年1月21日発売です。つまり、**『スマブラ』シリーズは、20周年を迎えました！**

　わたし自身がもとの開発会社を辞めたことや、許諾やボリュームを含む制作難度の高さから、シリーズの存続は薄氷上のものでした。が、チームの人々や関係者はもちろん、各タイトルの権利者、何より支持してくれるファンの皆さんの支えがあり、ここまで来ることができました、改めて、どうもありがとうございました。

　Twitterのメンションでは、おめでとうの言葉と**さまざまなエピソード**を聞かせていただきました。わたし自身も20年ものあいだ、いろいろな家や大会、集まりなどで、『スマブラ』が楽しく遊ばれているのを垣間見ていますし、それは作り手として、とても幸せなことだと思っています。

　しかし、生まれた子が二十歳になる年月というのは、とてつもなく大きいですね！ 子どものころに遊んだ『スマブラ』を、いまは親子で遊んでいるなんて話もよく聞きます。『星のカービィ』に至っては1992年4月27日発売なので、今年で27周年。開発期間もあるから**わたしは30年ほどゲーム作りをしているわけです。恐ろしい!!**

　ハッキリ言って、トシを取りました!! しわも増えたし、目も少し悪くなった。物覚えも会話も衰えているような気がします。いまはまだ現役最前線ですが、これが何年続き、あと何作手掛けられるのか。深く考えてしまいます。

　わたしは、ファミコンゲームを作ったことがあるぐらいの年代なのですよ。それこそ "昔からゲーム作りをしている" 人です。自分が新人であった当時、30歳も離れている人など開発現場にはいませんでした。思えばみんな若かった。わたしよりも年上で、いまも十分なディレクター活動をされている方もおられますが、それはごく一部。管理職になることはよくありますが、現場から降りた人は多いでしょうね。将来も不安です。

　しかし、**目の前にやるべきことがあって、忙しくできるときには後先考えずに向き合ったほうがよいのだろうと感じています。**少なくとも、『スマブラ』などはそうすることにより愛されていますしね。

　じつは当コラムも、かれこれ17年目になろうとしています。時代もやることも変わっていますが、言っていることはあまり変わっていないつもりです。コラムのうち、ゲーム制作のテクニックだけまとめて抽出するのは、ある程度の需要が見込めると思えます。が、年代をまたぎ過ぎてまとめが難しいかもしれませんね。

さまざまなエピソード
昔、誰とどんな感じで対戦していたとか。ゲームはそれぞれのエピソードも含めておもしろい。

←初代『スマブラ』。すべてはここから始まった。制作開始は1997年でしょうか。

『ニンテンドウオールスター！ 大乱闘スマッシュブラザーズ』

話題を変えまして、『スマブラSP』の早期購入特典ファイターである、**パックンフラワーが配信されました。お待たせしました!!** 開発の感覚では早めに仕上がっていた印象もあったのですが、期間を取ってバランス調整やデバッグをしていかなければならないため、お時間をいただいています。

パックンフラワーは、ほかにはないタイプのワザをいっぱいくり出します。とくに必殺ワザは、**鉄球**を吹き飛ばしたり、葉っぱを回転させて飛んだり、毒霧を吹いてダメージゾーンを作ったり、頭部を伸ばして噛みつくなど、人型キャラでは無理がある体術ばかり。うまく使いこなすのも、その対策も、ひと工夫必要になると思います。

『大乱闘スマッシュブラザーズ SPECIAL』

ドロドロパックン、ゴロゴロパックン、マメパックン、マザーパックン、キラーパックン、ちびパックンフラワー

↑スマッシュアピールも作成。恐るべきパックンフラワーのバリエーション!!

> **鉄球**
> シューリンガン。『マリオ』作品には、なぜか落語『寿限無』から来たネーミングが多い。

こういったファイターは、しばらく真価がわからないだろうと思いますので、長い目で見てやってください。勝ち上がり乱闘のルートや、スマッシュアピールなども作りましたので、お楽しみいただければと思います。

任天堂の歴史を塗り替えた『スマブラSP』

任天堂が経営方針説明会において発表したデータによると、『スマブラSP』の世界出荷本数は2018年内で1200万本を突破。また販売本数は発売から5週で1000万本を突破しており、任天堂の据置型ゲーム機向けタイトルで歴代最速の初動記録となった。

ピットのスマッシュアピールでパックンフラワーについて語られる

やりかた
❶ステージをエンジェランドにし、ピットとパックンフラワーを選択
❷ピットがアピール下の入力を一瞬だけ行う(入力受付は1フレームのみ)

入力が長すぎると通常のアピールになるので、+ボタン下を素早く爪でかするとよい。内容は、パックンフラワーのバリエーションをナチュレが連呼するというもの。ほかのDLCファイターにはこうしたセリフの用意はないとのこと。

ふり返って思うこと

——『スマブラ』誕生20周年、改めておめでとうございます。20年も作り続けると思わなかったとか。

桜井 ありがとうございます。『スマブラ』の開発バージョン、『格闘ゲーム竜王』を作っていたのが昨日のことのようです。もしも『スマブラ』を作らなかったら、自分はここにいないのでしょうね。

——それでもきっと、すごくおもしろいゲームを作って、みんなを楽しくしてくれているはず! 桜井さんの名前も、一目置かれていることでしょう。

桜井 その可能性もなくはないですが、おもしろいゲームをただ1本作るのと、『スマブラ』を1本を作るのでは意味が違いすぎます。それこそ、おもしろいゲームは山ほどありますよね。『スマブラ』は、ゲーム業界における大事なお祭りですから。

そのころゲーム業界では
2019年2月14日:Nintendo Direct 2019.2.14公開。Switch向け新作『ドラえもん のび太の牧場物語』がまさかのコラボだと話題に。

オマケ

週刊ファミ通 2018年2月22日発売号掲載

ニャンニャン特集（再録）

本書のカバーにも描かれている、桜井さんの愛猫ふくらさん。しかし本書内では、その愛らしい姿を掲載しているコラムがなかったことから、2018年2月、週刊ファミ通「ニャンニャン特集 クリエイターの愛猫と猫ゲー特集」の記事内にある、桜井さんとふくらさんのページを、特別に再編集してお届けしよう。

ふくらさんは、こんな性格

夜に帰ってくると、飛びつくように駆け寄ってきて足下にすりすり。しばらくなでていると、満足して離れていく。いつも風呂からあがるのを待っているのだけど、それはささやかなおやつ目当て。ごちになるとそそくさと離れていく。高くて小さな声でねだり、おなかを見せて甘え、病気もそそうもなく、少し運動不足。**フクロウを思わせるくりくりとした目で、いつも自分のことだけを考えている**。そんな、理想的なキャットです。

 Profile
名前：ふくら（ふくらし）
猫種：スコティッシュ・フォールド
年齢：8歳（当時）
性別：メス

ふくらさんを迎えることになったキッカケ

もともとわたしは猫好きでした。が、東京でマンション住まいの場合、飼うハードルはとても高い。なんとか住まいを整えた後、念願のキャットを迎え入れることができました。**笑顔が増えるし、言うことなしです。**

桜井さんにとってふくらさんとは？　「やわらかな支え」

SPECIAL THANKS

おたより、ありがとうございます (採用順に掲載しています)

- 北野正幸さん
- サルサルサさん
- ☆さん
- TecTenvestさん
- 猫またぎフェイントさん
- ねこやまさん
- bykingさん
- とあるゲームデザイナーアルエさん
- デンキナマズさん
- モナポさん
- ズワイガニさん
- ととととさん
- ？？？さん
- 在原さん
- おてんさん
- 黒猫可憐さん
- レッドピットさん
- 村田中納言さん
- パールのような者さん
- みんみなさん
- 500回記念放送におたよりをお寄せくださった皆さん

● ©2014 Electronic Arts Inc. EA and EA logo are trademarks of Electronic Arts Inc. BioWare, BioWare logo and Dragon Age are trademarks of EA International (Studio and Publishing) Ltd. All other trademarks are the property of their respective owners. ● ©2014 HAMSTER Co.　Arcade Archives Series Produced by HAMSTER Co. and Nippon Ichi Software, Inc. ● © 2014 ZeniMax Media Inc. All other trademarks or trade names are the property of their respective owners. All Rights Reserved. ● © 2014 Nintendo　Original Game: © Nintendo / HAL Laboratory, Inc. Characters: © Nintendo / HAL Laboratory, Inc. Pokémon / Creatures Inc. / GAME FREAK inc. / SHIGESATO ITOI / APE inc. / INTELLIGENT SYSTEMS / SEGA / CAPCOM CO., LTD. / BANDAI NAMCO Games Inc. / MONOLITHSOFT ● ©Alientrap ● comcept © 2013 - 2015 ALL RIGHTS RESERVED. ● ©1985-2007 NetFarm Communications, Inc. ● © 2014 Nintendo　Original Game: © Nintendo / HAL Laboratory, Inc.　Characters: © Nintendo / HAL Laboratory, Inc. / Pokémon. / Creatures Inc. / GAME FREAK inc. / SHIGESATO ITOI / APE inc. / INTELLIGENT SYSTEMS / SEGA / CAPCOM CO., LTD. / BANDAI NAMCO Games Inc. / MONOLITHSOFT / CAPCOM U.S.A., INC. ● ©CAPCOM U.S.A., INC. 1987,2009 ALL RIGHTS RESERVED. ● 写真提供:共同通信社 ● 2015 Nintendo / INTELLIGENT SYSTEMS ● ©2012 Nintendo　©2012 Sora Ltd.RIGHTS RESERVED. ● ©Konami Digital Entertainment ● ©CAPCOM CO.,LTD. 2006, ©CAPCOM U.S.A.,INC. 2006 ALL RIGHTS RESERVED. ● ©CAPCOM CO., LTD. 2006, ©CAPCOM U.S.A., INC. 2006 ALL RIGHTS RESERVED. ● ©XFLAG ● 2010 - 2019 SQUARE ENIX CO., LTD. All Rights Reserved. ● © 2014 Nintendo Original Game: © Nintendo / HAL Laboratory, Inc. Characters: © Nintendo / HAL Laboratory, Inc. / Pokémon. / Creatures Inc. / GAME FREAK inc. / SHIGESATO ITOI / APE inc. / INTELLIGENT SYSTEMS / SEGA / CAPCOM CO., LTD. / BANDAI NAMCO Games Inc. / MONOLITHSOFT / CAPCOM U.S.A., INC. / SQUARE ENIX CO., LTD. ● Star Wars: The Phantom Menace © & TM 2015 Lucasfilm Ltd. All Rights Reserved. ● ©2010, Exhibit A Pictures, LLC, All Rights Reserved. ● © 2015 Lucasfilm Ltd. & TM. All Rights Reserved. ● © 2015 Bethesda Softworks LLC, a ZeniMax Media company. Bethesda, Bethesda Softworks, Bethesda Game Studios, ZeniMax and related logos are registered trademarks or trademarks of ZeniMax Media Inc. in the U.S. and/or other countries. Fallout, Vault Boy, and related logos are registered trademarks or trademarks of Bethesda Softworks LLC in the U.S. and/or other countries. All other trademarks or trade names are the property of their respective owners. All Rights Reserved. ※画面はプレイステーション4版のものです。 ※本ソフトはCEROにより18歳以上のみ対象の指定を受けておりますが、掲載にあたっては、ファミ通の掲載基準に従い考慮しております。 ● ©1992 Nintendo ● ©2008 Nintendo / HAL Laboratory, Inc. Characters: © Nintendo / HAL Laboratory, Inc. / Pokemon. / Creatures Inc. / GAME FREAK inc. / SHIGESATO ITOI / APE inc. / INTELLIGENT SYSTEMS / Konami Digital Entertainment Co., Ltd. / SEGA ● © 2002 - 2019 SQUARE ENIX CO., LTD. All Rights Reserved. LOGO ILLUSTRATION: © 2002 YOSHITAKA AMANO ● 原作／諫山創「進撃の巨人」(講談社刊) ●諫山創・講談社／「進撃の巨人」製作委員会 ● 2016 コーエーテクモゲームス ● ©CAPCOM CO., LTD. ALL RIGHTS RESERVED. ● © 2015, 2016 Square Enix Ltd. All rights reserved. Developed by DONTNOD Entertainment SARL. Life is Strange is a trademark of Square Enix Ltd. Square Enix and the Square Enix logo are trademarks or registered trademarks of Square Enix Holdings Co. Ltd. All other trademarks are property of their respective owners. ● © 1995 HAL Laboratory, Inc. © 1995 Nintendo ● ©2012 Nintendo　©2012 Sora Ltd.RIGHTS RESERVED. ● ©CAPCOM CO., LTD. 2015 ALL ● © 2015-2019 KOEI TECMO GAMES/SQUARE ENIX CO., LTD. All Rights Reserved. CHARACTER DESIGN:TETSUYA NOMURA ● ©CAPCOM U.S.A., INC. 2016 ALL RIGHTS RESERVED. ● Just Cause 3 © 2015, 2016 Square Enix Ltd. All rights reserved. Developed by Avalanche Studios. Published by Square Enix Co., Ltd. Just Cause 3 and the Just Cause logo are trademarks of Square Enix Ltd. Square Enix and the Square Enix logo are trademarks or registered trademarks of Square Enix Holdings Co. Ltd.●© 2016 ARMOR PROJECT/BIRD STUDIO/KOEI TECMO GAMES/SQUARE ENIX All Rights Reserved.●©2016 Sony Interactive Entertainment America LLC. Created and developed by Naughty Dog LLC●©SEGA●© 2016 Bethesda Softworks LLC, a ZeniMax Media company. DOOM and related logos are registered trademarks or trademarks of id Software LLC in the U.S. and/or other countries. All Rights Reserved.●©2016 Niantic, Inc.©2016 Pokémon. ©1995-2016 Nintendo/Creatures Inc./GAME FREAK inc. ●©SEGA LIVE CREATION●© ARMOR PROJECT/BIRD STUDIO/SQUARE ENIX All Rights Reserved.●TM & © 2011 Marvel Entertainment, LLC and its subsidiaries. Licensed by Marvel Characters B.V. www.marvel.com. All rights reserved.●©モト企画©CAPCOM CO., LTD. 2011,©CAPCOM CO., INC. 2011 ALL RIGHTS RESERVED.●© 2019 Mojang AB and Mojang Synergies AB. Minecraft and Mojang are trademarks of Mojang Synergies AB.● Tilt Brush by Google ©2016 Owlchemy Labs © 2016 Oculus VR, LLC. © 2011-2016 HTC Corporation●© 2015 Activision Publishing, Inc. ACTIVISION, CALL OF DUTY, CALL OF DUTY BLACK OPS, and stylized roman numeral III are trademarks of Activision Publishing, Inc. Published and distributed by Sony Computer Entertainment Inc. in association with Activision. ●©ATLUS©SEGA All rights reserved.●©CAPCOM CO., LTD. 2001, 2005 ALL RIGHTS RESERVED. ●©CAPCOM CO., LTD. 2016 ALL RIGHTS RESERVED.●©1993 HAL Laboratory, Inc. / Nintendo ●©2016 Nintendo ●©2005 Nintendo ●©Konami Digital Entertainment●© 1987 ARMOR PROJECT/BIRD STUDIO/SPIKE CHUNSOFT/SQUARE ENIX All Rights Reserved.●© 2016 - 2019 SQUARE ENIX CO., LTD. All Rights Reserved. MAIN CHARACTER DESIGN:TETSUYA NOMURA LOGO ILLUSTRATION:© 2016 YOSHITAKA AMANO●©2017 Nintendo●© 2015 Ubisoft Entertainment. All Rights Reserved. Tom Clancy's, Rainbow Six, The Soldier Icon, Ubisoft and the Ubisoft logo are trademarks of Ubisoft Entertainment in the U.S. and/or other countries.●©2017 SAHO YAMAMOTO●© 2017 SQUARE ENIX CO., LTD. All Rights Reserved.●©2017 Sony Interactive Entertainment Europe. Published by Sony Interactive Entertainment Inc. Developed by Guerrilla.●©1995 HAL Laboratory, Inc. / Nintendo●©BANDAI NAMCO Entertainment Inc.●© 2017 ARMOR PROJECT/BIRD STUDIO/SQUARE ENIX All Rights Reserved.●©CAPCOM U.S.A., INC. 1989, 2013 ALL RIGHTS RESERVED.●©BANDAI NAMCO Entertainment Inc.●© 2013-2017 コーエーテクモゲームス All rights reserved.● Nintendo properties are trademarks and copyrights of Nintendo. © 2017 Nintendo.●© & ® Universal Studios. All rights reserved.●© 1996-2008 HAL Laboratory, Inc. / Nintendo●©BANDAI NAMCO Entertainment Inc.●© 2017 HAL Laboratory, Inc. / Nintendo●Mojang © 2009-2017. "Minecraft" is a trademark of Mojang Synergies AB ●©2017 Nintendo ●©2017 Nintendo ●©2017 Nintendo / MONOLITHSOFT●©2017 Nintendo ●©2016 Nintendo ●©さくまあきら©土居孝幸 ©Konami Digital Entertainment ●©2016 Nintendo ©さくまあきら ©Konami Digital Entertainment ©土居孝幸 ©Valhalla Game Studios Developed by Valhalla Game Studios●© 2017 Activision Publishing, Inc. ACTIVISION, CALL OF DUTY, and CALL OF DUTY WWII are trademarks of Activision Publishing, Inc. All other trademarks and trade names are the properties of their respective owners.●© 2016 Playdead. All rights reserved.●© 2019 StudioMDHR Entertainment Inc. All Rights Reserved. Cuphead™ および StudioMDHR ™ はStudioMDHR Entertainment Inc. の世界各国における商標または登録商標です 。●© 2017 Nintendo / INTELLIGENT SYSTEMS●© 2017 Electronic Arts Inc.●© 2016 - 2019 SQUARE ENIX CO., LTD. All Rights Reserved. MAIN CHARACTER DESIGN:TETSUYA NOMURA LOGO ILLUSTRATION:© 2016 YOSHITAKA AMANO●Fallout® VR © 2017 Bethesda Softworks LLC, a ZeniMax Media company. Fallout, Bethesda, Bethesda Game Studios and related logos are registered trademarks or trademarks of ZeniMax Media Inc. or its affiliates in the US and/or other countries. All Rights Reserved.●©2017 SANDLOT ©2017 D3 PUBLISHER● Stardew Valley © ConcernedApe LLC 2017. All rights reserved.●©CAPCOM CO., LTD. 2018 ALL RIGHTS RESERVED.●©2017 フジテレビジョン、ガスコイン・カンパニー/スタイルジャム©SEGA●TM & © 2017 Turner Broadcasting System, Inc. A Time Warner Company. All Rights Reserved.●Undertale © Toby Fox 2015-2018. All rights reserved.●©2018 LEVEL-5 Inc.●The Witcher® is a trademark of CD Projekt S.A. The Witcher game © CD Projekt S.A. All rights reserved. The Witcher game is based on a novel by Andrzej Sapkowski. All other copyrights and trademarks are the property of their respective owners●©Konami Digital Entertainment.●©2018 Sony Interactive Entertainment LLC●©2018 Nintendo / ©SEGA●© 2018 Nintendo Original Game: © Nintendo / HAL Laboratory, Inc. Characters: © Nintendo / HAL Laboratory, Inc. / Pokémon. / Creatures Inc. / GAME FREAK inc. / SHIGESATO ITOI / APE inc. / INTELLIGENT SYSTEMS / Konami Digital Entertainment / SEGA / CAPCOM CO., LTD. / BANDAI NAMCO Entertainment Inc. / MONOLITHSOFT / CAPCOM U.S.A., INC. / SQUARE ENIX CO., LTD. ●©2012 Nintendo●© 2017 Buried Signal, LLC. Published by Annapurna Interactive under exclusive license. All rights reserved.●© 2018 MARVEL ©Sony Interactive Entertainment LLC. Developed by Insomniac Games.●©SEGA●© 2018 Ubisoft Entertainment. All Rights Reserved. Assassin's Creed, Ubisoft and the Ubisoft logo are registered or unregistered trademarks of Ubisoft Entertainment in the U.S. and/or other countries.●©2018 Rockstar Games, Inc. ※『レッド・デッド・リデンプション』はCEROにより"18歳以上のみ対象"の指定を受けておりますが、掲載にあたっては、ファミ通の 掲載基準に従い考慮しております。●©CAPCOM U.S.A., INC. 1993, 2017 ALL RIGHTS RESERVED.●©2008 Nintendo / HAL Laboratory, Inc. Characters:©Nintendo / HAL Laboratory, Inc. / Pokemon. / Creatures Inc. / GAME FREAK inc. / SHIGESATO ITOI / APE inc. / INTELLIGENT SYSTEMS / Konami Digital Entertainment Co., Ltd. / SEGA●Original Game: © Nintendo / HAL Laboratory, Inc. Characters: © Nintendo / HAL Laboratory, Inc. / Pokémon. / Creatures Inc. / GAME FREAK inc. / SHIGESATO ITOI / APE inc. / INTELLIGENT SYSTEMS / Konami Digital Entertainment /SEGA / CAPCOM CO., LTD. / BANDAI NAMCO Entertainment Inc. / MONOLITHSOFT / CAPCOM U.S.A., INC. / SQUARE ENIX CO., LTD. / ATLUS●©ATLUS ©SEGA All rights reserved.●©Nintendo/HAL Laboratory,Inc./Creatures inc./GAME FREAK inc.●

桜井政博のゲームについて思うこと 2015-2019
著：桜井政博

2019年4月25日　初版発行
2023年5月25日　第3刷発行

発行人	豊島秀介
編集人	鈴木規康
発行	株式会社KADOKAWA Game Linkage 〒112-8530　東京都文京区関口1-20-10 住友不動産江戸川橋駅前ビル 電話　0570-000-664（ナビダイヤル） https://kadokawagamelinkage.jp/
発売	株式会社KADOKAWA 〒102-8177　東京都千代田区富士見2-13-3 https://www.kadokawa.co.jp/
編集長代理	藤野 豊
副編集長	千葉久子
編集	奥村真弓 大石美智子
編集協力	阿部浩士 藤田知沙 中治和哉 藤本万寿人
装丁・本文デザイン	風間新吾
デザイン協力	山田康幸
カバーイラスト	田中圭一
印刷	大日本印刷株式会社

●本書の無断複製（コピー、スキャン、デジタル化等）並びに無断複製物の譲渡および配信は、著作権法上での例外を除き禁じられています。また、本書を代行業者等の第三者に依頼して複製する行為は、たとえ個人や家庭内での利用であっても一切認められておりません。

●本書におけるサービスのご利用、プレゼントのご応募などに関連してお客様からご提供いただいた個人情報につきましては、弊社のプライバシーポリシー（https://kadokawagamelinkage.jp/）の定めるところにより、取り扱わせていただきます。

お問い合わせ
［フォーム］https://kadokawagamelinkage.jp/
（「お問い合わせ」へお進みください）
※内容によっては、お答えできない場合があります。
※サポートは日本国内のみとさせていただきます。
※Japanese text only

©Masahiro Sakurai
©2019 Gzbrain Inc.

定価はカバーに表示してあります。

ISBN978-4-04-733397-0
C0076
Printed in JAPAN